U0039036

日本建筑集成

综合作例集

京都篇

林理薫光 — 编著

华中科技大学出版社
http://www.hustp.com

有书至美
BOOK & BEAUTY

中国·武汉

目录

综合作例集 京都篇

日本建筑集成

扇叶庄
全景……9
门……11
玄关……14
次之间……18
主室……19
茶室……23
水屋……26

佐佐木邸
门……27
玄关……28
寄付……30
主室……32
二层六叠和室……36
中庭……38
浴室……40

设计图详解（一）

扇叶庄
扇叶庄……42
佐佐木邸……51

照古庵
甬道……65
全景……66
玄关……68
八叠和室……72
南侧外观……78
庭院……80
茶室……81

上村邸
门……83
玄关……86
座敷……89
茶室……92
露地……96

霞中庵

全景……97

八叠和室和四叠半和室……98

西侧外观……106

座敷……108

茶室……110

洗手处……112

设计图详解（二）

照古庵……114

上村邸……130

霞中庵……138

土桥邸

玄关……161

座敷……164

玄庵……166

浴室……168

佛间……170

未足轩……172

吉村邸

门……175

玄关……176

主室……178

座敷……180

凉亭……181

茶室……182

堀内邸

表门……183

玄关……184

秀岭轩……186

中门……188

中潜门……189

茶室……190

水屋……192

设计图详解（三）

土桥邸……194

吉村邸……214

堀内邸……229

总论

数寄屋建筑……242

京都风格数寄屋建筑……248

仰木鲁堂先生和我……250

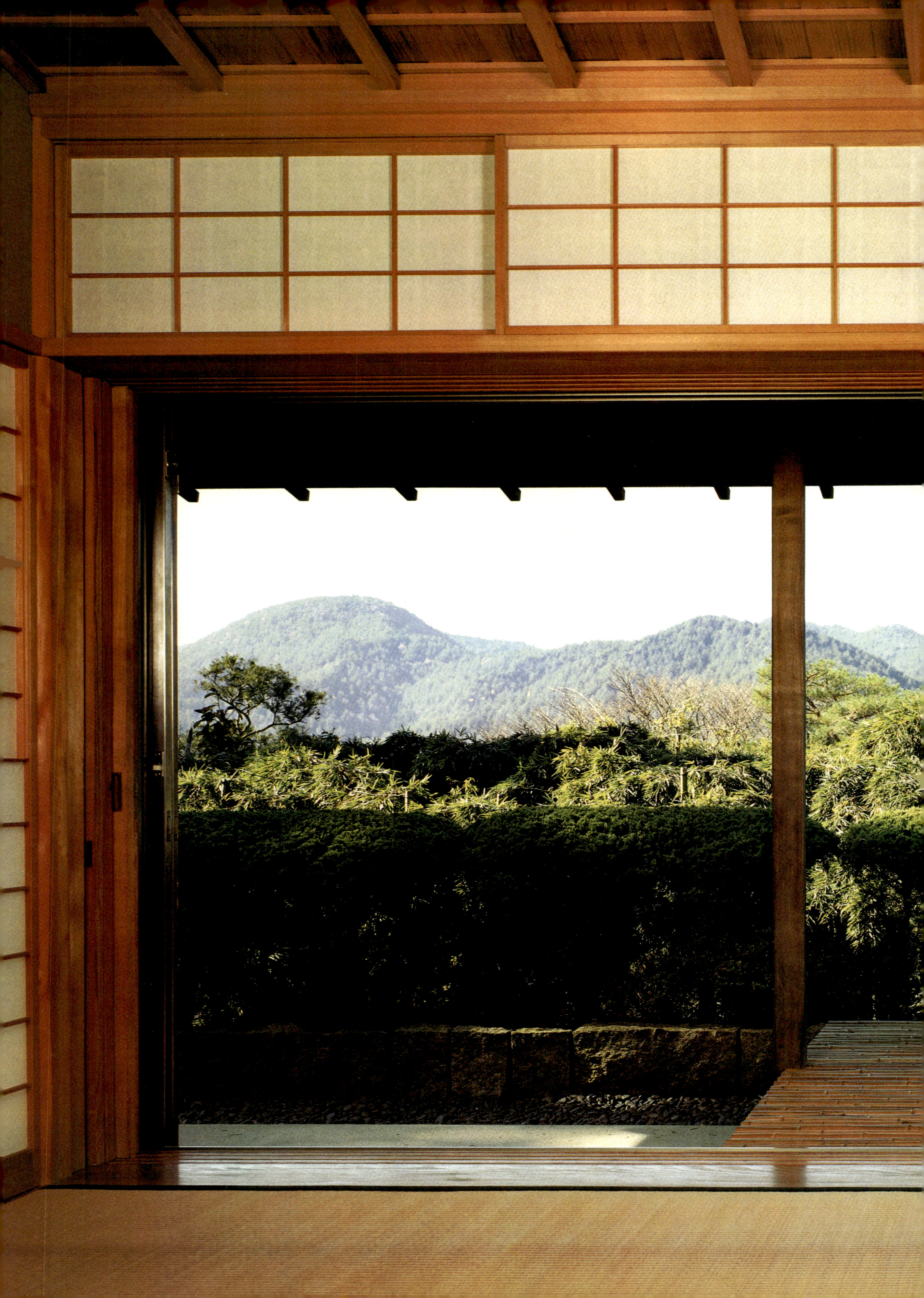

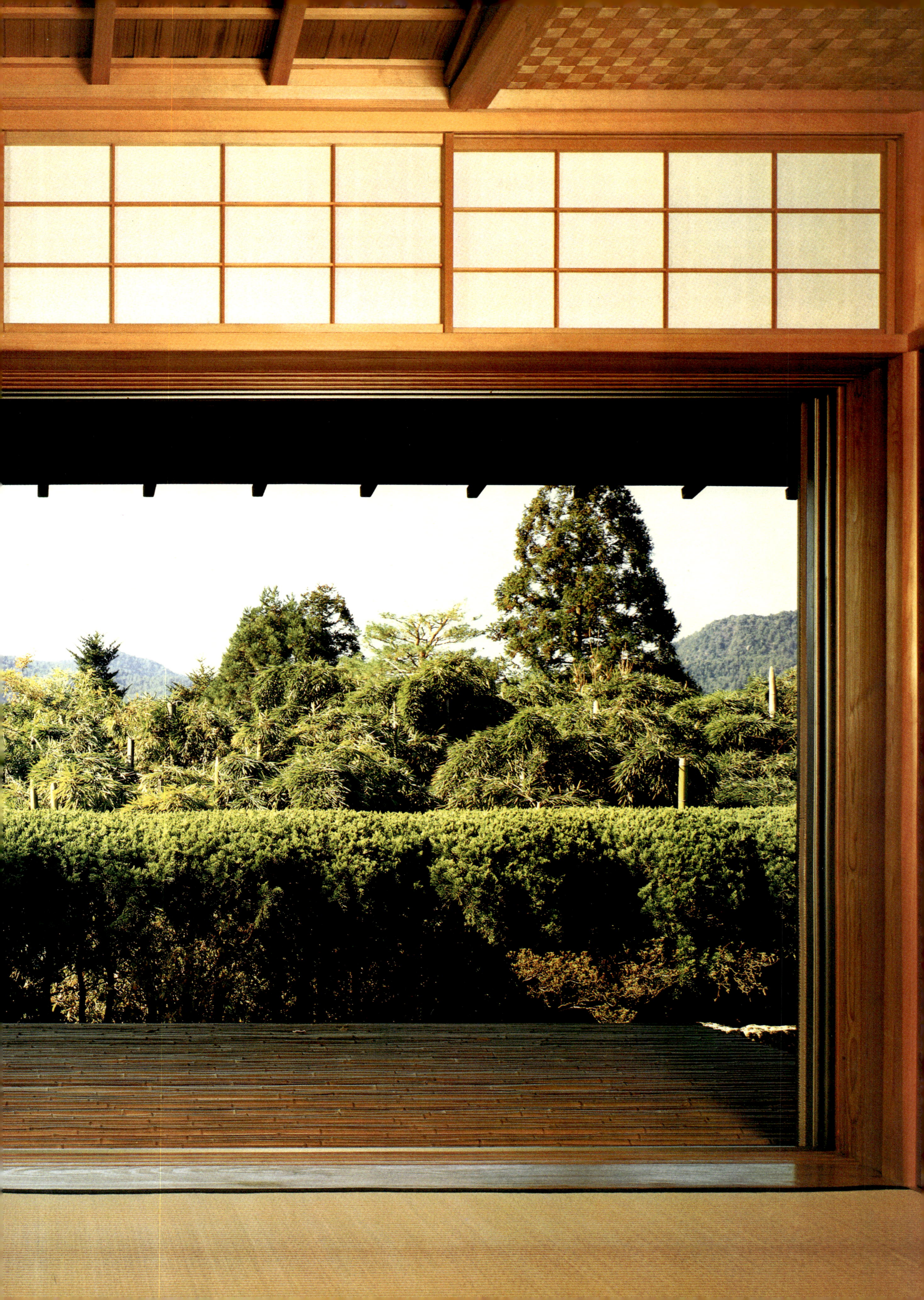

扇叶庄

全景

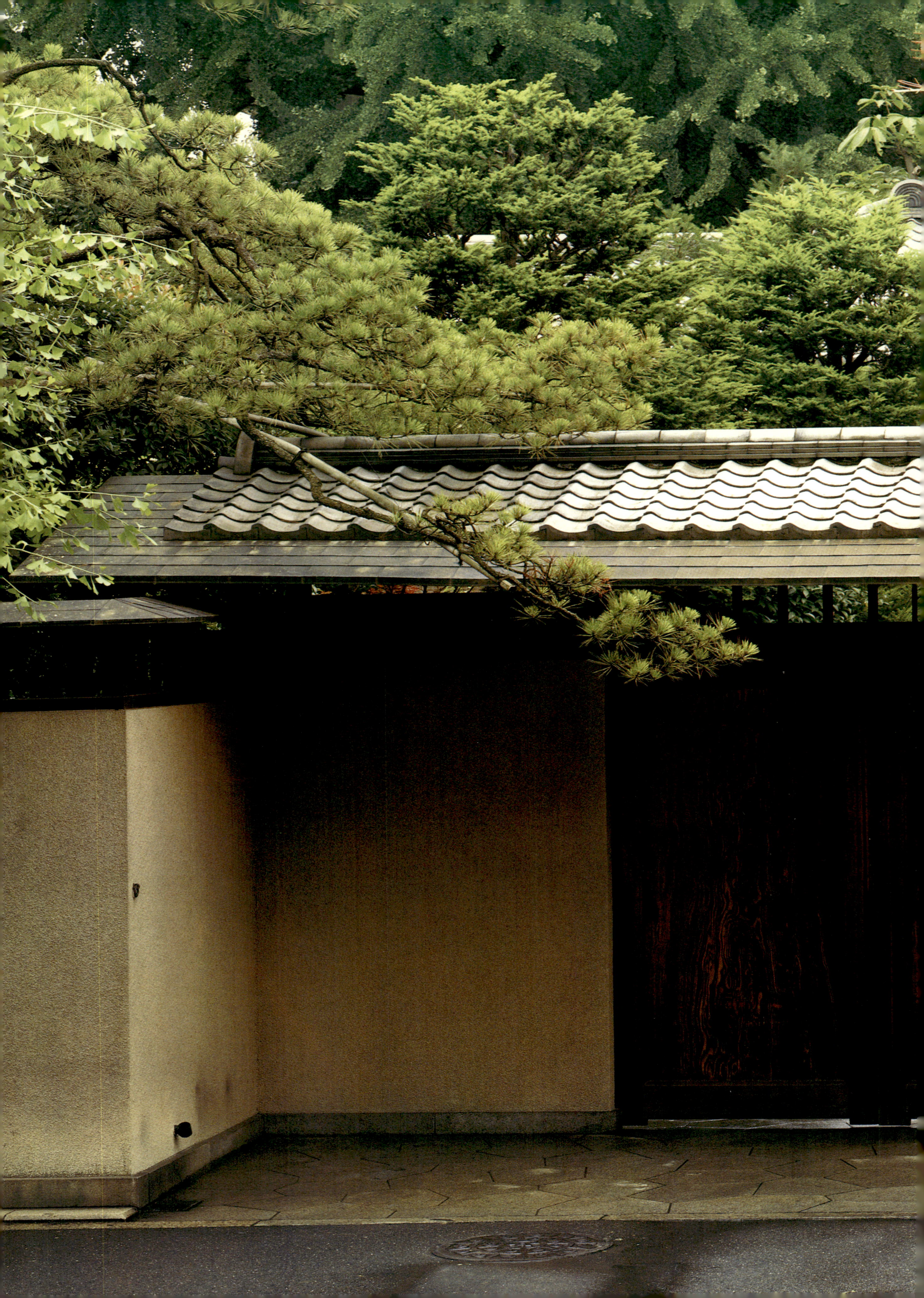

门 正门正面

门
上＝从内门看向前庭　下＝门旁休息处　右＝门前通往茶室的甬道

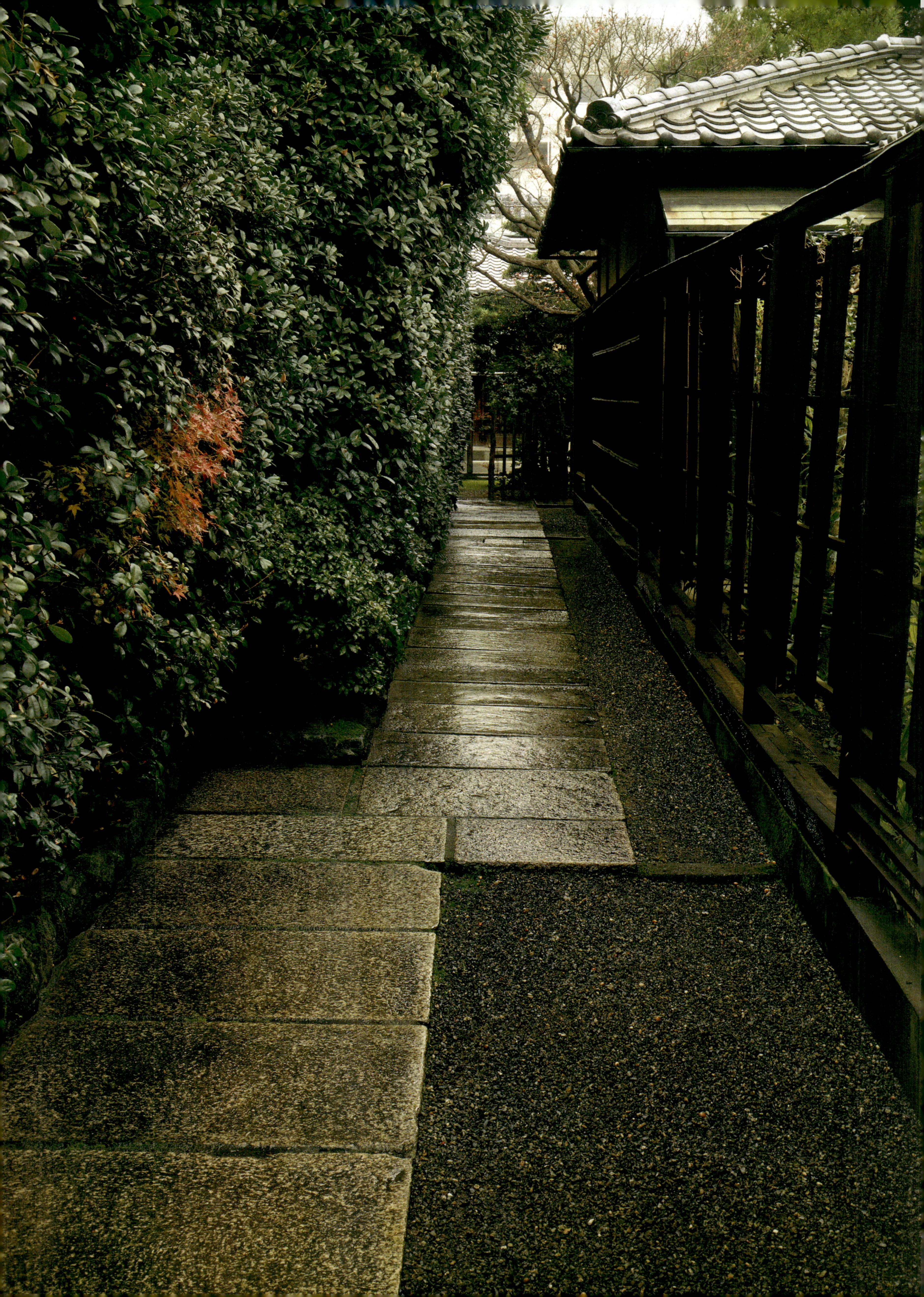

玄关 玄关外观

玄关 玄关内部

玄关
上＝大厅装饰架　右＝玄关一角

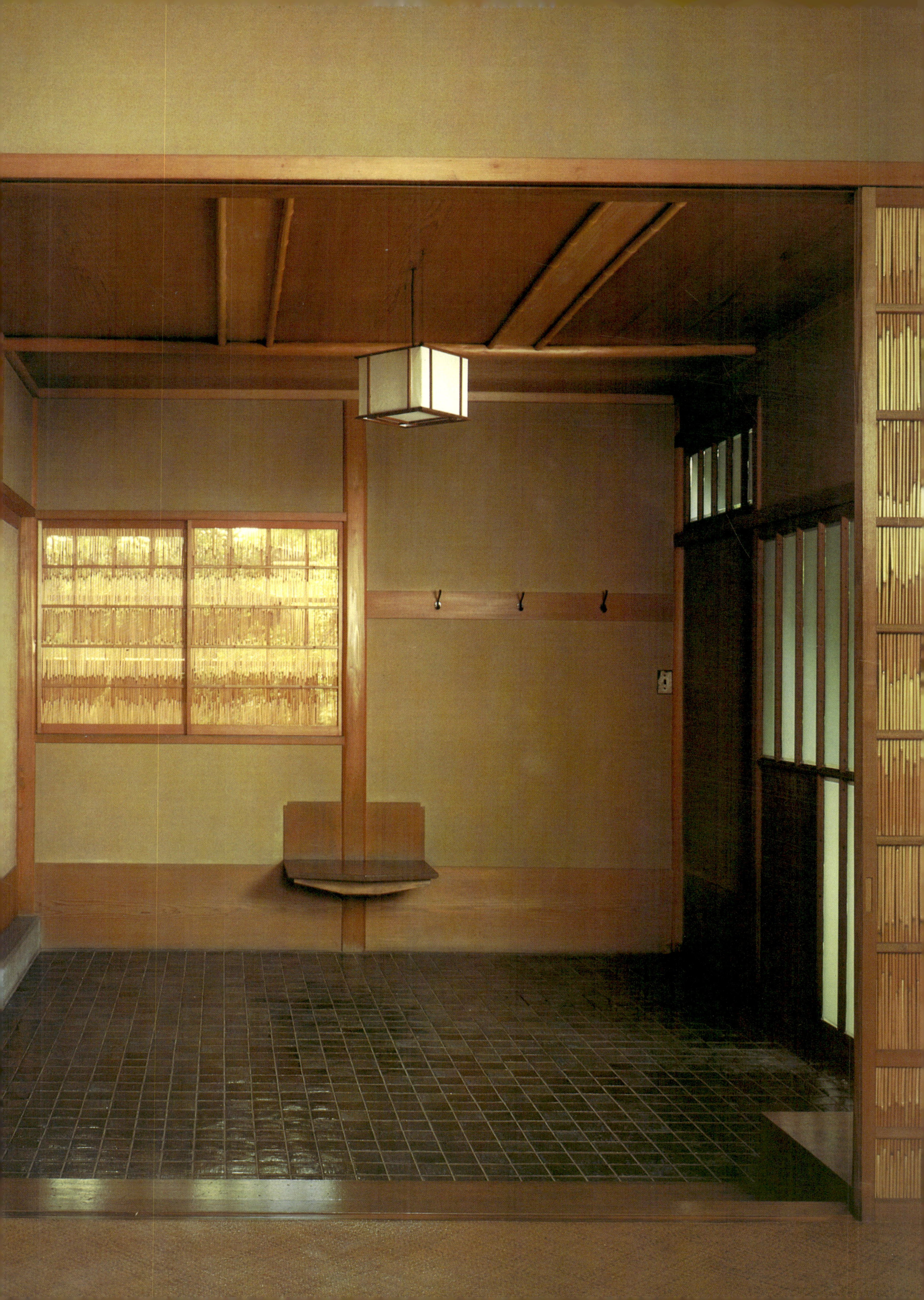

次之间 走廊

主室 外廊

主室 壁龕和点前座

主室 点前座、壁龛、付书院（书院是位于壁龛和走廊之间设置有格窗的空间，分为平书院和付书院）

主室 南侧外观

茶室 从蹲口看向蹲踞

茶室 壁龕和点前座

茶室 从壁龛看向躏口

日本建筑集成　综合作例集　京都篇　　　　　　　　　　　　26

水屋（用于取水和清洗的房间）

佐佐木邸
门 从门看向玄关

玄关
上＝从玄关看向门和休息处　右＝玄关正面

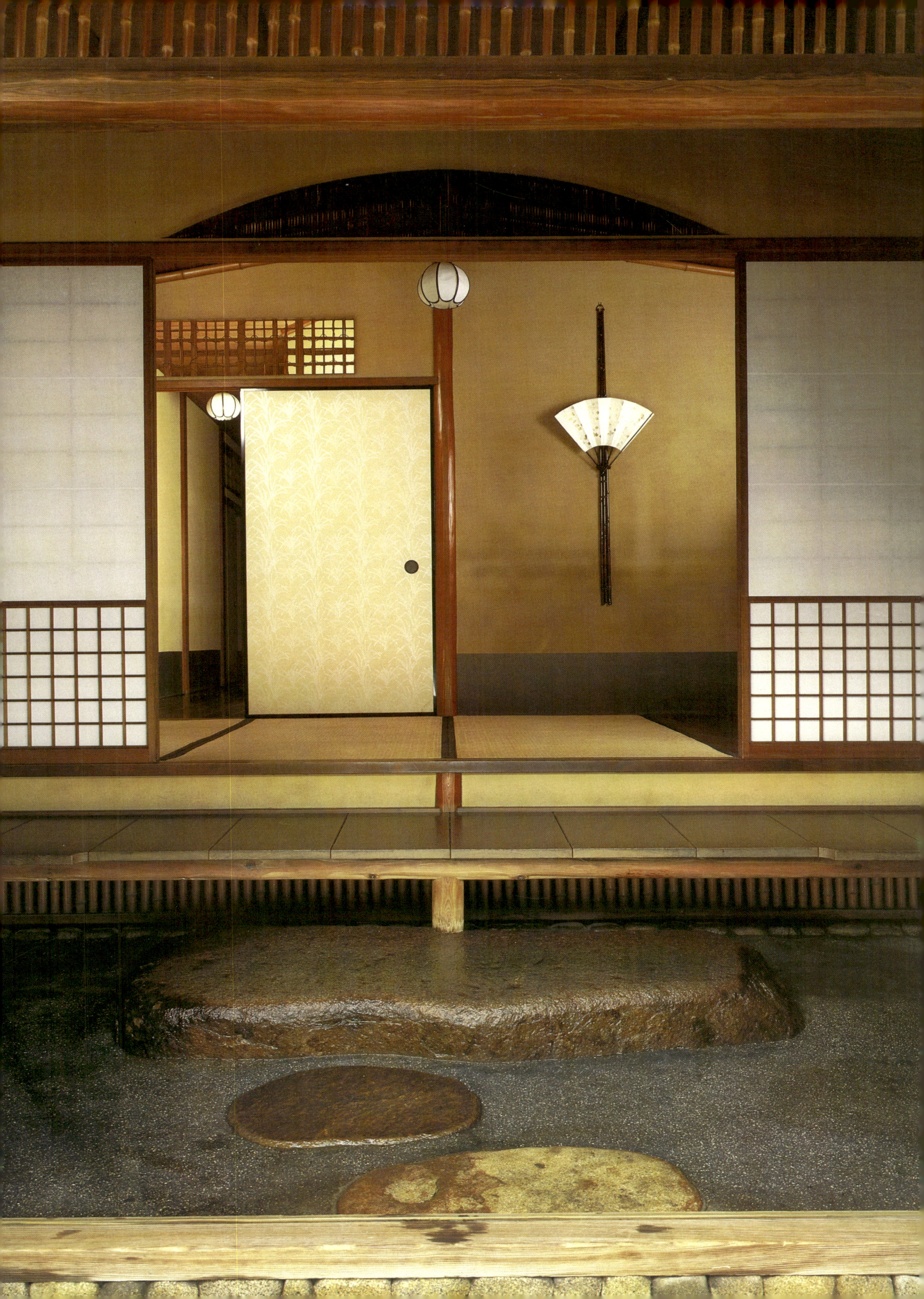

寄付（简单的休息室）壁龛

寄付 从寄付看向中廊

主室 从次之间看向主室

主室
上＝栏间　下＝床胁（壁龛旁边的装饰性空间）

主室 壁龕

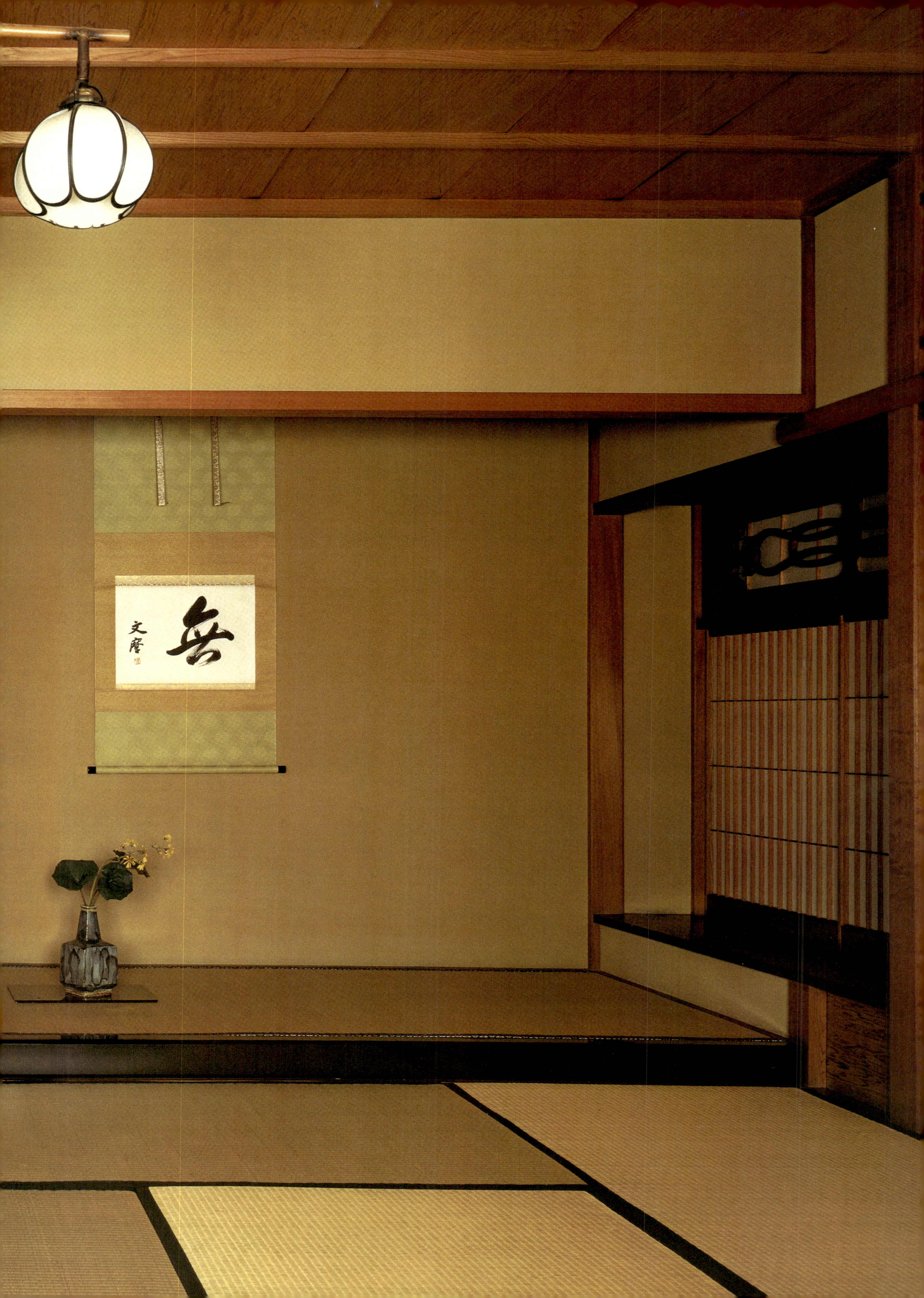

二层六叠和室（一叠约等于1.62平方米）
上＝壁龛　左下＝壁龛和床胁

二层六叠和室
上＝和室南侧　右下＝水屋

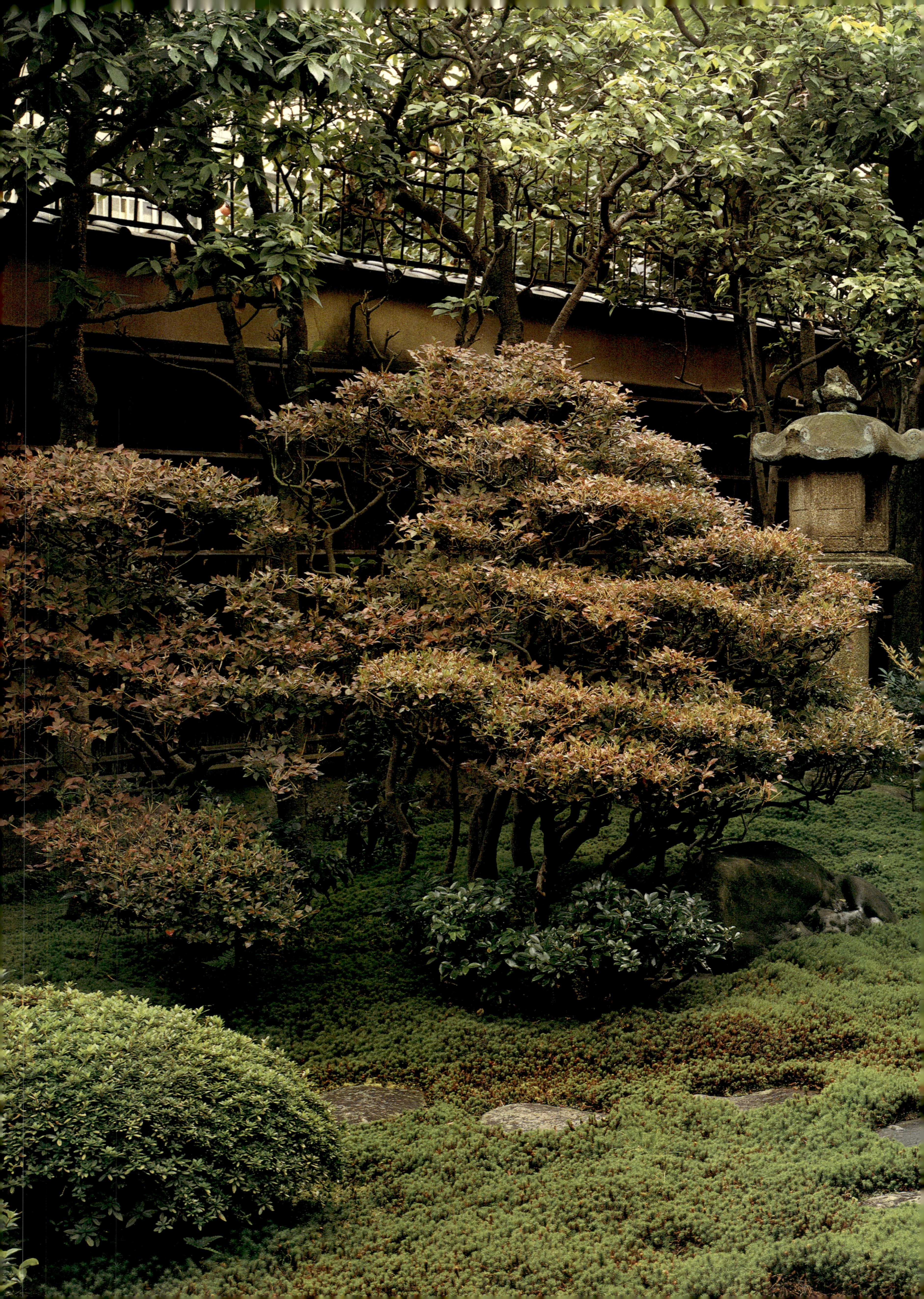

中庭 从中庭看向中门

浴室

设计图详解（一）

扇叶庄

所有者	中田新三
所在地	京都市上京区
建造、作庭时间	1938年
建筑设计	藤井厚二
庭院设计	植治
施工	唐木屋工务店

藤井厚二是京都有名的建筑学者，在当时曾是京都帝国大学（现在的京都大学）的教授，在推动日本近代建筑发展上功不可没。藤井厚二的专业方向是建筑环境与设备，他致力于打造舒适、合理的住宅空间方面的科学研究。

众所周知，藤井厚二对建造充满了热情，曾经在京都府山崎市自家宅邸进行住宅建造实验达5次之多，并在1927年将建造设计成果记录于《日本的住宅》这本著作中。至今，在京都仍能看到几处按照藤井厚二的设计所建造的住宅。扇叶庄（中田宅邸）是他最后的作品。

藤井厚二将日本传统座礼与椅子相结合，在设计上追求日式与西式的融合。藤井避开一脉相承的传统工匠的设计手法，致力于打造近代新式和风流派，可以说他想另辟蹊径，开创先河。从扇叶庄的正门和玄关可以看出藤井所追求的近代日式风格。但与现代数寄屋建筑对比后可以发现，藤井设计的住宅仍处于摇篮期。

在茶室建造上，他对以往的茶匠设计偏好及基于茶道理念的设计持强烈的反对态度，并且毫无妥协的余地。他还指出了传统茶室应该改进的地方，并提出了具体改进方法，他主张"在设计和建造方面，舒适的照明和良好的通风是至关重要的"。

在扇叶庄中，只有茶室是按照愈好斋的官休庵的设计风格建造的，据说可能是由于藤井的设计是以公制为基础，与茶道用具的尺寸不相符，并且宅邸主人也要求这样建造。

愈好斋偏好三叠台目的茶室风格，即壁龛与点前座并排的台目结构。后期，宅邸主人为了多招待一些客人，在五叠半大小的榻榻米房间增设了"袋床"（壁龛的一种形式），才改造成现在我们看到的样子。

这座宅邸中的各间座敷（日式房间，一般用作客厅）都十分有特色。

※本书中采用尺、寸等单位，1尺约为33厘米，1寸约为3厘米，1分约为0.3厘米。

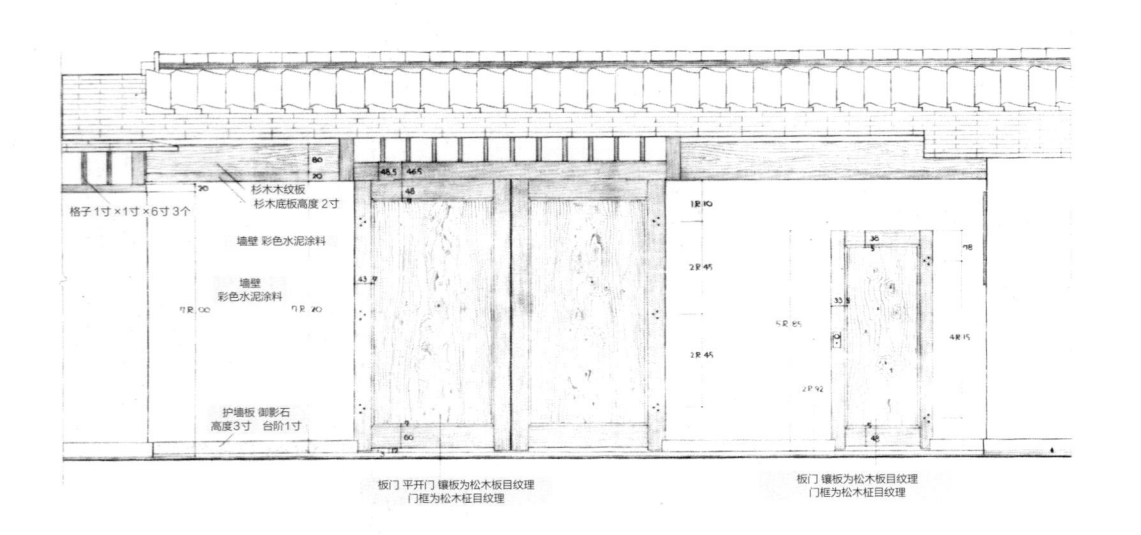

正门正面图　比例尺1∶50

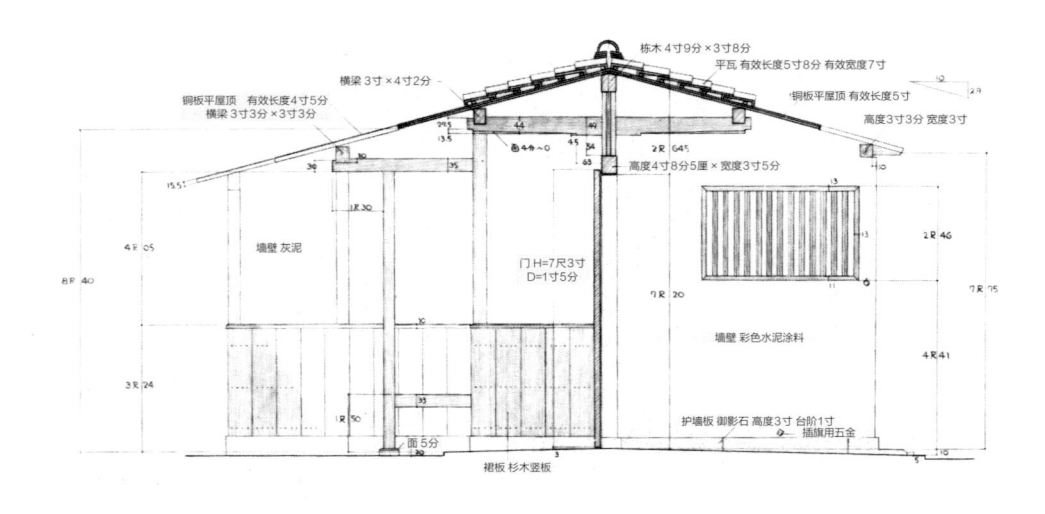

正门截面详图　比例尺1∶50

扇叶庄　实测图

前门　屋檐内侧

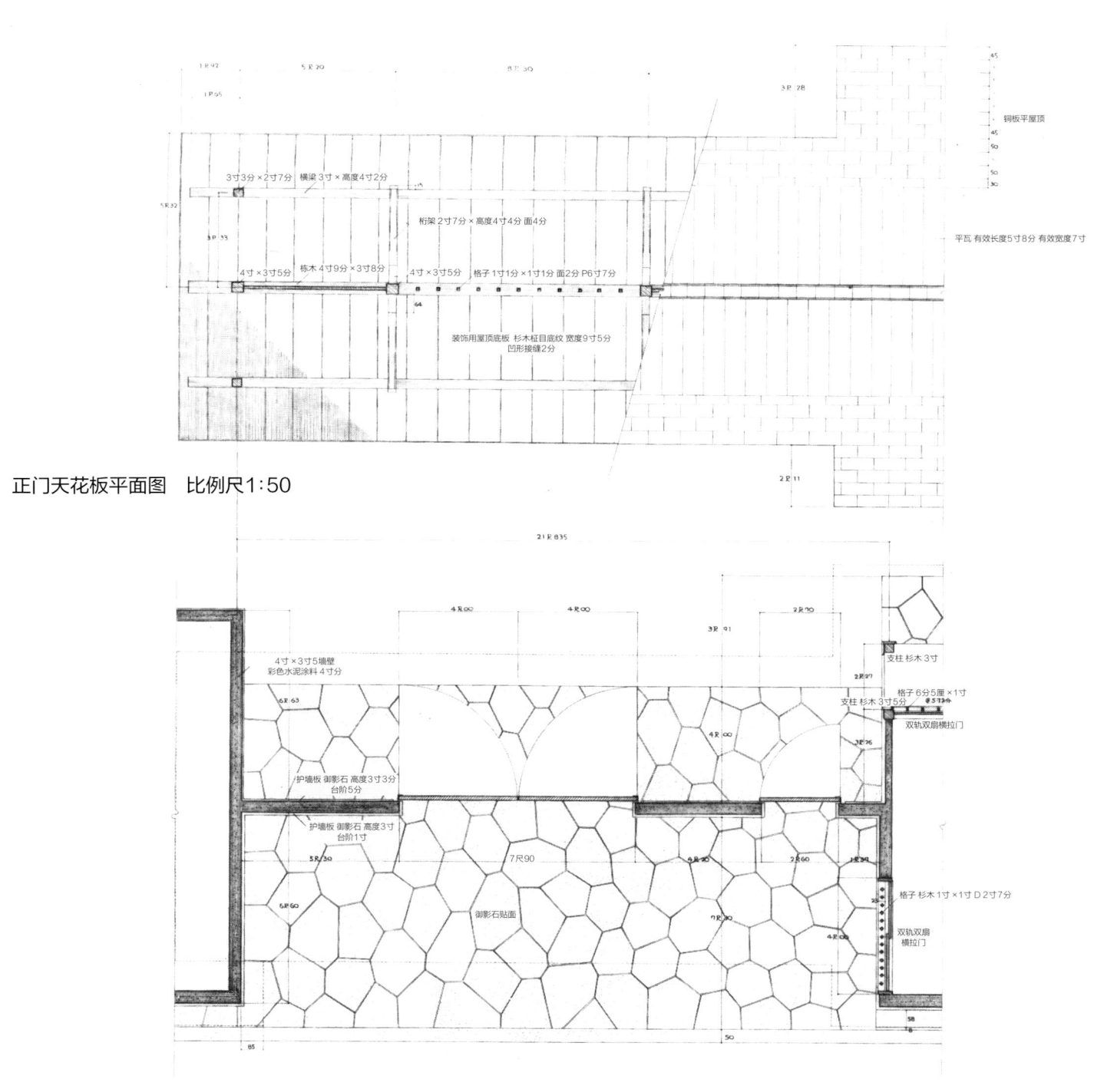

正门天花板平面图　比例尺1:50

正门墙壁平面图　比例尺1:50

扇叶庄　实测图

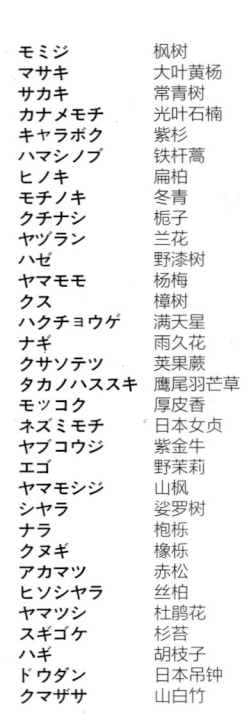

日文名	中文名
モミジ	枫树
マサキ	大叶黄杨
サカキ	常青树
カナメモチ	光叶石楠
キャラボク	紫杉
ハマシノブ	铁杆蒿
ヒノキ	扁柏
モチノキ	冬青
クチナシ	栀子
ヤヅラン	兰花
ハゼ	野漆树
ヤマモモ	杨梅
クス	樟树
ハクチョウゲ	满天星
ナギ	雨久花
クサソテツ	荚果蕨
タカノハススキ	鹰尾羽芒草
モッコク	厚皮香
ネズミモチ	日本女贞
ヤブコウジ	紫金牛
エゴ	野茉莉
ヤマモミジ	山枫
シヤラ	娑罗树
ナラ	枹栎
クヌギ	橡栎
アカマツ	赤松
ヒソシヤラ	丝柏
ヤマツシ	杜鹃花
スギゴケ	杉苔
ハギ	胡枝子
ドウダン	日本吊钟
クマザサ	山白竹

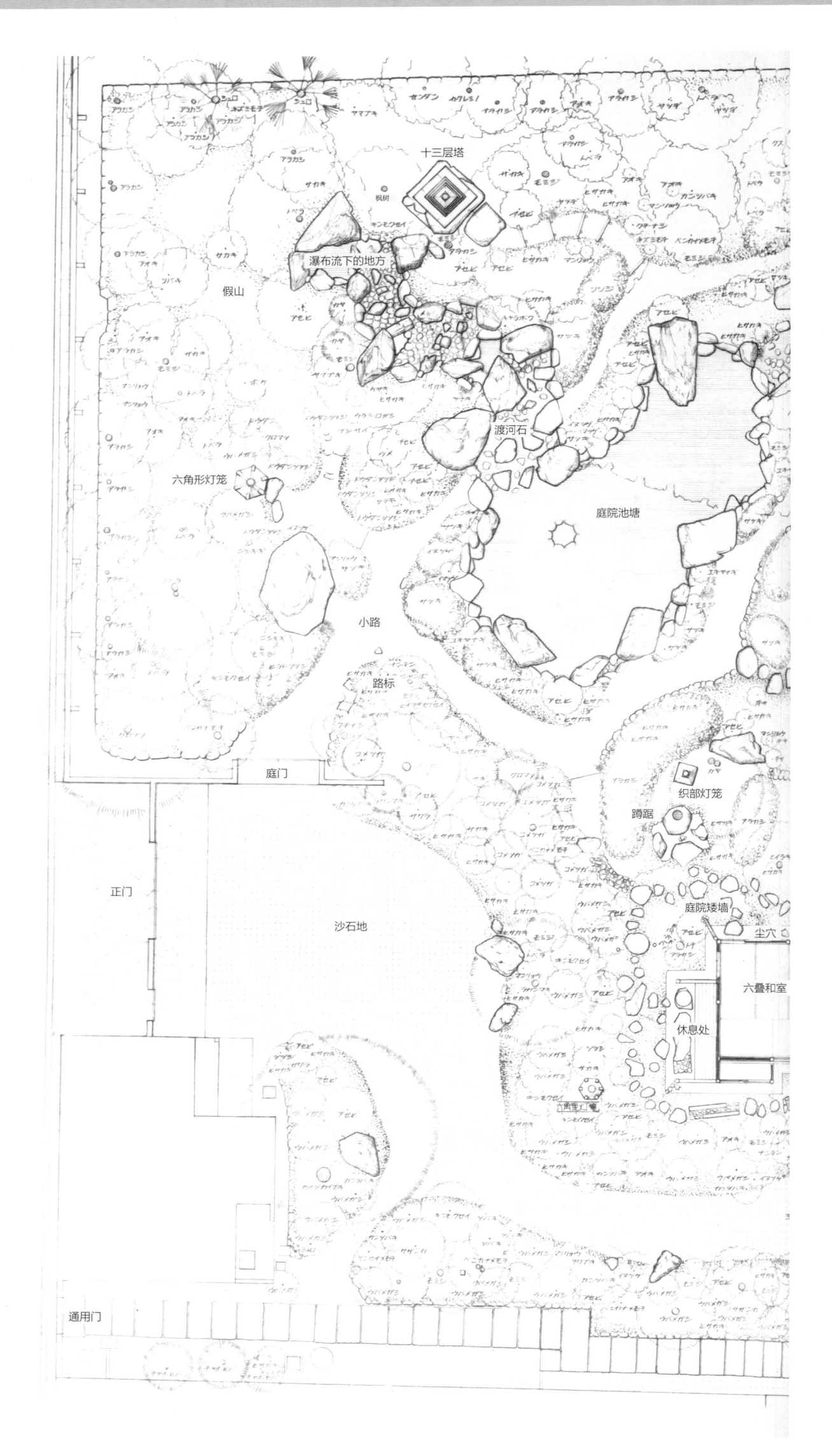

平面图　比例尺1:100

扇叶庄　实测图

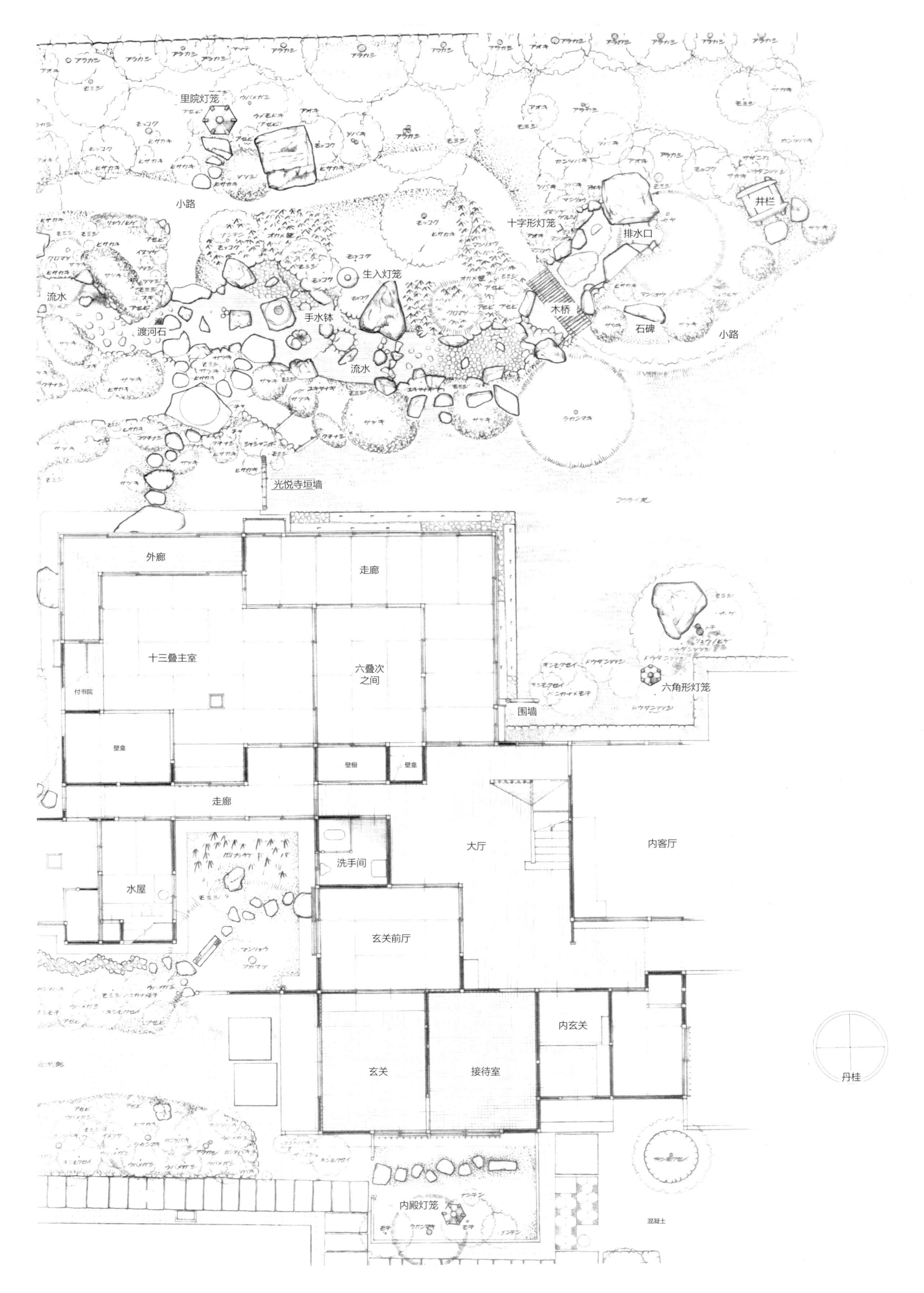

扇叶庄 实测图

玄关 房檐上部

玄关 房檐

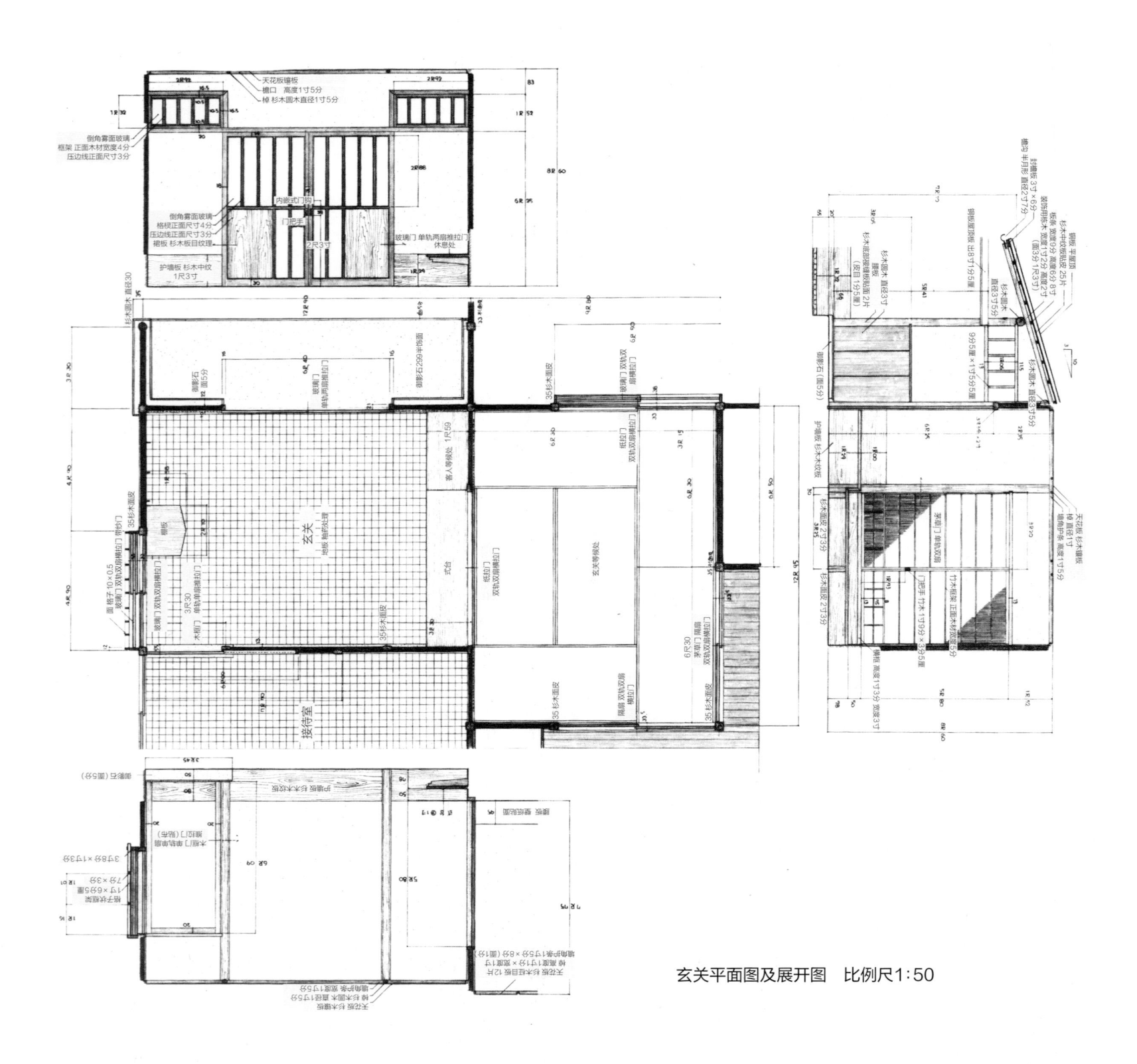

玄关平面图及展开图　比例尺1:50

扇叶庄　实测图

玄关 天花板

土间（区分屋内与屋外的狭小空间）

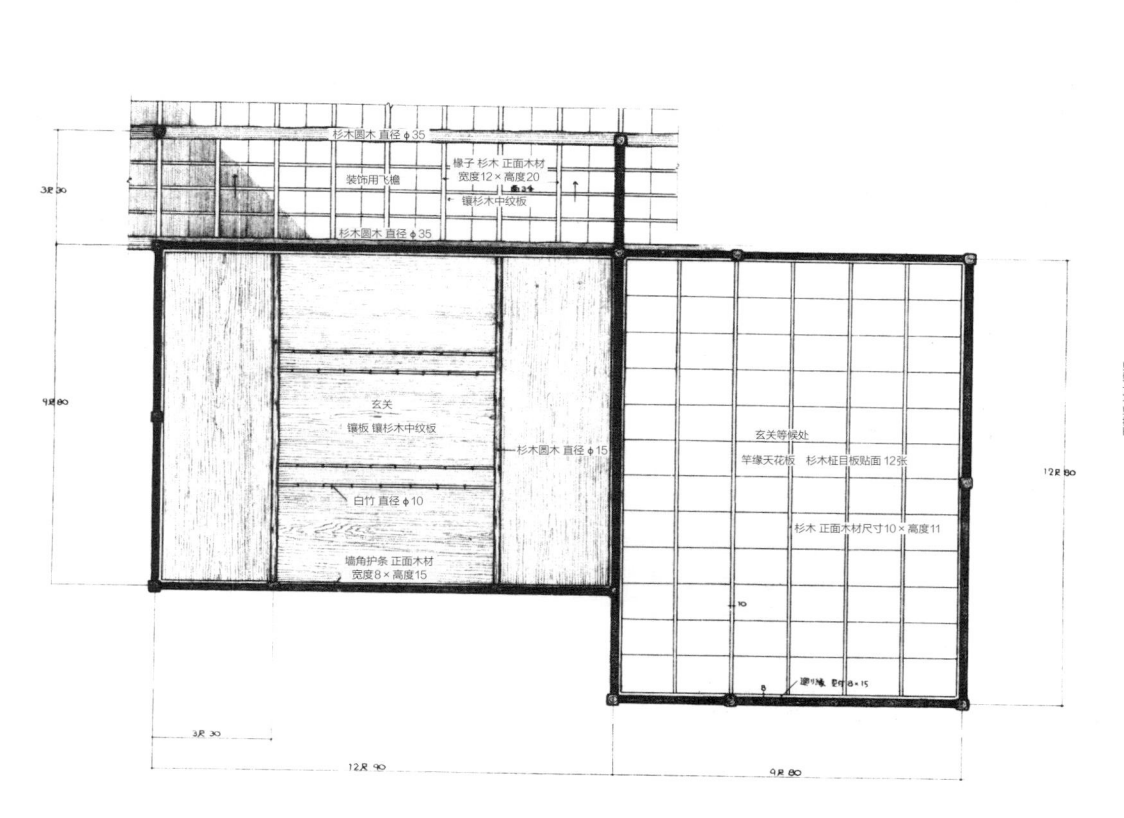

玄关天花板平面图　比例尺1:50

扇叶庄　实测图

茶室 点前座

茶室 给仕口视角

通往茶室的榻榻米走廊

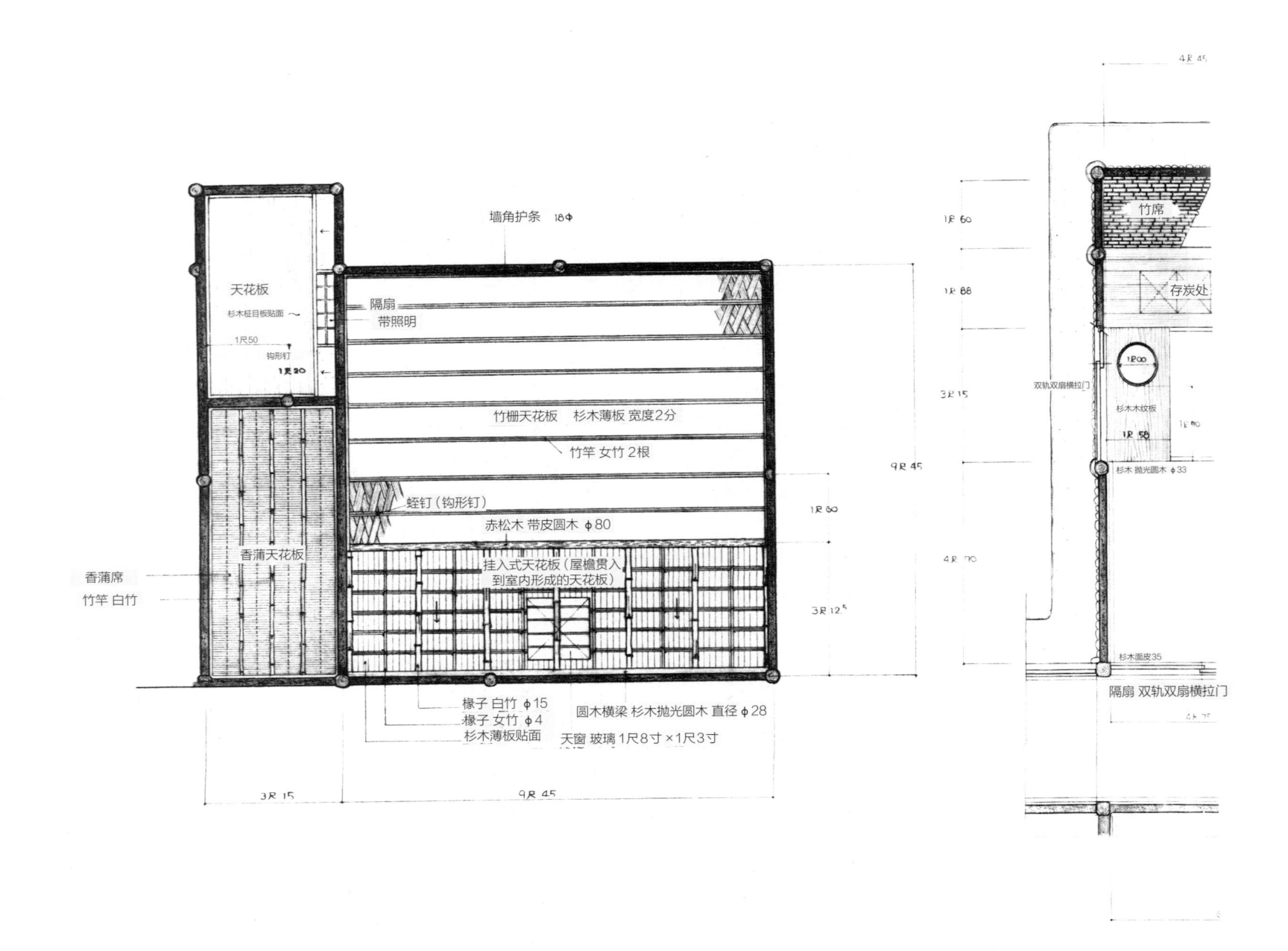

茶室天花板平面图　比例尺1:30

扇叶庄　实测图

茶室 壁龛底部

茶室 天花板结构

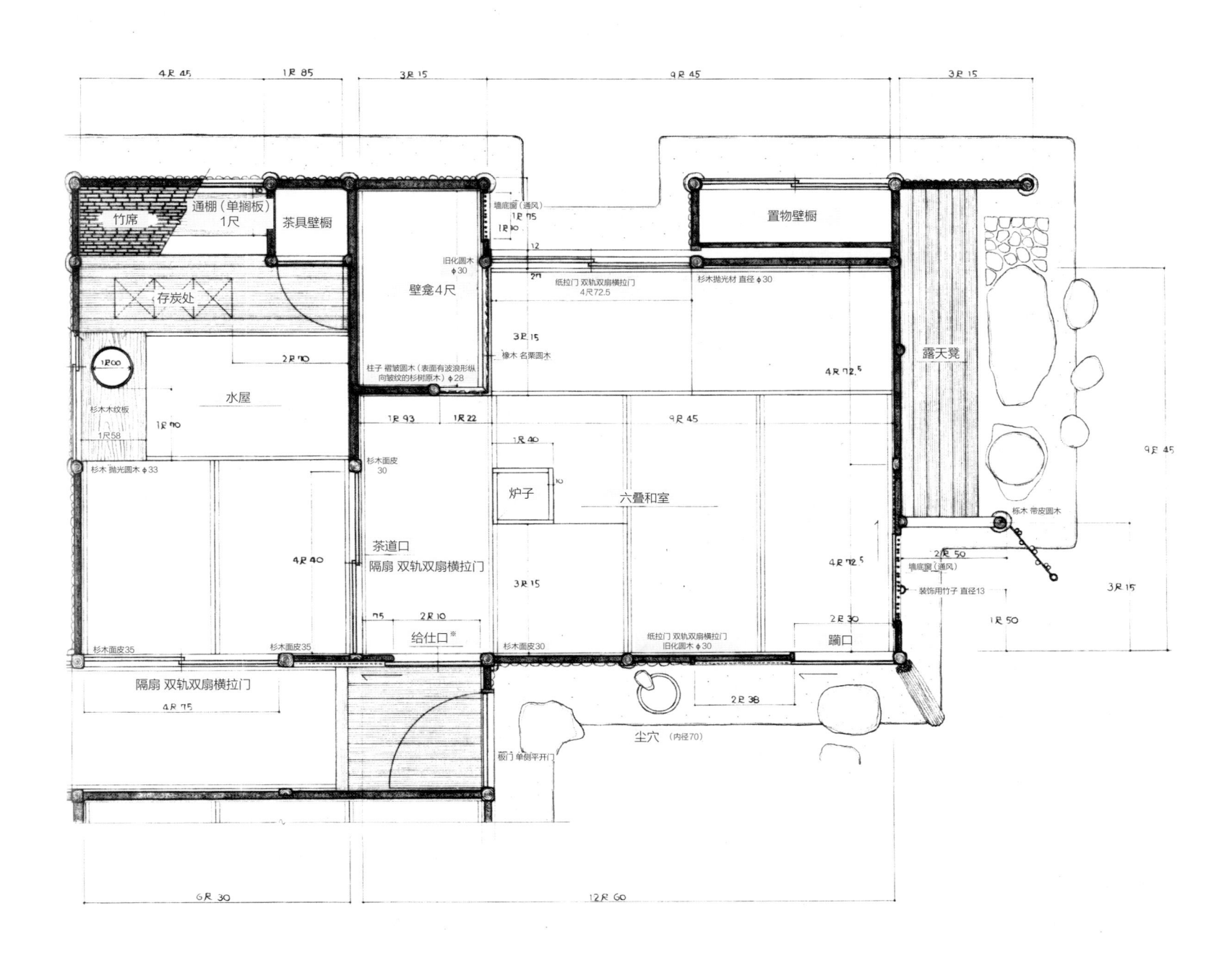

茶室平面图　比例尺1:30

※给仕口：茶室中一种入口的名称。

扇叶庄　实测图

玄关大厅

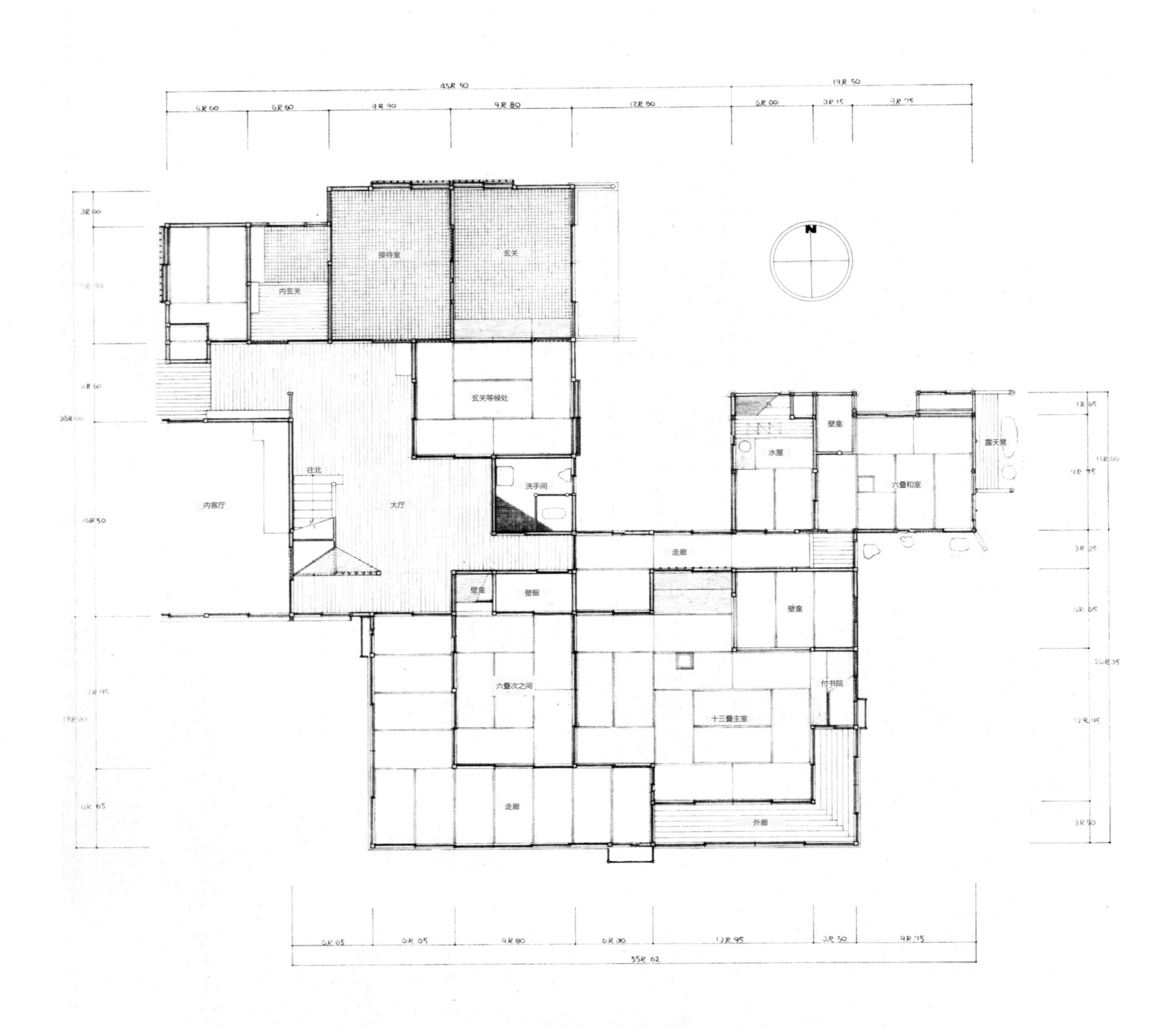

一层平面图　比例尺1:100

扇叶庄　实测图

佐佐木邸

所有者	佐佐木达子
所在地	京都市东山区
建造、作庭时间	1929年
建筑设计	木津聿斋
庭院设计	植治
施工	北村舍次郎

这座宅邸建于1929年，是茶匠木津聿斋按照自己的风格设计建造的住宅，后改作旅馆使用。

第一代木津宗诠，曾任天王寺的乐师，后在武者小路千家一啜斋门下精进茶道，还担任过纪州藩的茶道师。聿斋是第二代宗诠的儿子，曾师从武者小路千家一指斋学习茶道。聿斋很擅长设计茶室，因为设计并建造了大宫御所秋泉茶室而拥有了自己的号——"宗泉"。从保留下来的聿斋的图纸可以看出，佐佐木邸是完全按照聿斋偏好的风格建造的。

宅邸中的房间利用走廊进行布局，南侧是十叠大小的"广间"，次之间是主人的起居室，往里分别是夫人起居室、食堂以及儿童卧室。北侧有接待室、厨房和浴室。二楼还有残月亭风格的客房兼茶之间、书斋（西式房间）、起居室兼茶席广间以及女佣房间，与残月亭的座敷和书斋之间的隔断不同，本宅邸中的房间全用"榻榻米走廊"隔开（房间名来自聿斋图纸）。十叠大小的广间和楼上的两个房间配置了地炉，并在合适的位置设置了水屋，玄关正面的接待室选用了舒适的座席，可以说宅邸每个房间的功能都是配合茶道设计的。

ヒノキ	扁柏
シヤラ	娑罗树
ヒラドシシツ	杜鹃花
ユキヤナギ	雪柳
サザンカ	山茶花
キイチゴ	木莓
キンモクセイ	金木樨
モウソウチワ	孟宗竹
ネズミモチ	日本女贞
ベンカナメモチ	红叶石楠
リュウノヒゲ	沿阶草
シダレザクラ	垂枝樱树
オニシダ	鬼羊齿

平面图　比例尺1:80

佐佐木邸　实测图

门到玄关这一段的设计也深受茶师们的喜爱,刚进门左手边设置有露地口。从聿斋的图纸可以看到"柴扉内侧六尺,无横腰,底部腰板二尺,宽三尺四寸,两块,内付玻璃"的记录,可知当时玄关处门的设计与现在是不同的。

回廊位于十叠大小的广间和次之间的北面和西面,北侧设置了壁龛,放置了书架,用作付书院。角柱上安装长押(日式建筑中的一种墙面隔板),圆木柱搭配蜡色的床框(即位于壁龛下部、前方的横木)。置物架和栏间的设计也独具匠心。床胁前面,在内法长押(装饰性横木)下方设置小壁,这个设计也很值得玩味。与回廊交界处安装矮腰障子门,左右配置杢板,杢板部分贴布,贴布的部分呈三味线形(三味线是一种乐器)。

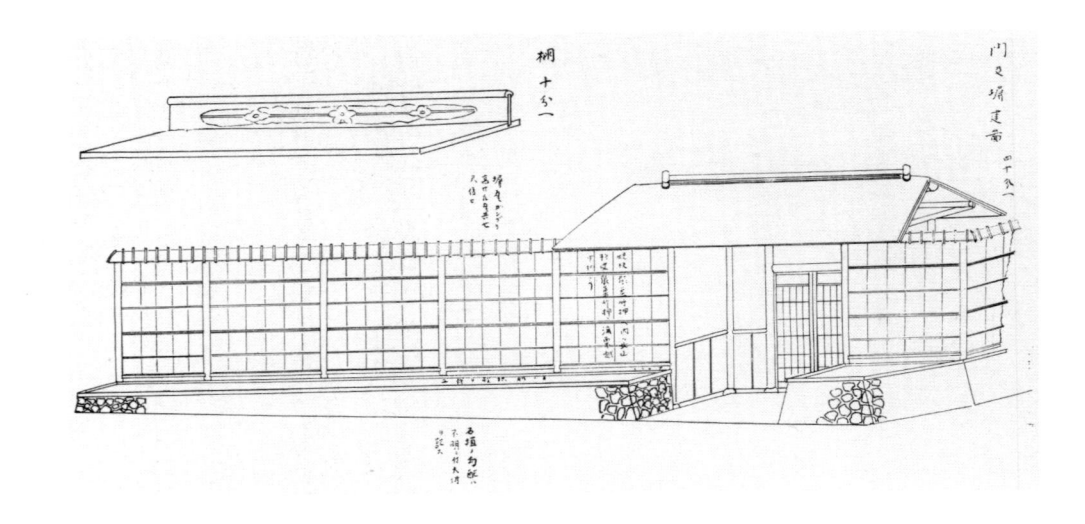

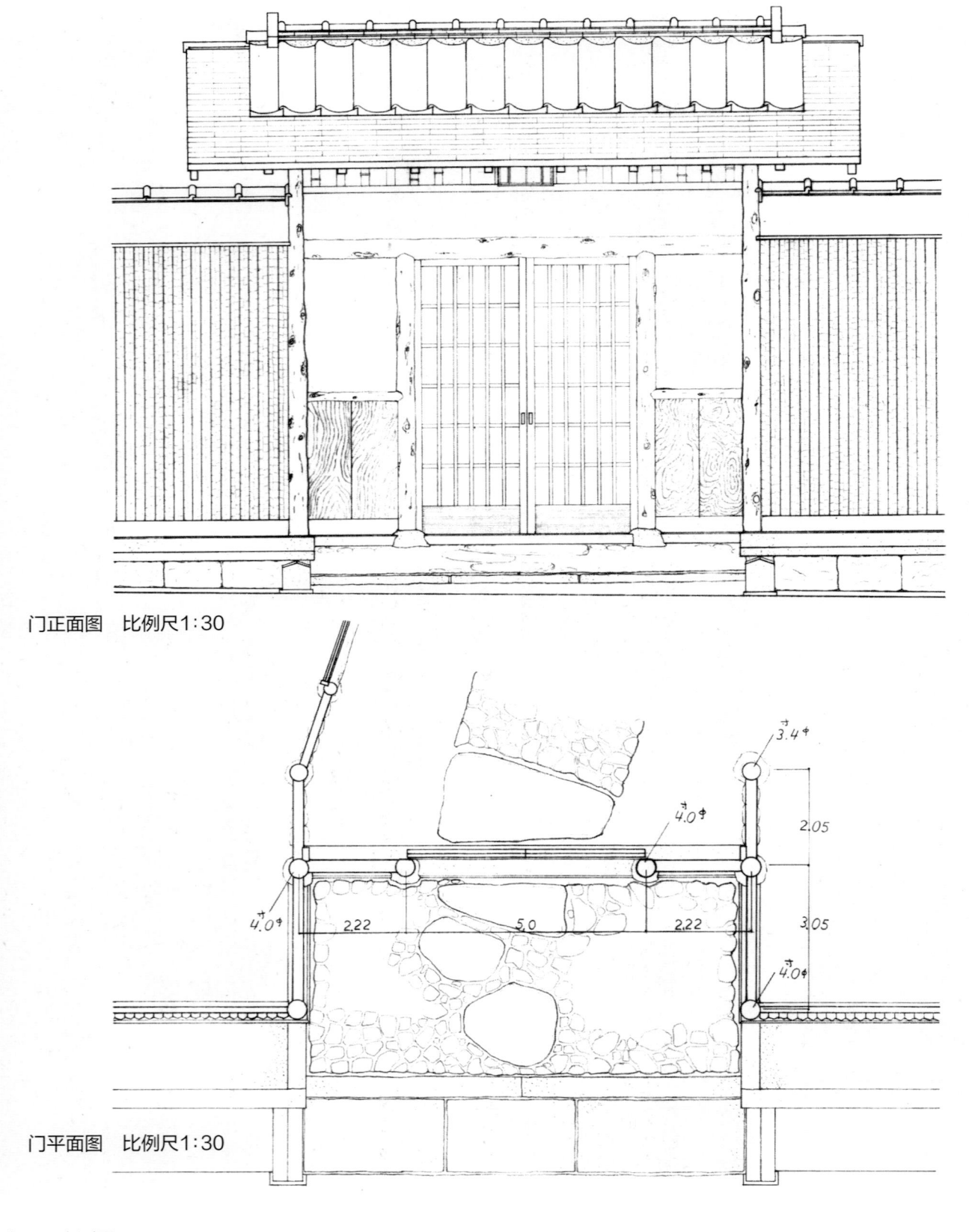

门正面图　比例尺1:30

门平面图　比例尺1:30

佐佐木邸　实测图

庭院绕广间而建，虽说庭院是植治的作品，但从以飞石小路为主的庭院设计上，还有西侧安装的苇制中门这些细节中可以看出，聿斋可能也参与了庭院的设计。

楼上的南侧，除残月间风格的两叠上段床结构设计，在其他部分聿斋也运用了很多非正统的自由组合的结构设计方式。

北侧有六叠间，它的对面设置了中敷居窗。从聿斋图纸上可以看到"醍醐棚局部"的字样和带有一层饰板的棚（用来置物的架子或柜子）。通风口和现在一样设置在床柱（壁龛处立的柱子）侧面。高为五尺八寸，由于宅邸棚顶高度是八尺，所以连通水屋西侧的两扇拉门的高度降为五尺六寸。

门 檐内侧

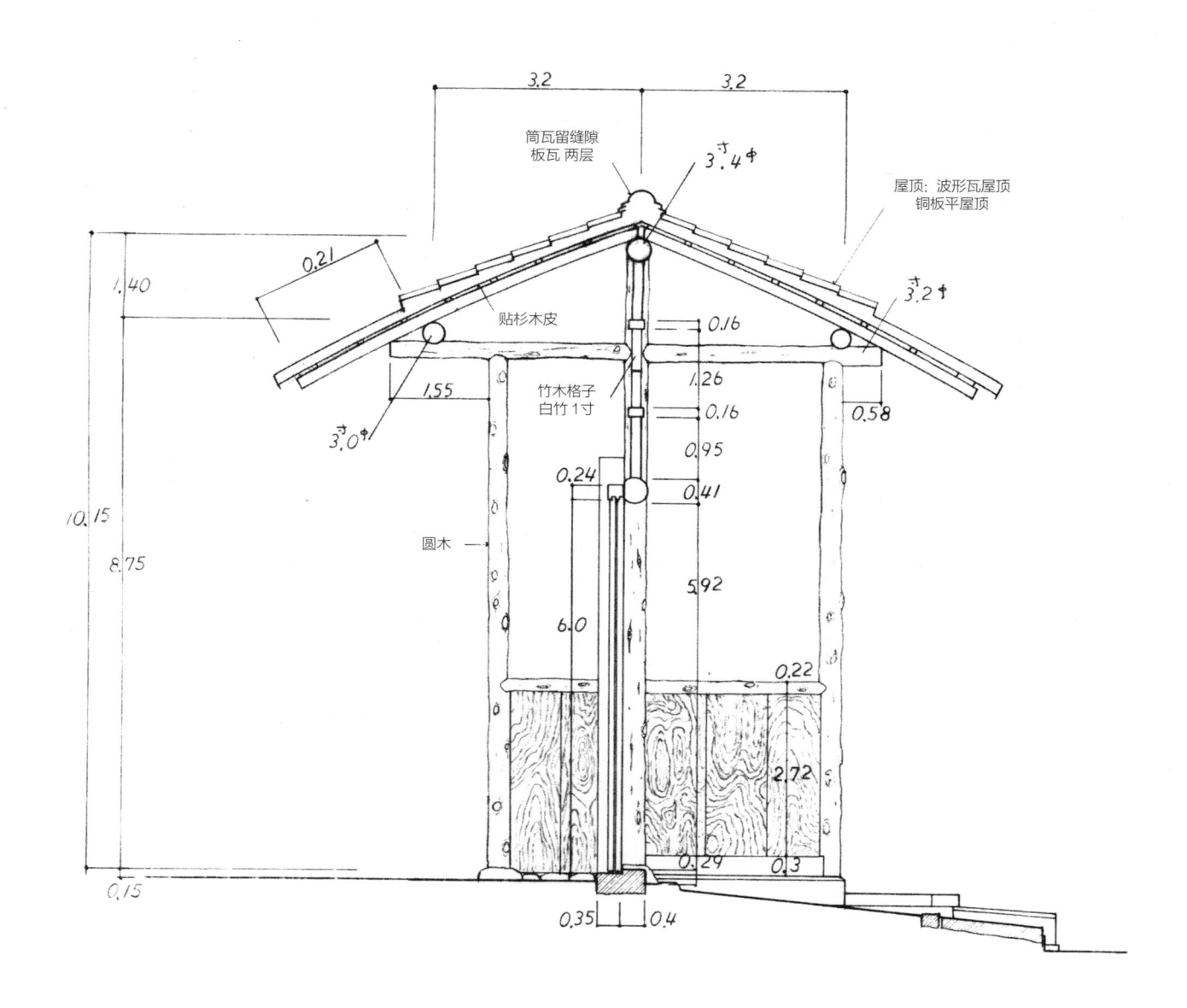

门的剖面详图 比例尺1:30

佐佐木邸 实测图

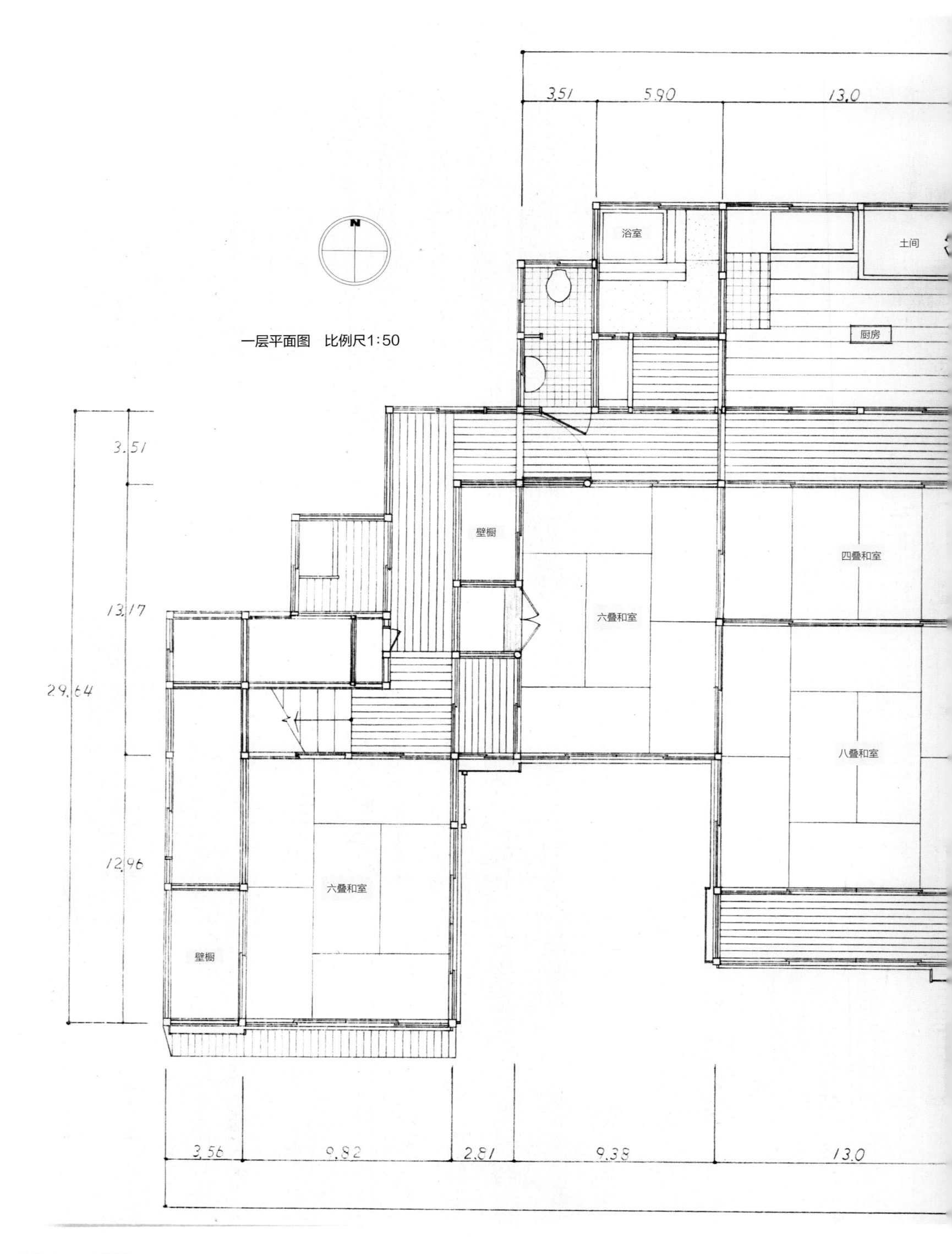

一层平面图　比例尺1:50

佐佐木邸　实测图

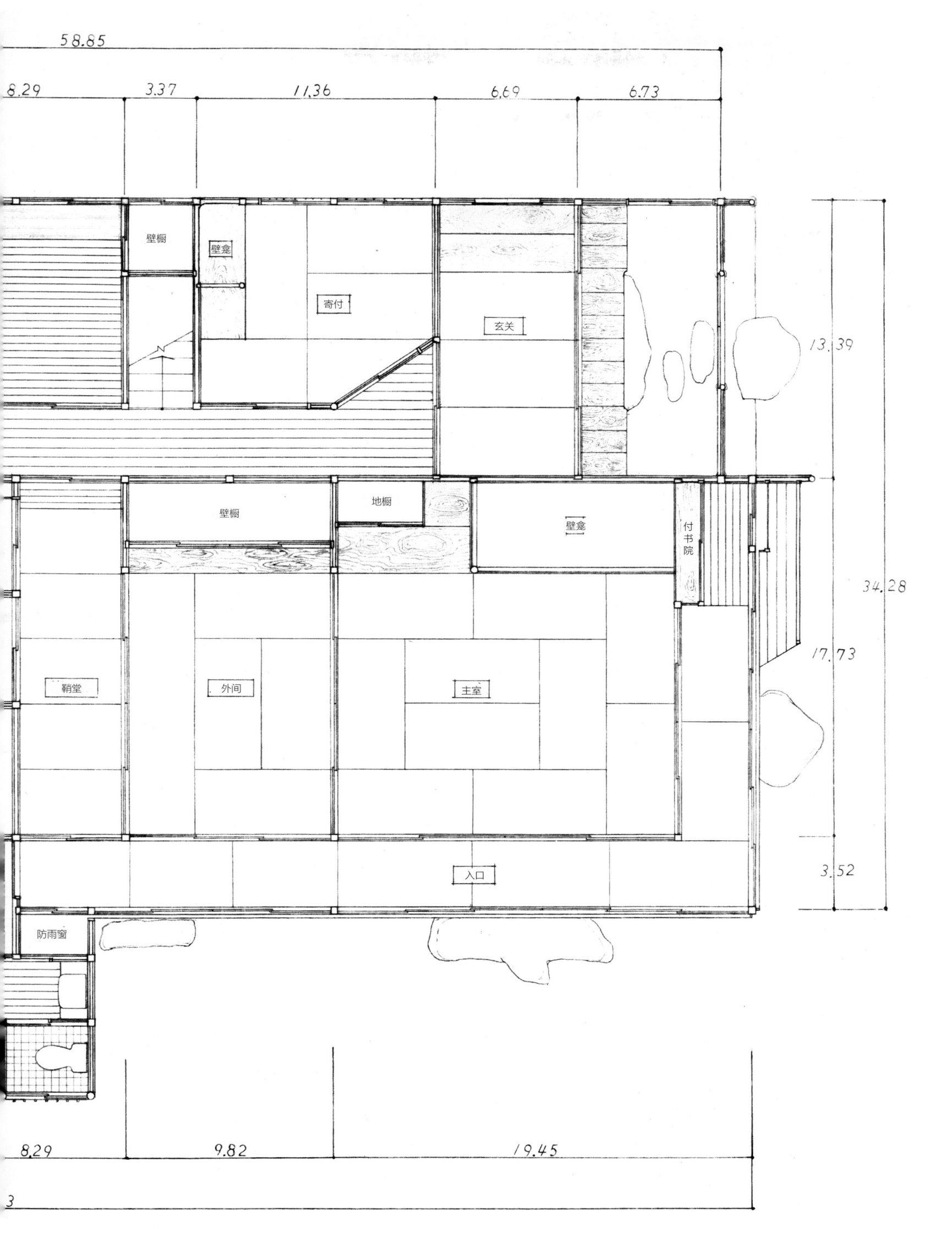

佐佐木邸　实测图

日本建筑集成　综合作例集　京都篇　　　　　　　　　　56

寄付入口和室内走廊

玄关 式台

玄关 顶部

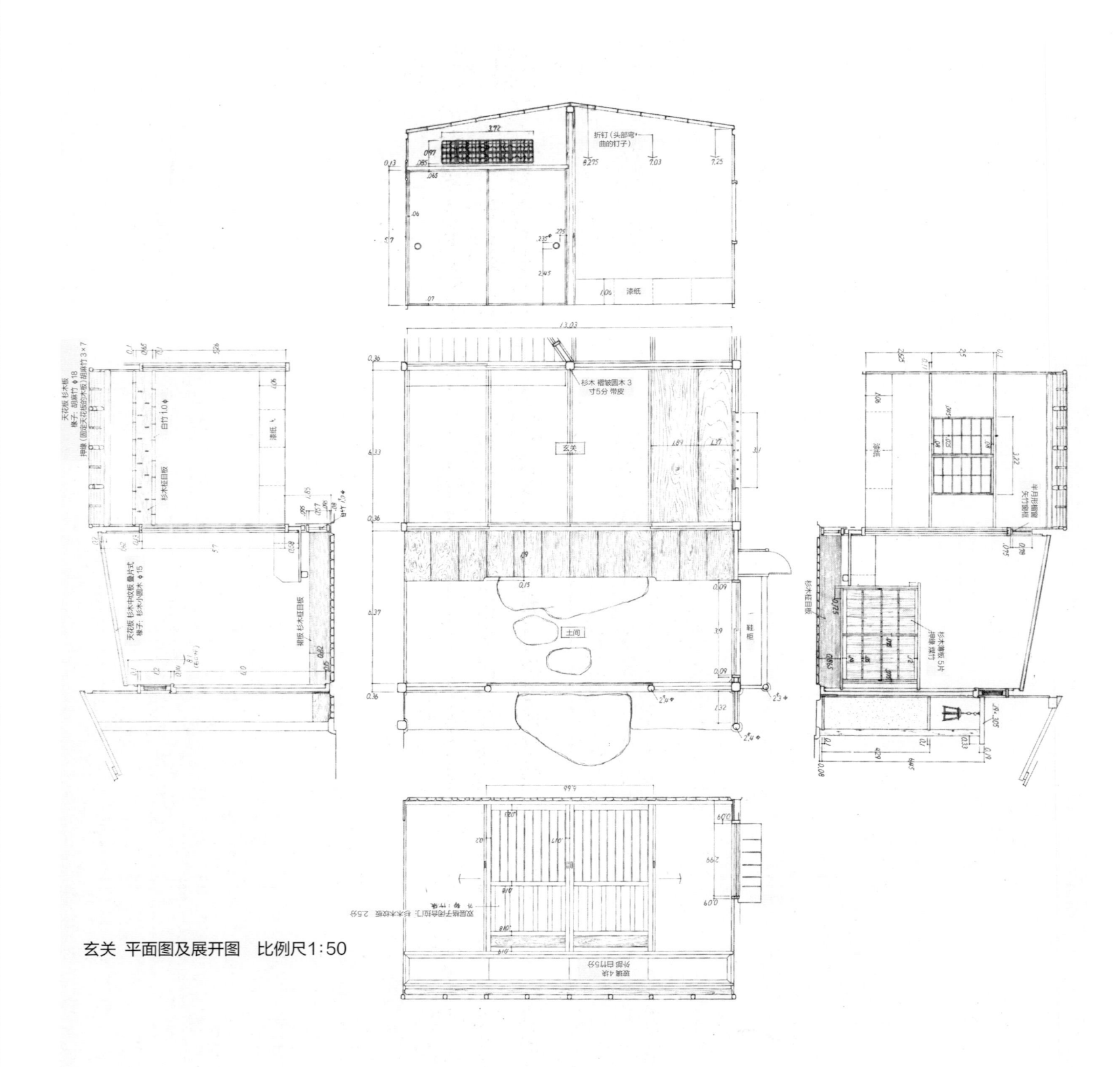

玄关 平面图及展开图　比例尺1:50

佐佐木邸　实测图

主室 屋前手水钵　　　　主室 付书院

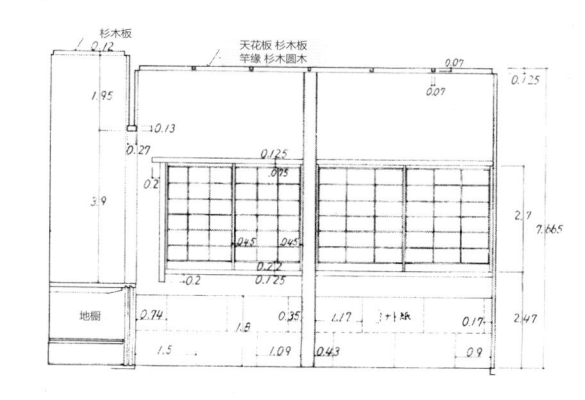

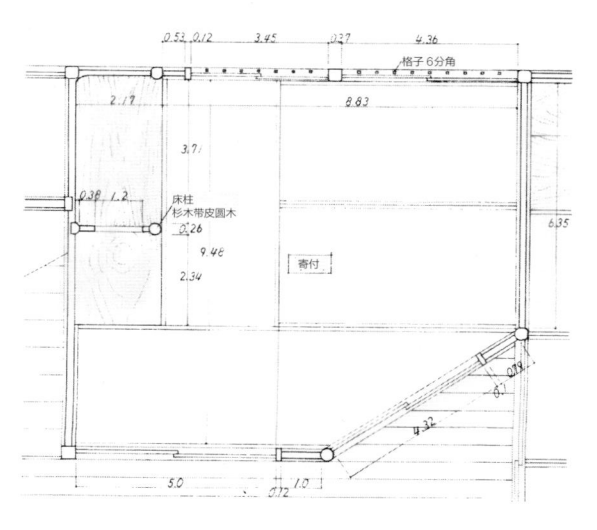

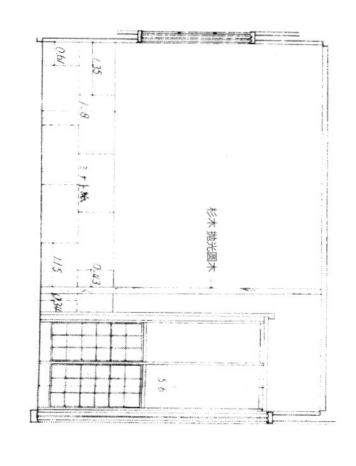

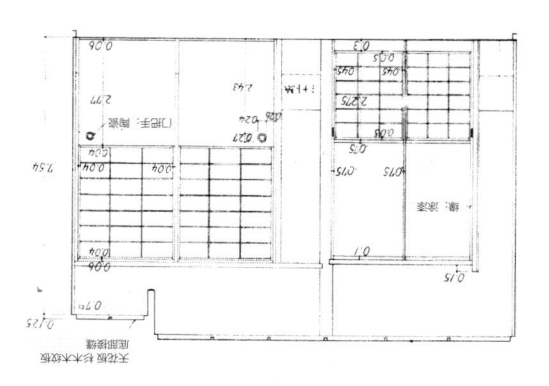

寄付平面图及展开图　比例尺1:50

※1 落挂：位于壁龛上方、床柱之间的横木。
※2 凑纸：一种和纸。

佐佐木邸　实测图

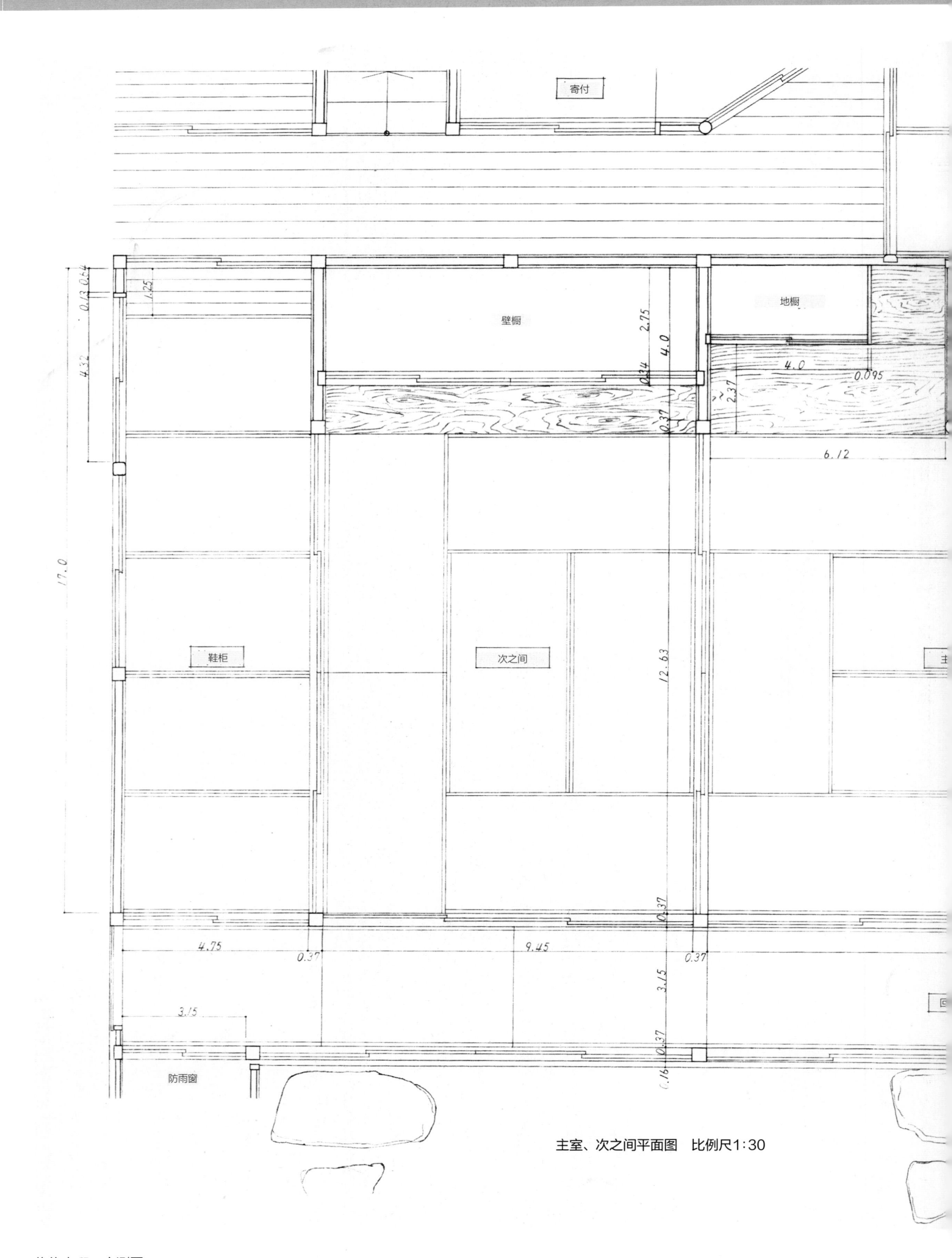

佐佐木邸　实测图

主室、次之间平面图　比例尺1:30

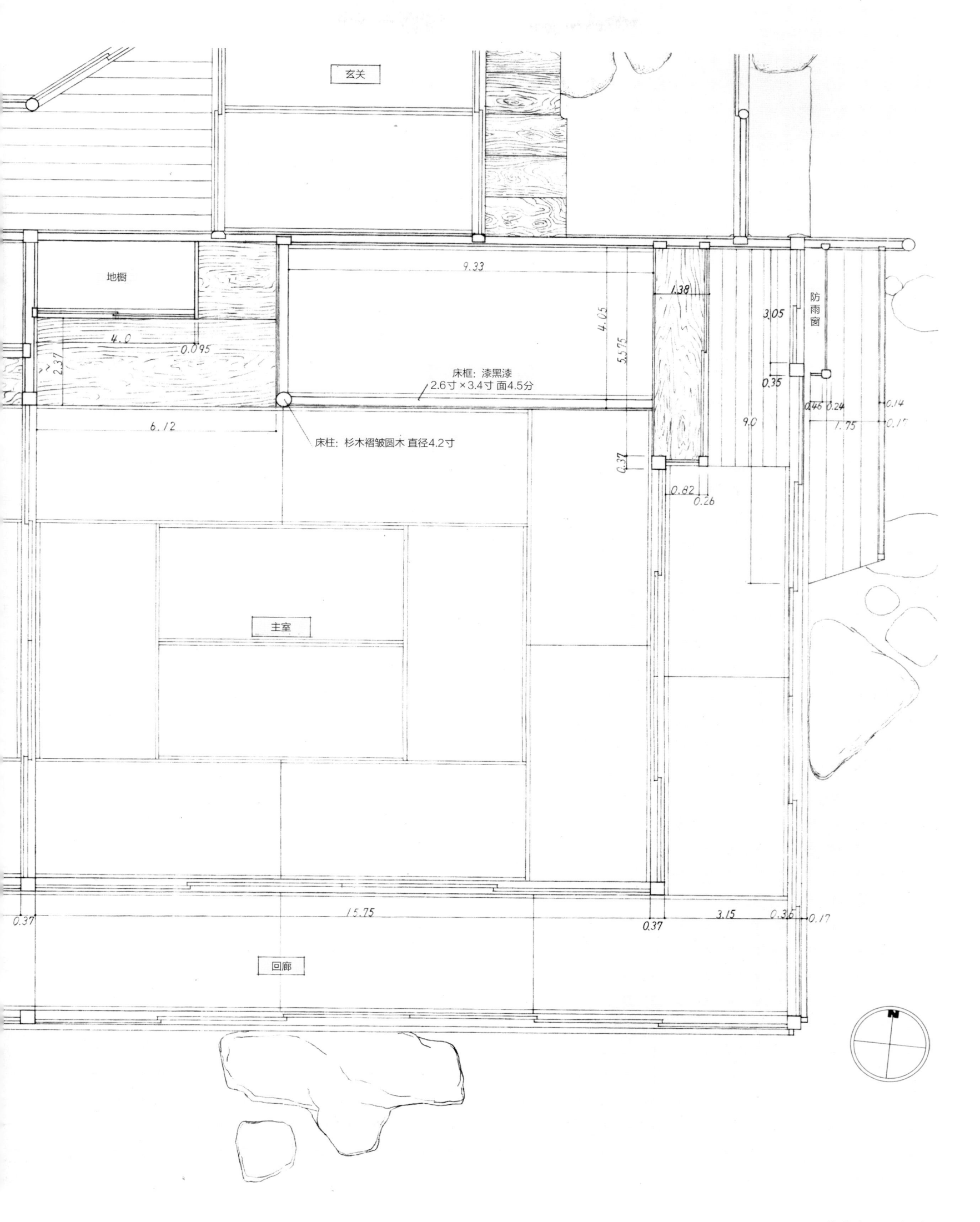

区域	标注
玄关	
地橱	
主室	
回廊	
防雨窗	

床框：漆黑漆 2.6寸×3.4寸 面4.5分
床柱：杉木褶皱圆木 直径4.2寸

佐佐木邸　实测图

主室、次之间展开图　比例尺1:30

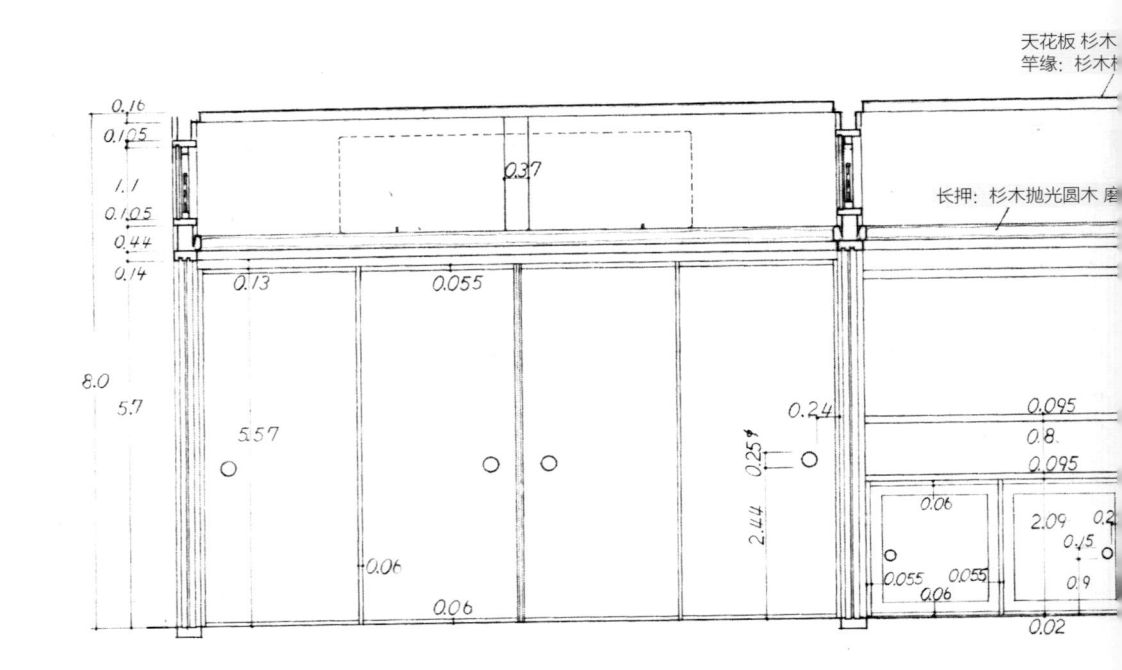

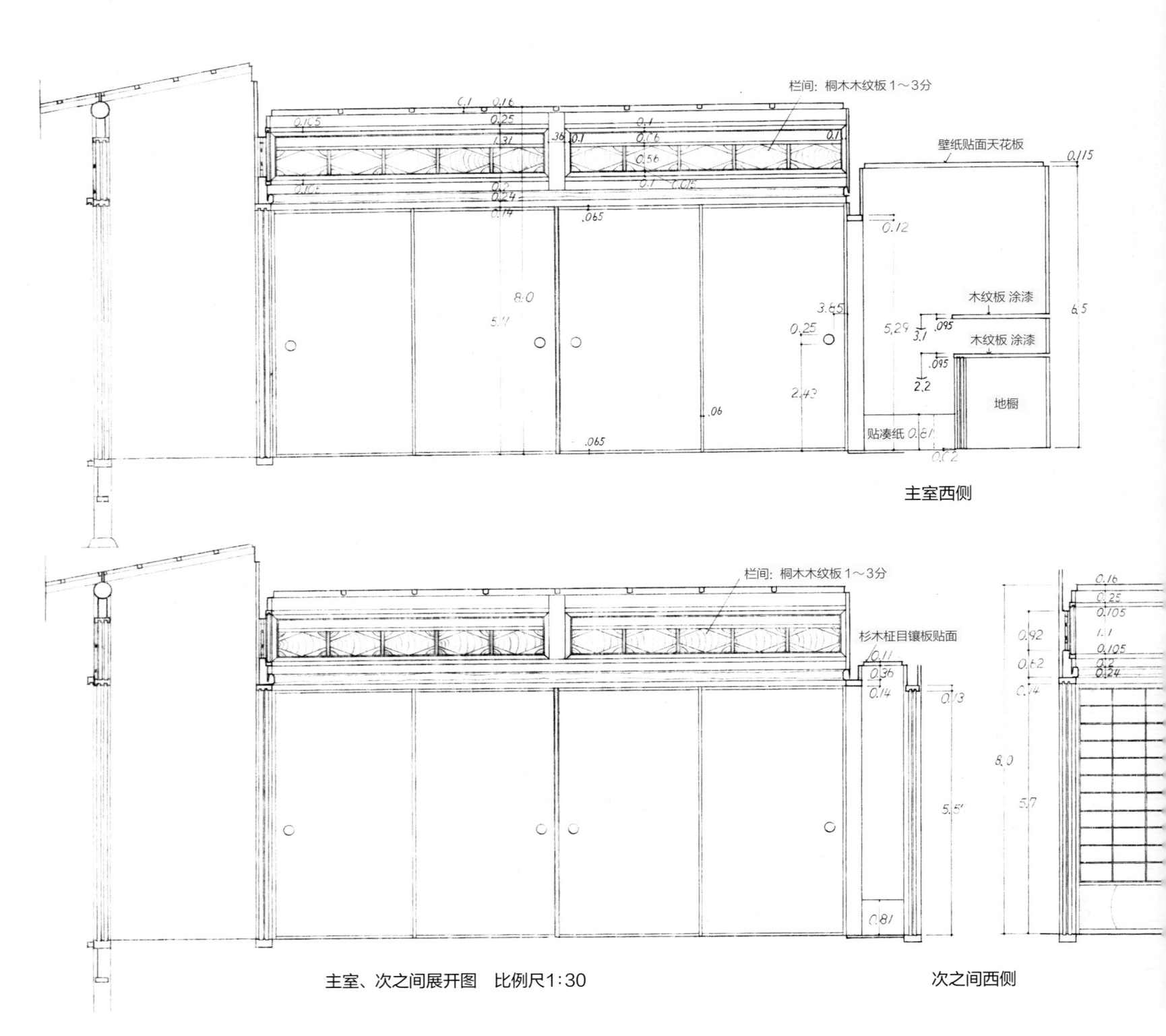

主室西侧

次之间西侧

佐佐木邸　实测图

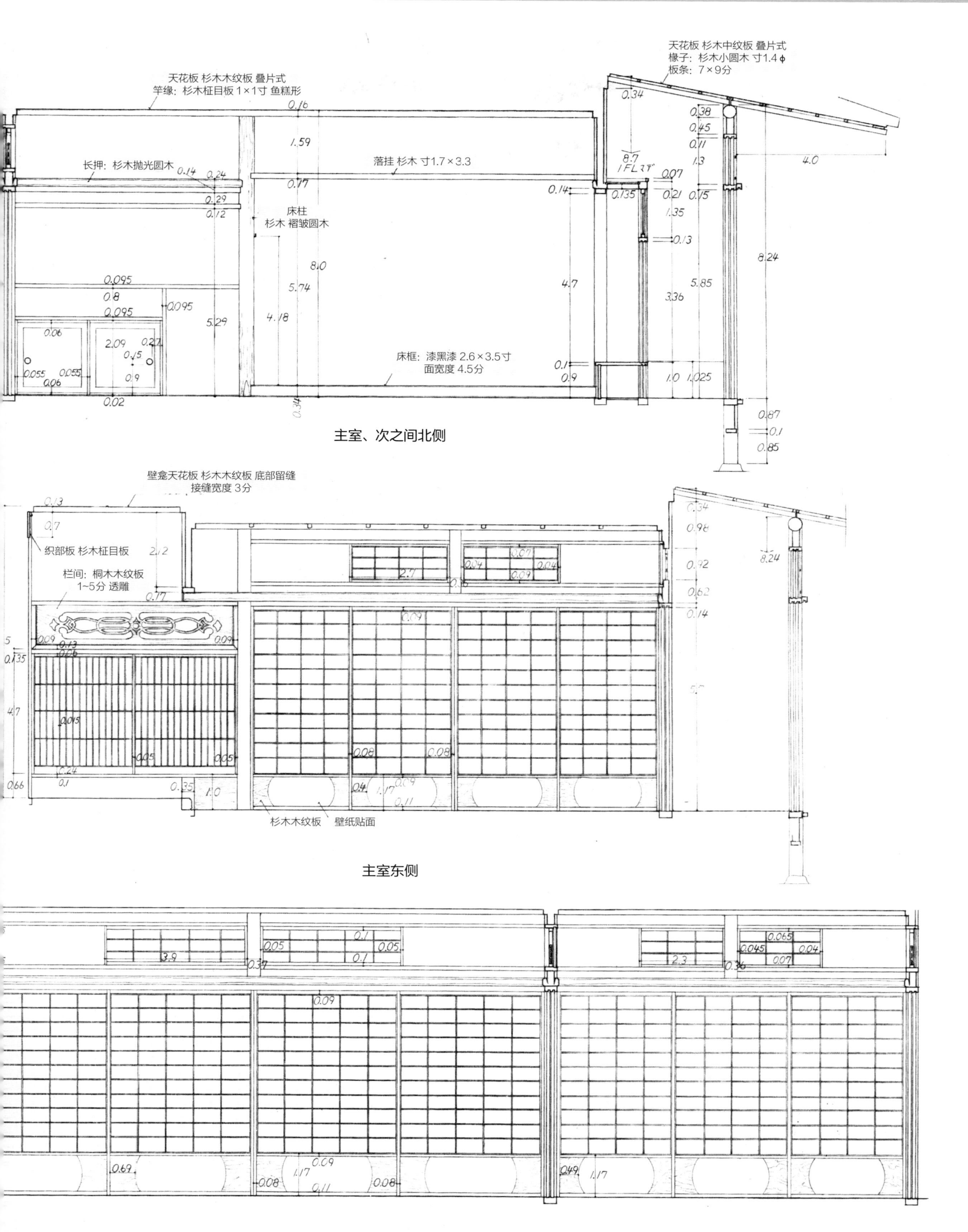

主室、次之间北侧

天花板 杉木木纹板 叠片式
竿缘：杉木柾目板 1×1寸 鱼糕形

天花板 杉木中纹板 叠片式
椽子：杉木小圆木 寸1.4φ
板条：7×9分

长押：杉木抛光圆木

落挂 杉木 寸1.7×3.3

床柱 杉木 褶皱圆木

床框：漆黑漆 2.6×3.5寸
面宽度 4.5分

主室东侧

壁龛天花板 杉木木纹板 底部留缝
接缝宽度 3分

织部板 杉木柾目板
栏间：桐木木纹板 1～5分 透雕

杉木木纹板 壁纸贴面

主室、次之间南侧

佐佐木邸 实测图

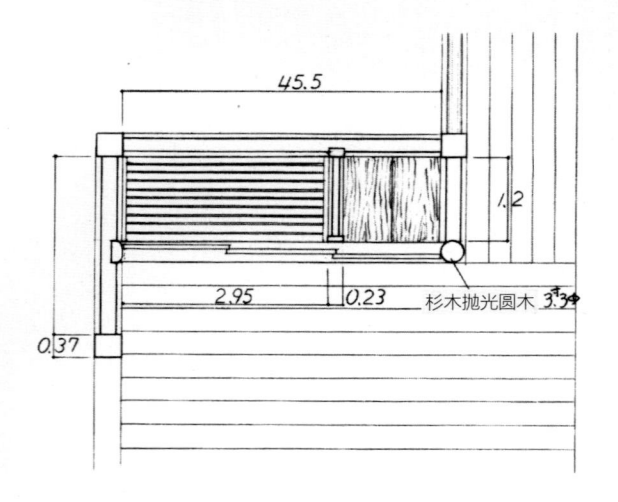

水屋平面图 比例尺1:30

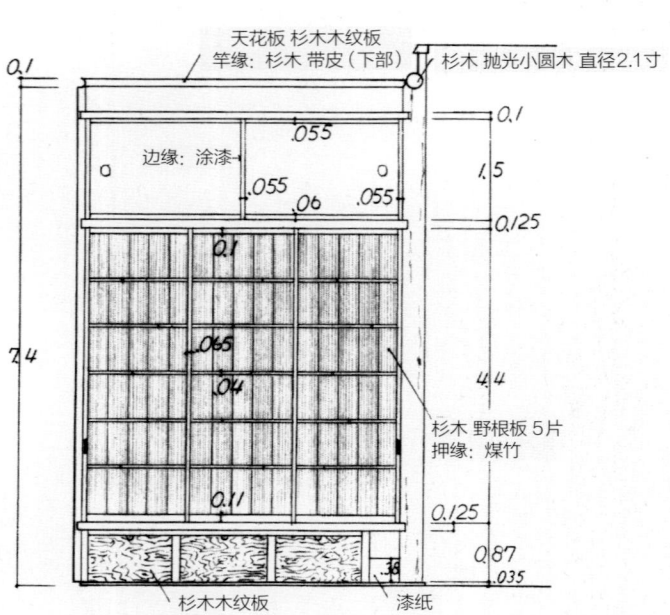

水屋立面图 比例尺1:30

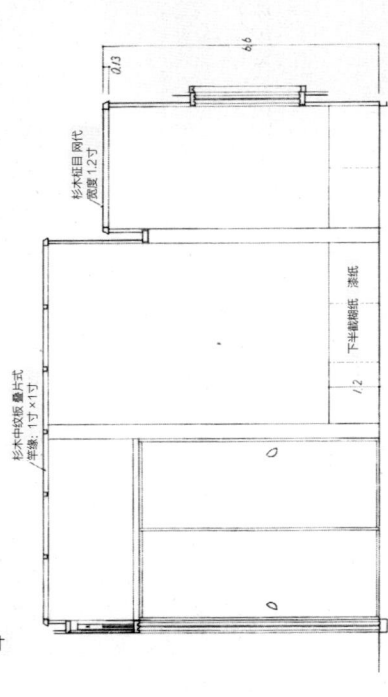

二层六叠和室平面图及展开图 比例尺1:50

佐佐木邸 实测图

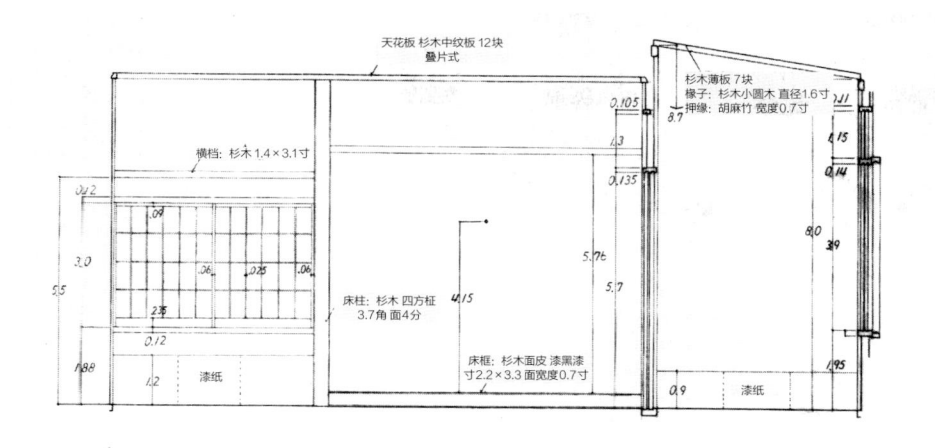

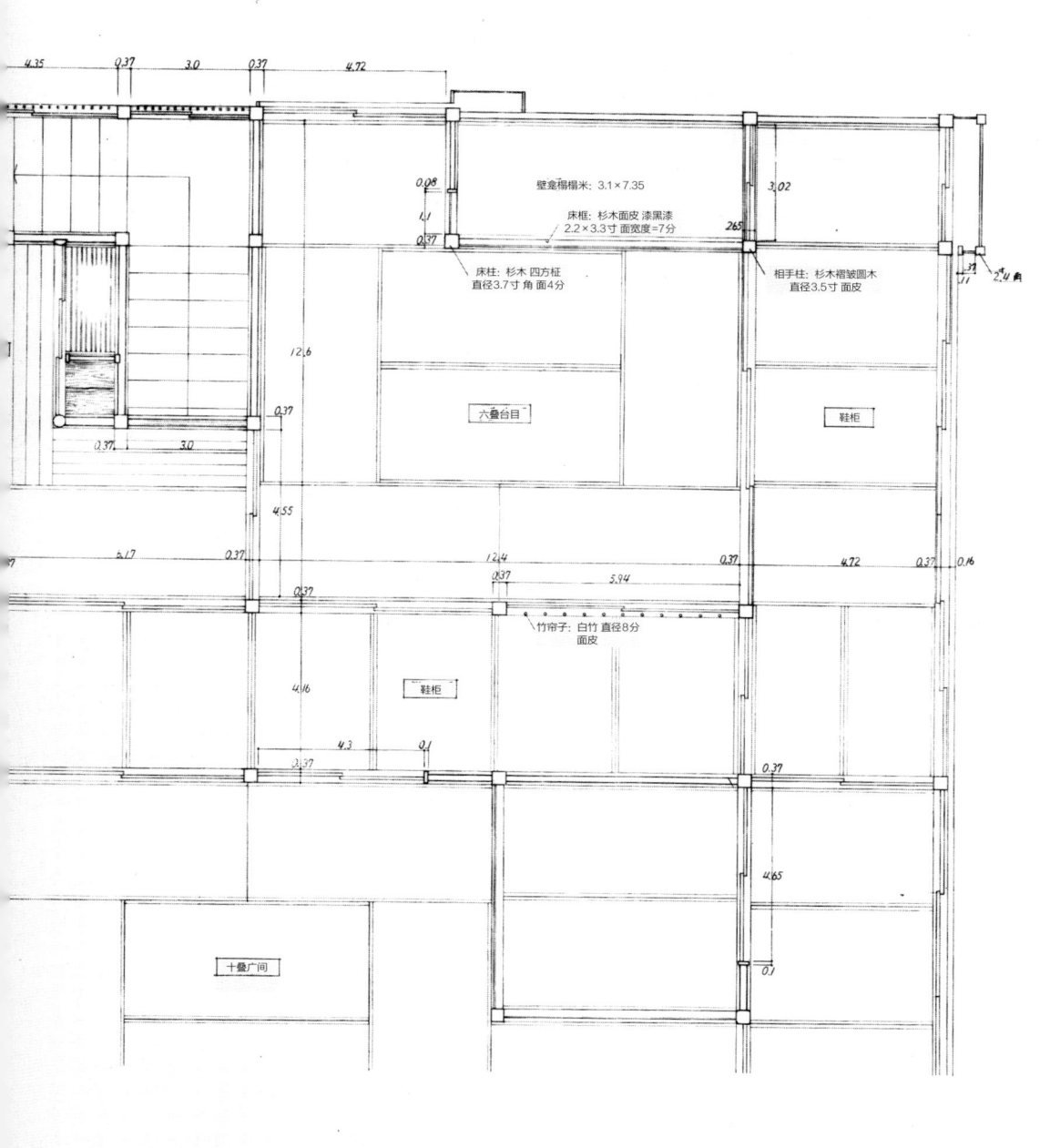

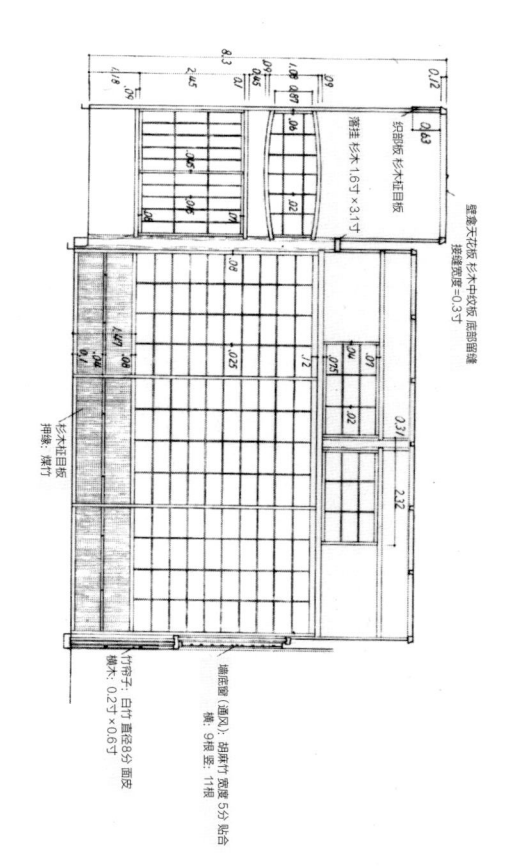

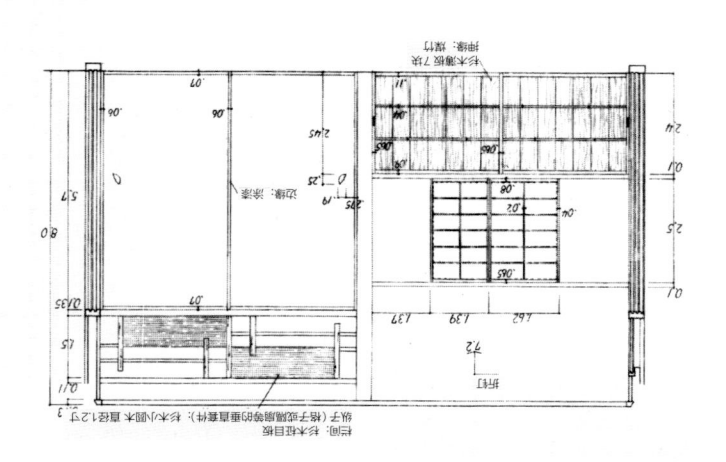

佐佐木邸　实测图

照古庵

甬道

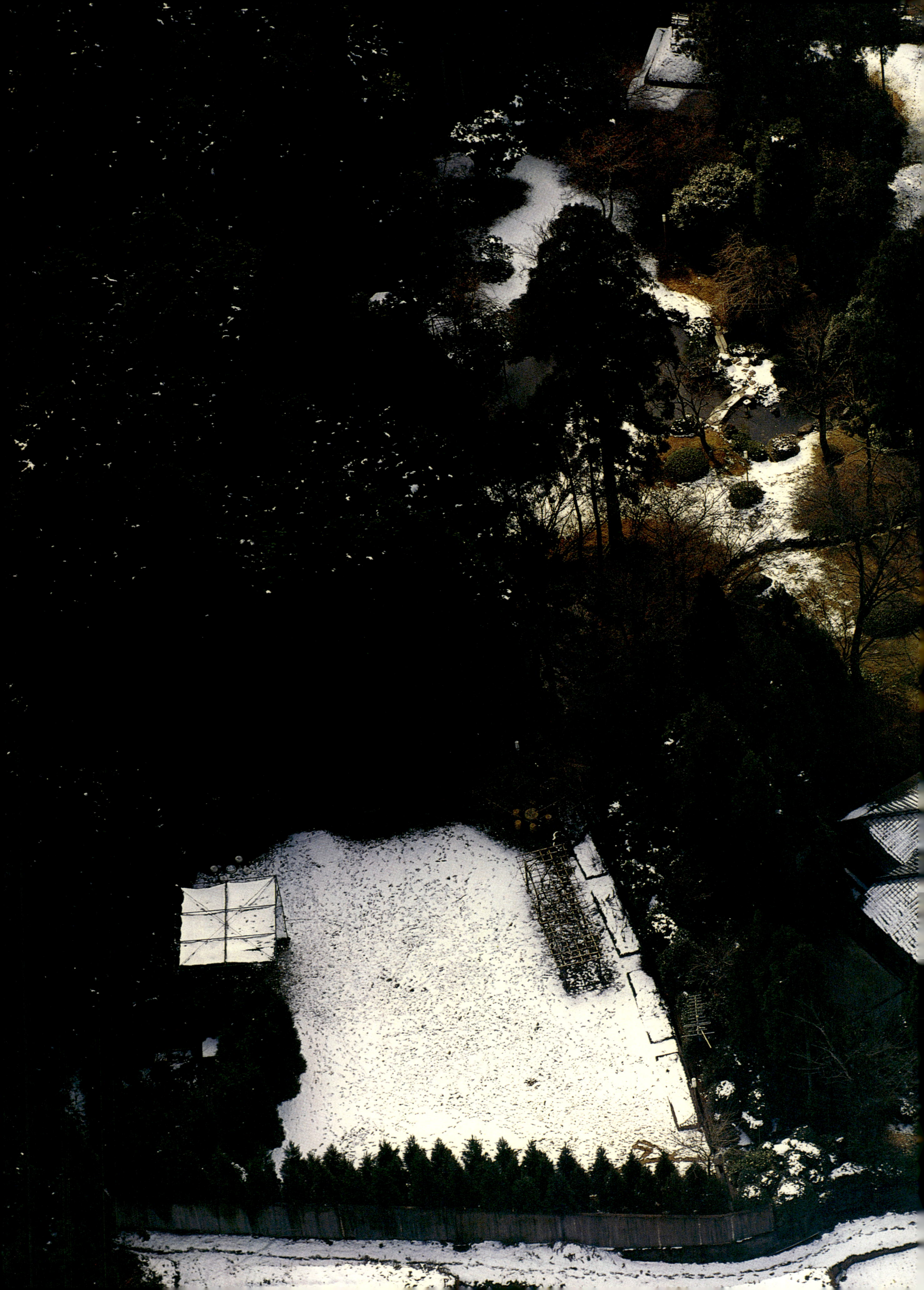

全景

玄关
上＝玄关附近　右＝玄关外观

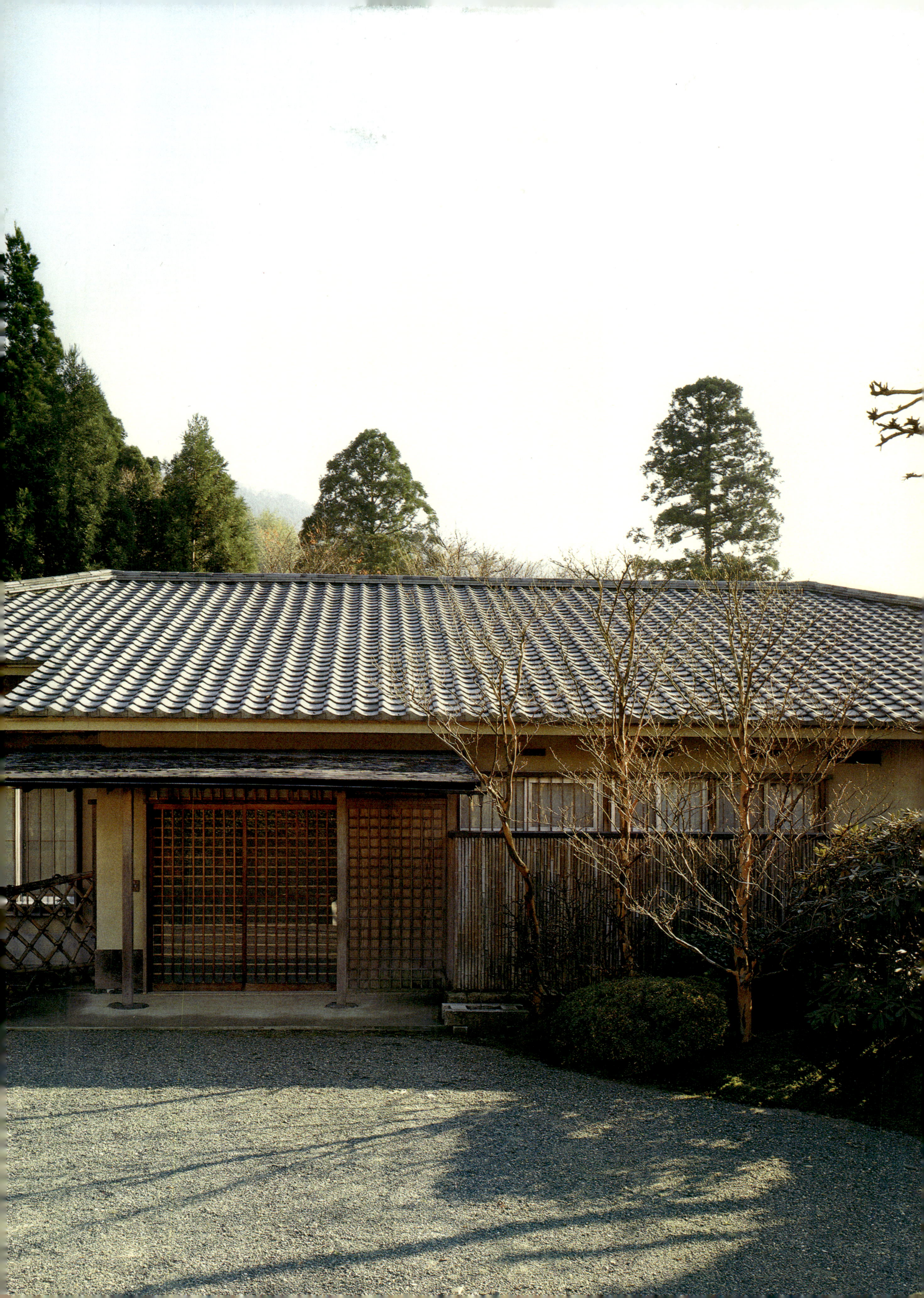

玄关
上、下＝玄关内部

玄关
从玄关看向庭院

八叠和室 壁龛

八叠和室 从八叠和室看向七叠和室壁龛

八叠和室
上＝八叠和室　天花板结构　右＝从八叠和室南侧看向庭院

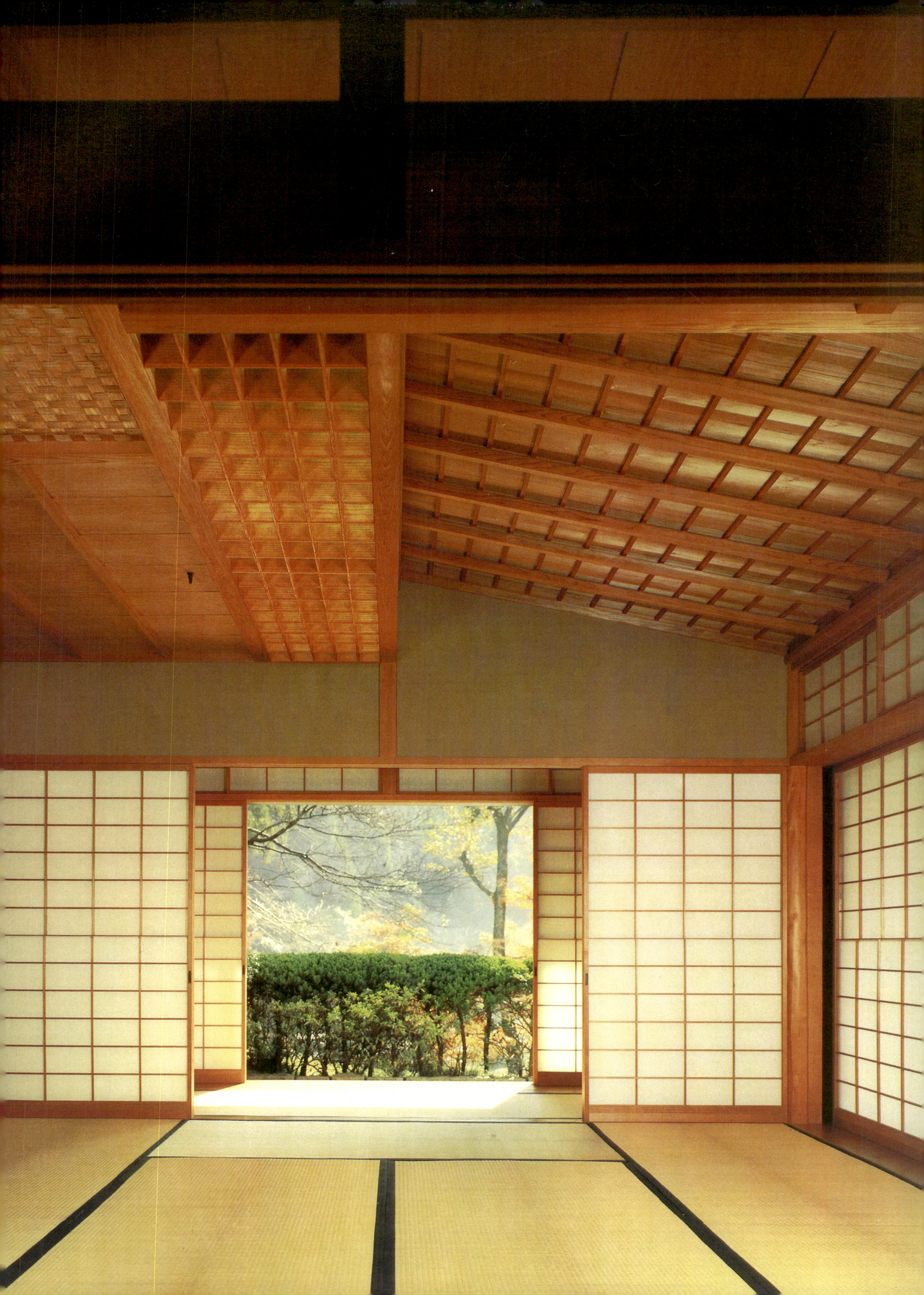

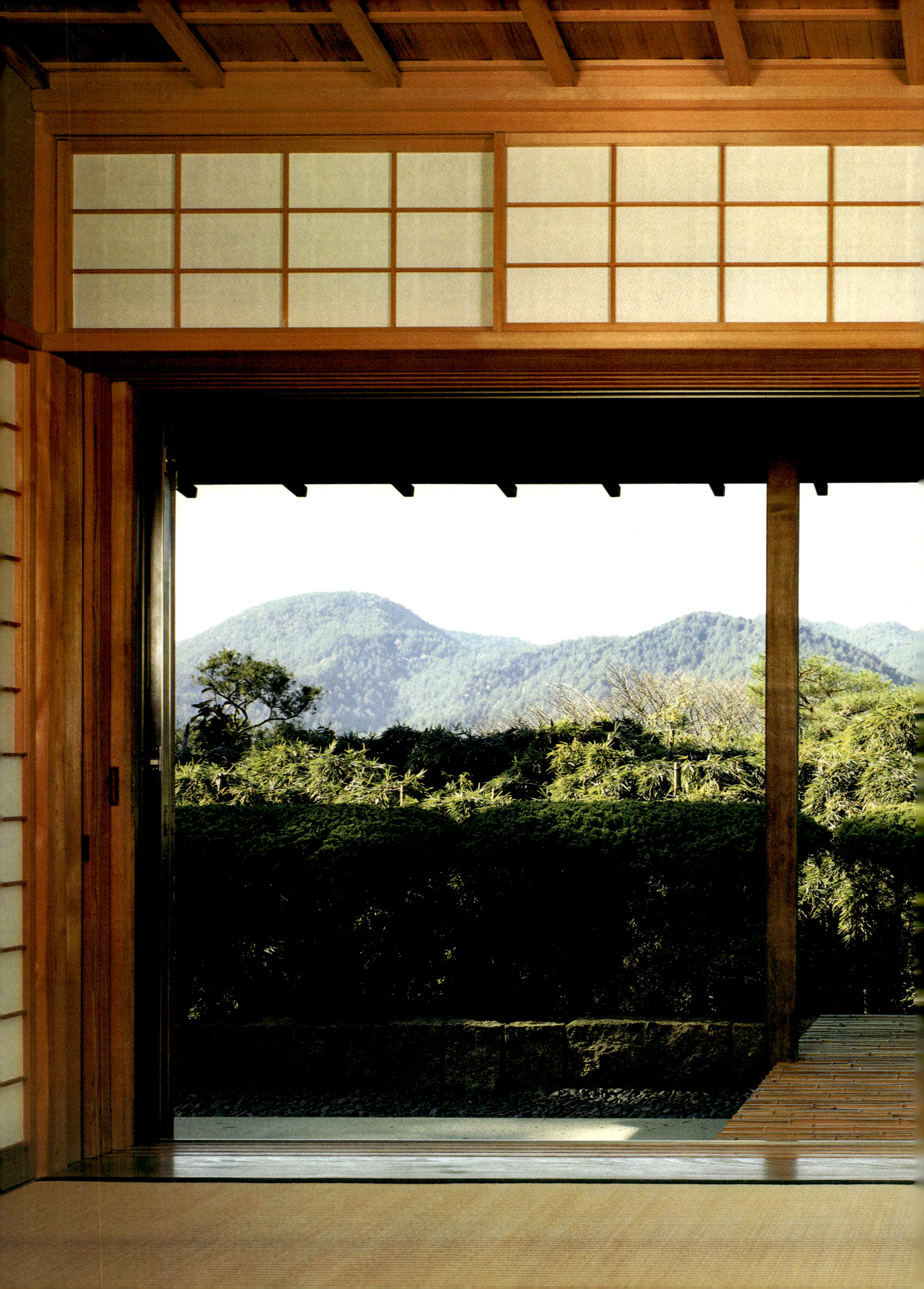

八叠和室 从八叠和室西侧看向月见台（用于赏月之处）

南侧外观

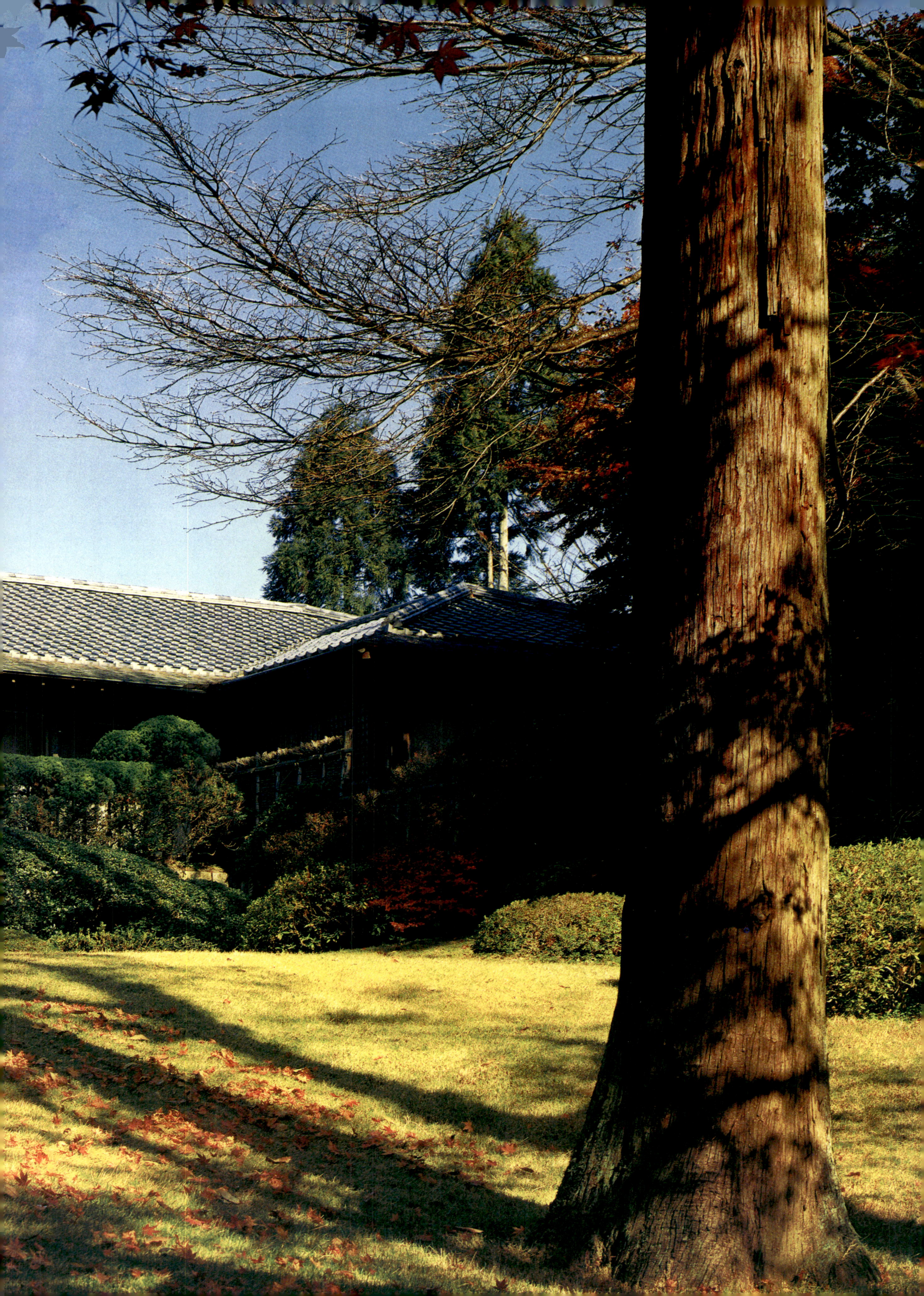

庭院
上＝蹲踞

茶室 壁龕和点前座

茶室
上＝从茶道口看向躙口　下＝水屋

上村邸

门 门和围栏

门 门附近的甬道

门 中门

玄关
上＝玄关外休息处　下＝玄关壁龛　右＝玄关内部

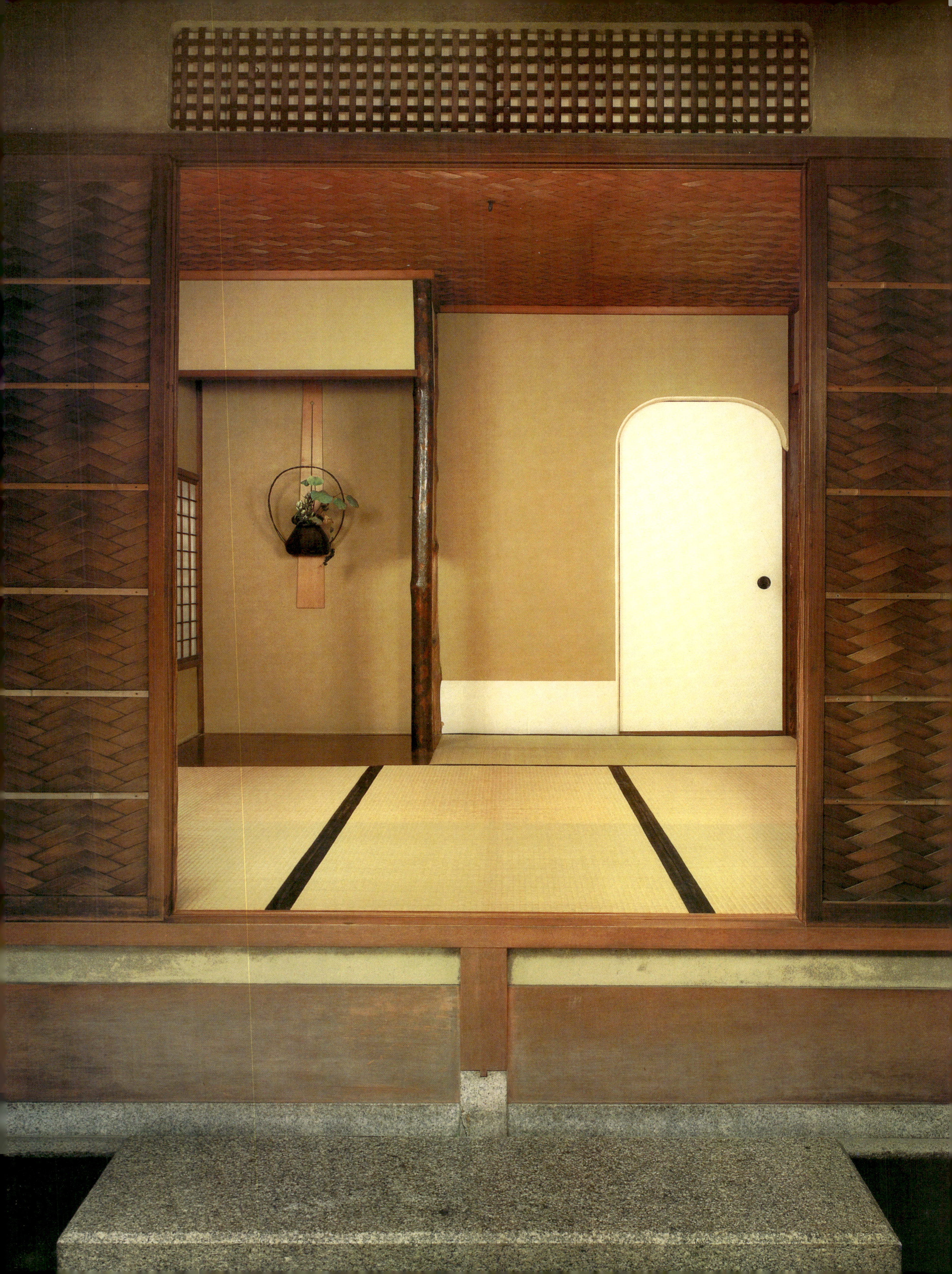

玄关 从玄关看向前庭

座敷 壁龕和棚

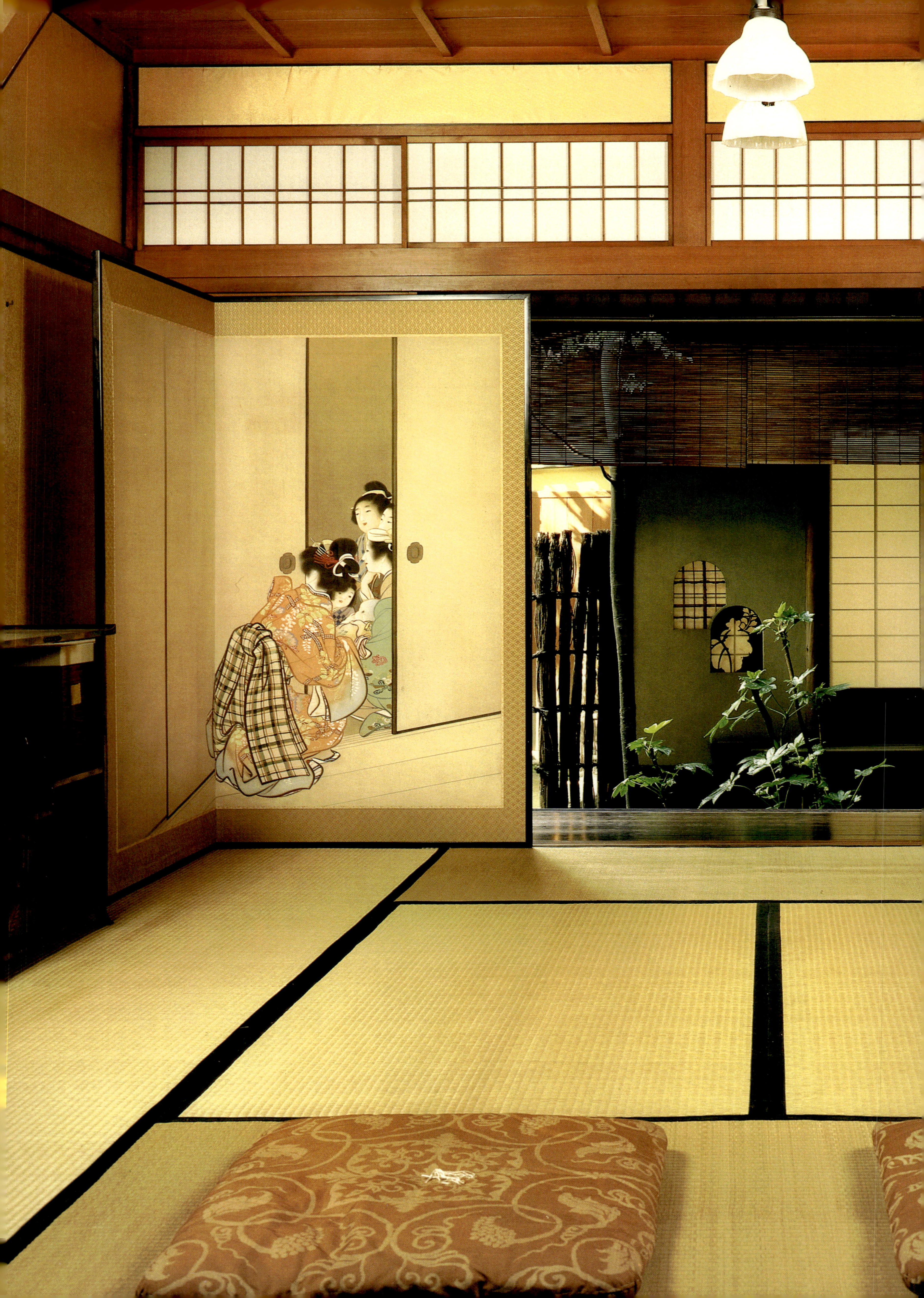

座敷
左＝从座敷看向坪庭
上＝从床胁看向付书院

茶室
上＝从茶室看向坪庭　右＝从中门看向茶室

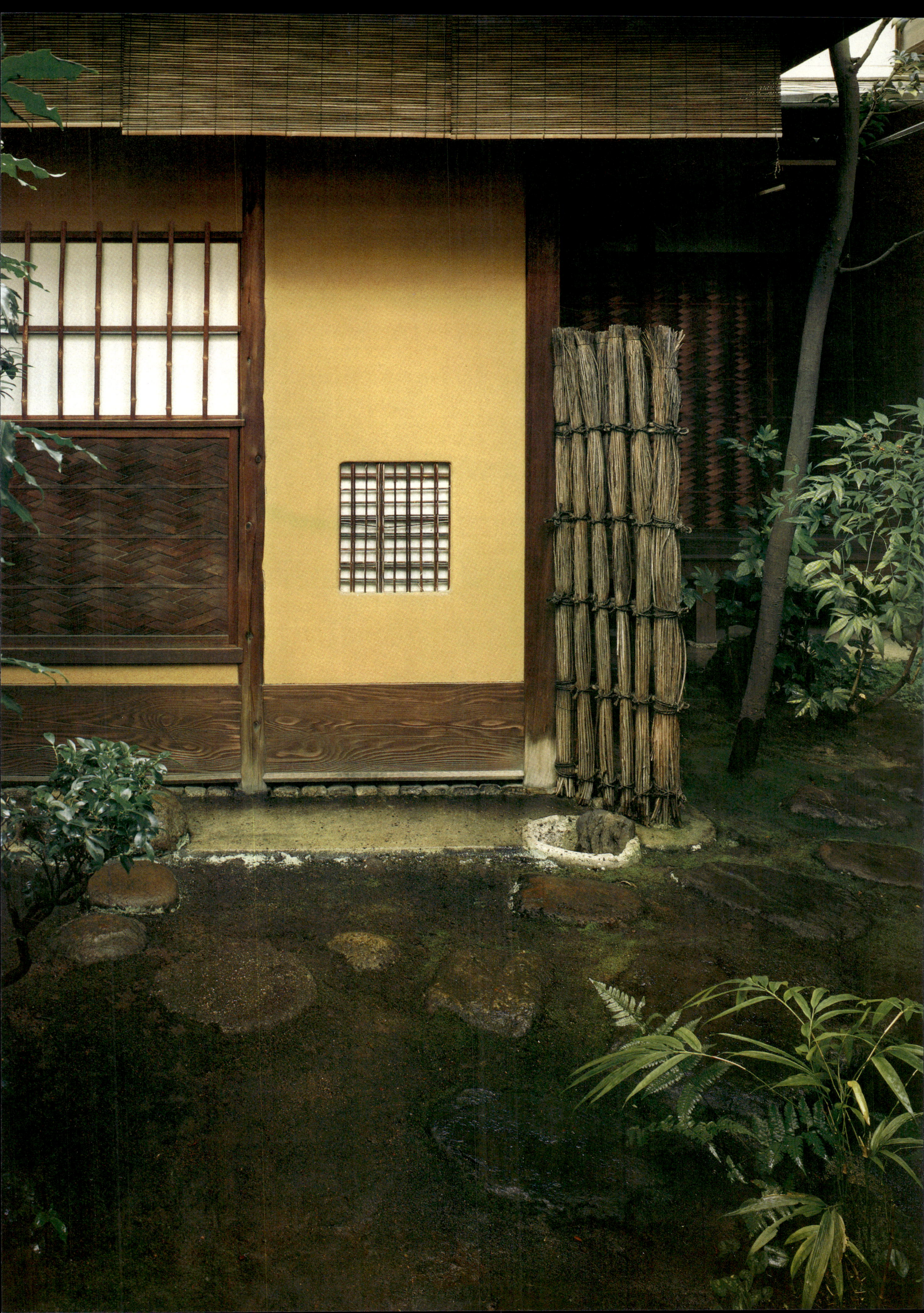

茶室
上＝点前座　左下＝出格子窓

茶室
上＝壁龕

露地 从座敷看向露地

霞中庵

全景

八叠和室和四叠半和室
上＝八叠和室外观　下＝四叠半和室外观　右＝八叠和室入口处

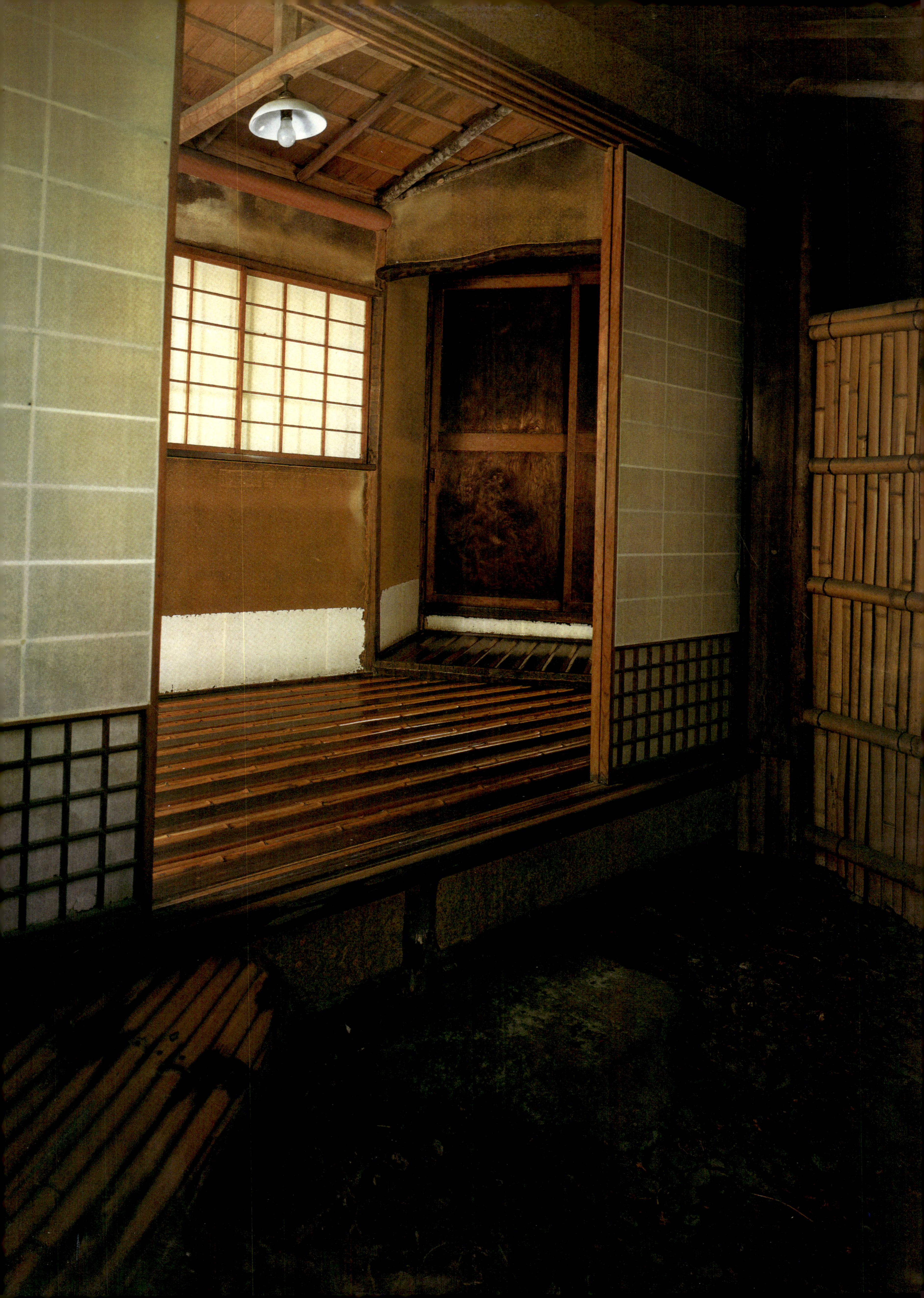

八叠和室和四叠半和室
上＝八叠和室东侧　下＝八叠和室西侧

八叠和室和四叠半和室
上＝从八叠和室看向庭院　下＝四叠半和室

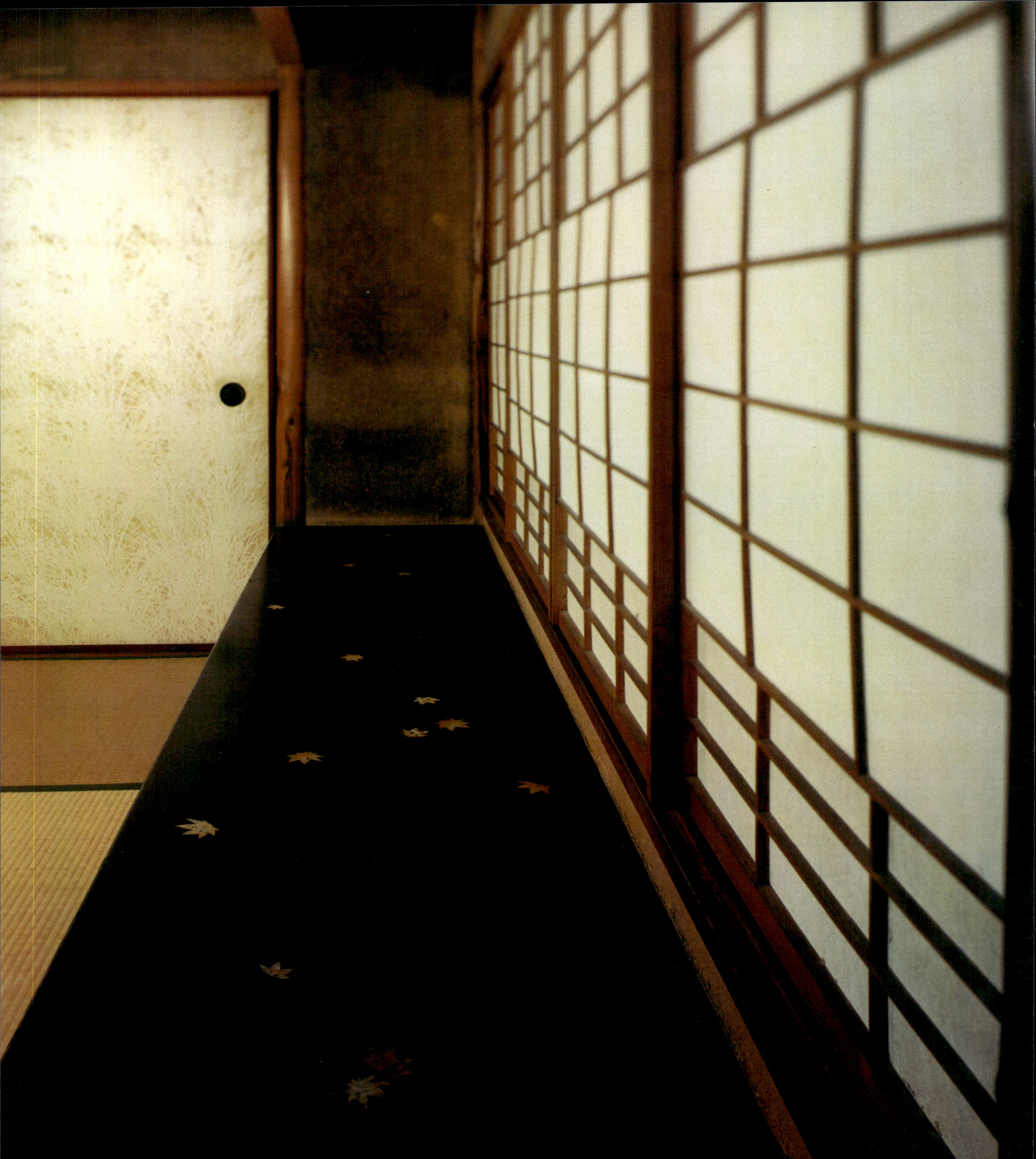

八叠和室和四叠半和室
左=八叠和室 地橱桌板
上=四叠半和室 南侧　下=四叠半和室 水屋

八叠和室和四叠半和室
上＝四叠半和室 壁龛　右＝四叠半和室 付书院

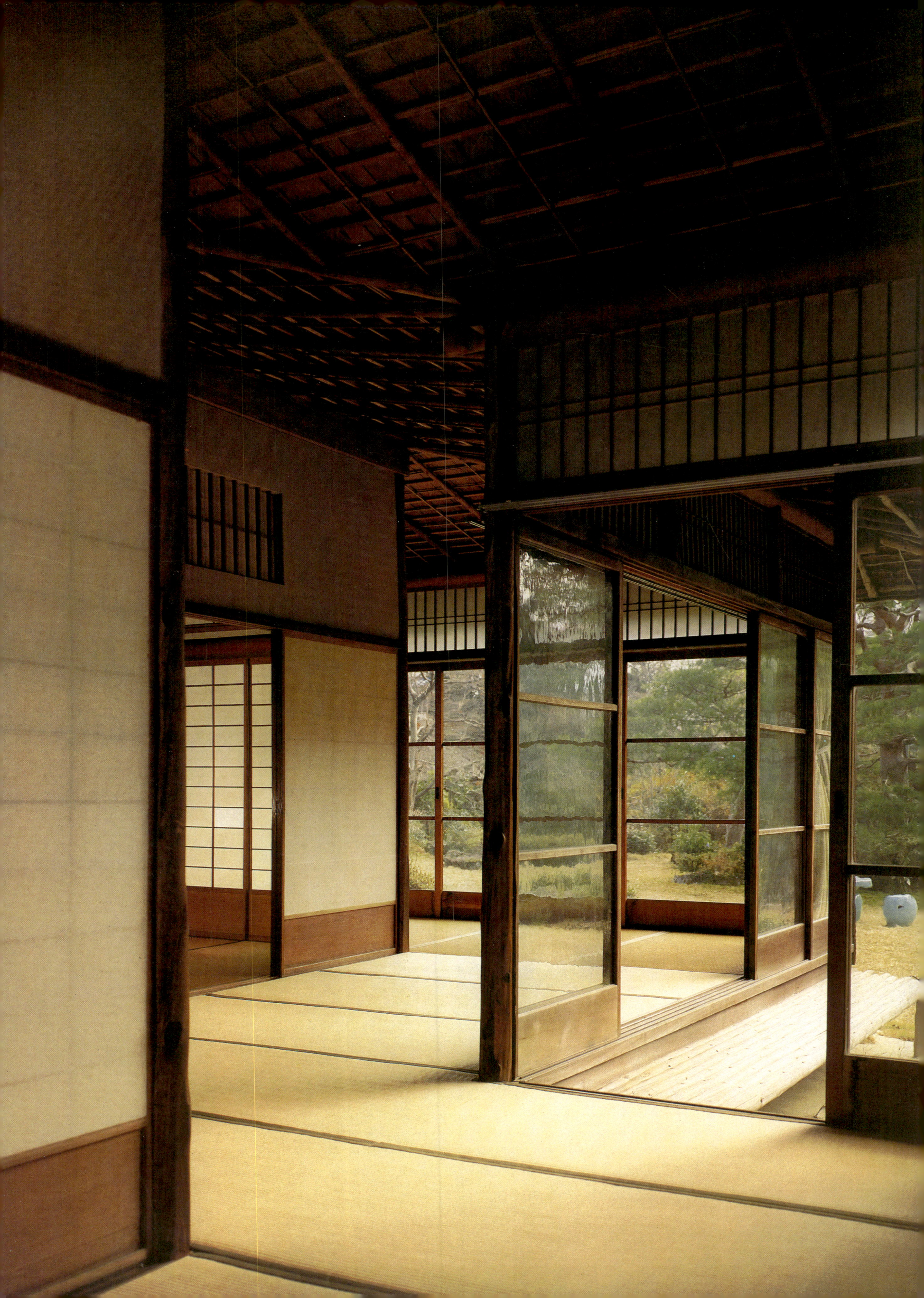

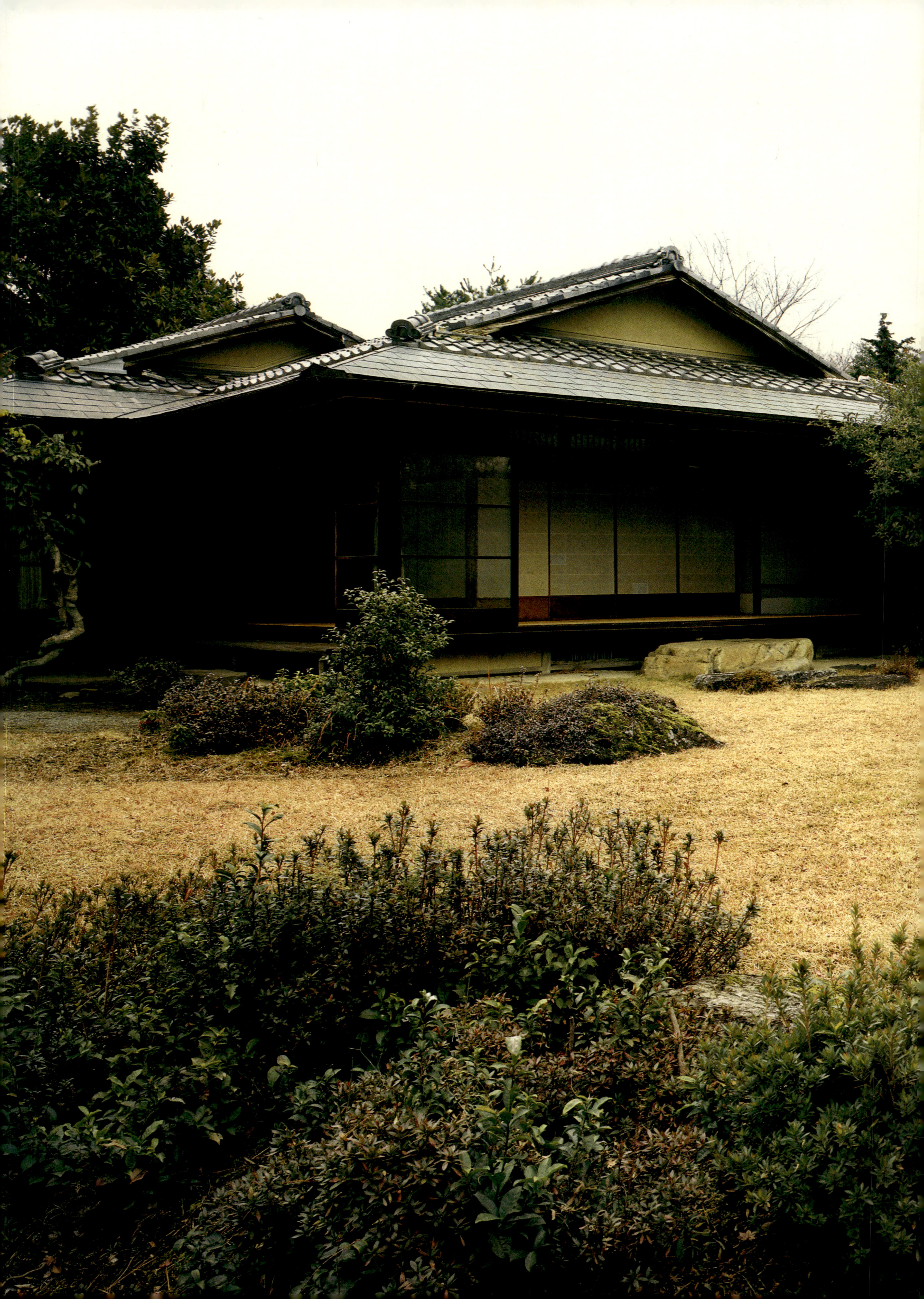

西侧外观

座敷
上＝壁龛和棚　右＝壁龛、付书院

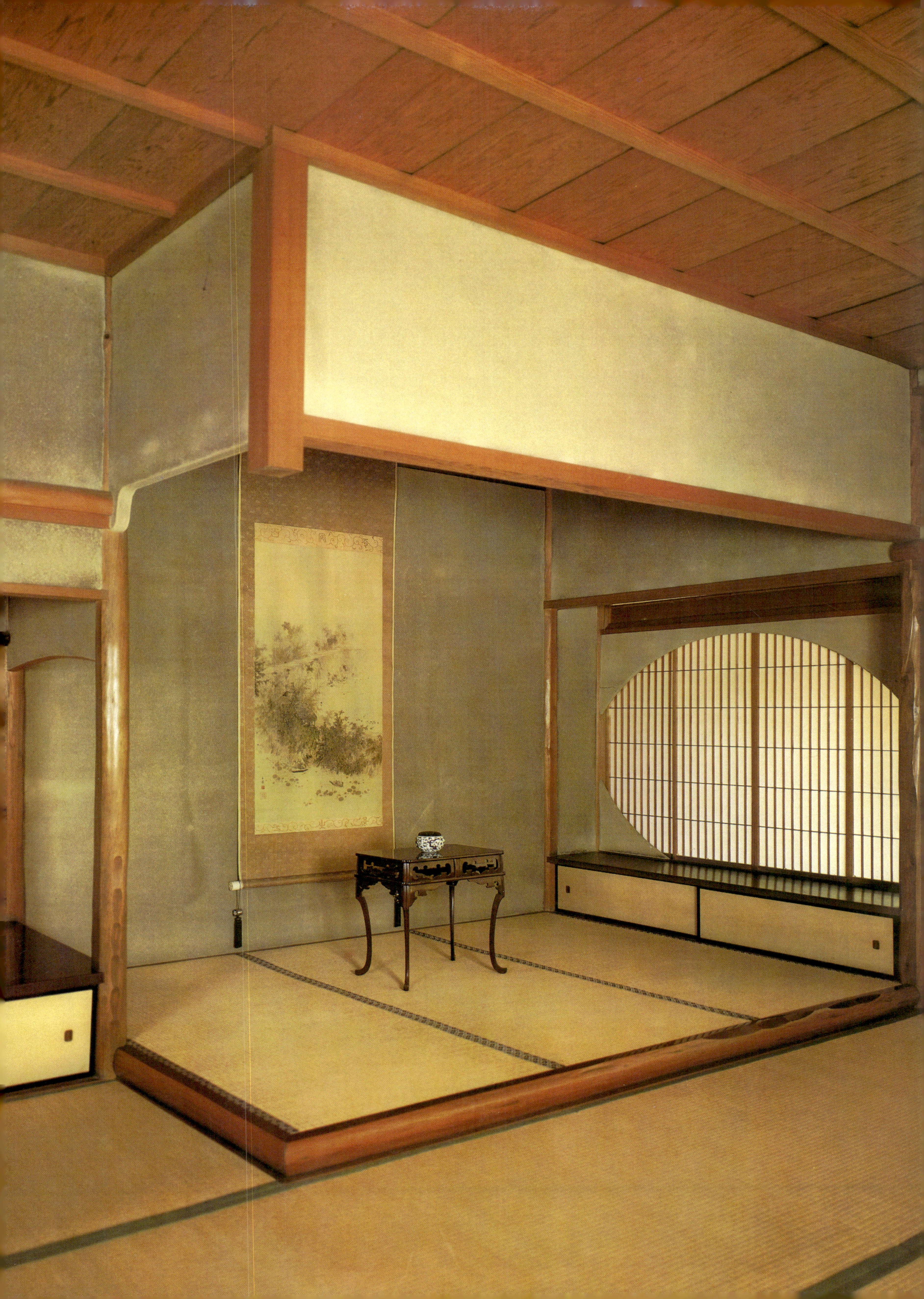

茶室
上＝壁龛一侧　下＝贵人口一侧

茶室
上＝躙口一侧　下＝点前座一侧

洗手处
上＝洗手处外走廊　下＝洗手处

设计图详解（二）

照古庵

所在地 京都市左京区
建造时间 1967年
建筑设计 堀口舍己
庭院设计 中根庭园研究所、觉本造园
施工 清水建设

这座宅邸坐落于京都洛北的山里，拥有悠久的历史。山脉绵延起伏，建筑依山而建。建筑幽静雅致，能欣赏山间美景，可感受风土人情。虽然该建筑是一座一层的木制建筑，但主体框架是用钢架搭建的。

位于西侧的是八叠和室，其隔壁是七叠和室。西侧伸出的屋檐、院内种植的孟宗竹与远处山脉共同构成一幅美丽画卷。

八叠和室中的柱子选用的是磨皮柱，高五尺八寸，其东部设置壁龛。落挂下边与鸭居（拉门等上方带沟的横木）上边对齐，壁龛与床胁相邻。床框外观采用圆形设计，床柱位置稍靠后。床胁地橱的设计有效利用了通风口。壁龛前的一叠榻榻米作为点前座使用。屋内设有切炉。七叠和室与这个房间隔着四个拉门，七叠和室北侧铺了一叠榻榻米，床胁处设有书院，并安装了桌板，对面安装了两扇落地障子窗，作书院窗用，通过窗户可以看到竹子，可以眺望远方，欣赏美景。

棚顶覆盖着两室，由桐木板竹缘天花板、桐粉板市松天花板及化妆屋根里天花板部分构成。各部分天花板连接处安置百叶窗，可以调节室内光线。这是堀口最擅长的结构设计。拉门边缘是桑木材质，贴有本能寺金襕。

玄关朝北，位于建筑的中央。屋檐的设计简约，没有过多修饰。入口采用狐狸格子门，棚顶由小圆木垂木以及化妆屋根里天花板构成，正面中央铺有一块沓脱石，方便直接进入室内。土间左侧设置了木屐箱和雨伞架，右侧墙壁上的下地窗也别具特色。

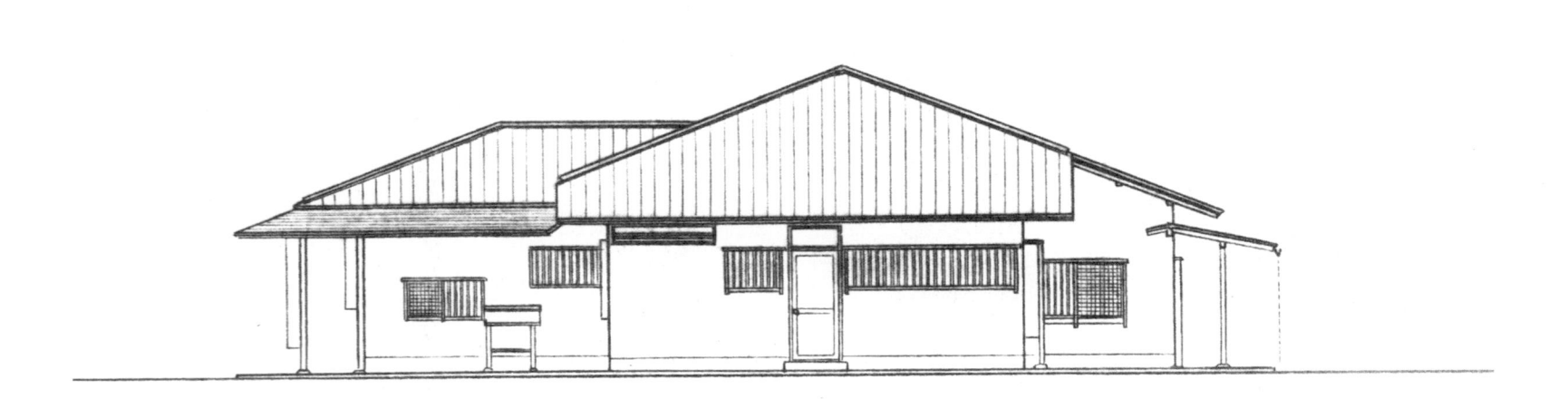

东侧

西侧

照古庵 实测图

茶室位于建筑的东南侧。与通常倾向于视线开阔的茶室朝向设计相反，这座建筑的茶室朝向幽静的山脉。躏口开在南侧。

水屋大小约二叠半，内有壁橱、水屋棚和丸炉，巧妙地组合在一起。

茶室内部为三叠台目布局，点前座与壁龛并排，内置向切炉。点前座附近是连子窗。床柱选用赤松木，壁龛前铺设了松木地板。床胁增添了小墙壁，开了1尺5寸的通风口。棚顶由两部分构成，以床柱为分界线，里侧是杉木板的平天花板，躏口侧是化妆屋根里式天花板，平天花板一侧的墙壁处配有间接照明器具。壁龛正对面地上开了一个高约5尺6寸的火炉口。躏口一侧有一扇连子窗。从以上细节可以看出堀口博士的茶室设计风格。

通道栅栏

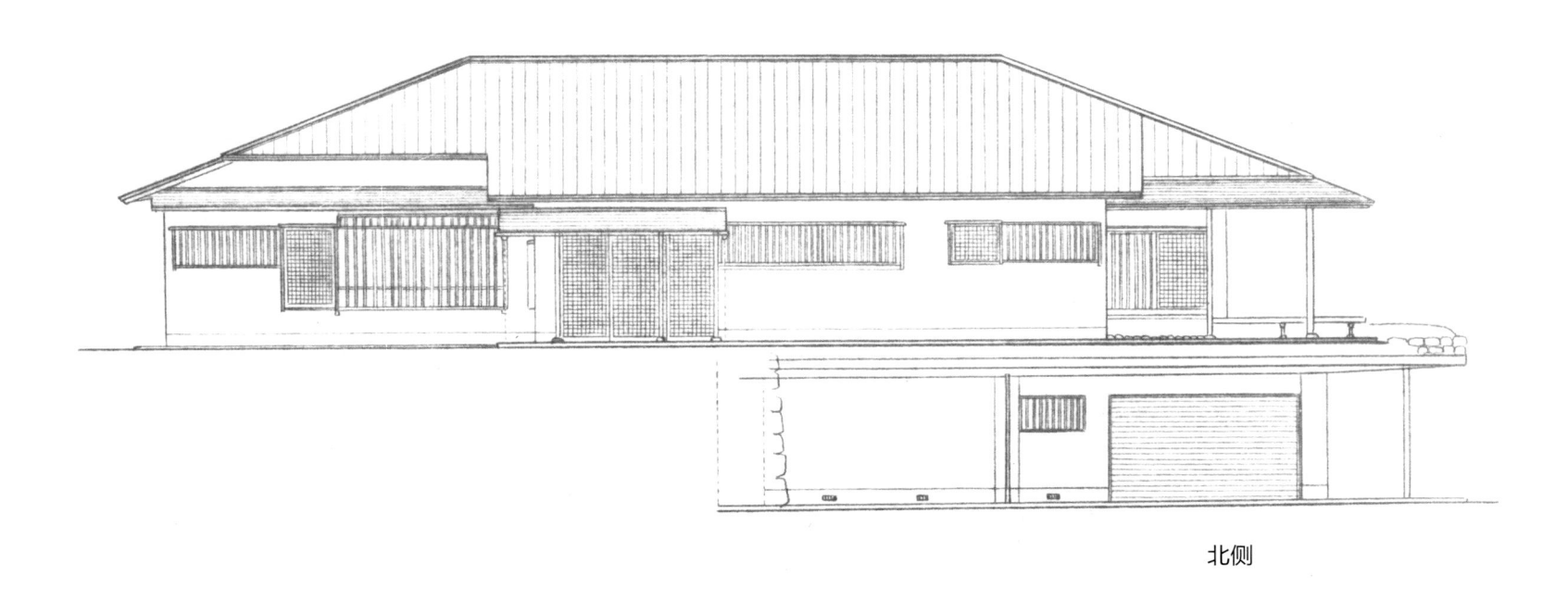

北侧

照古庵外观图 比例尺1:50

南侧

照古庵 实测图

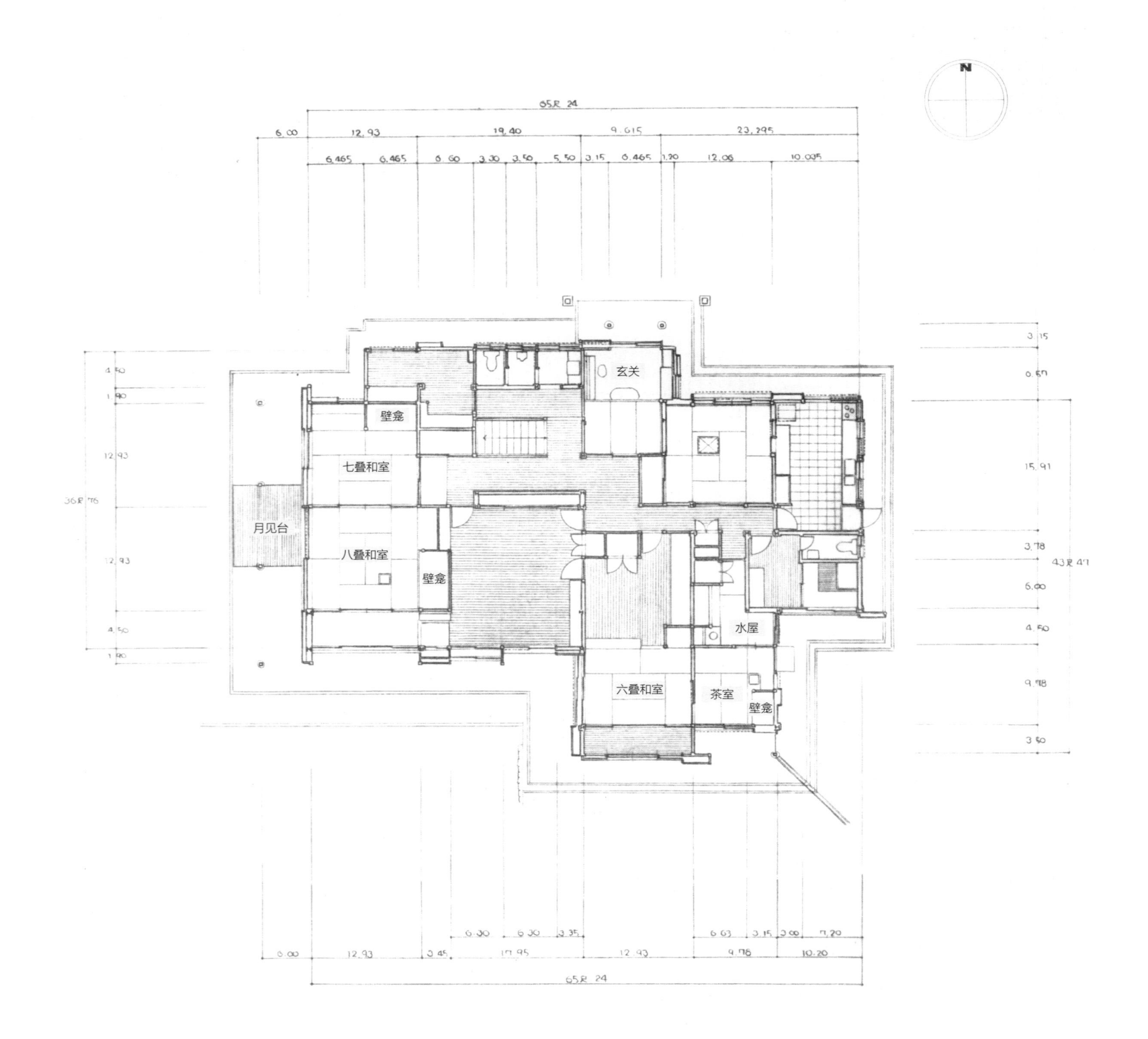

平面图　比例尺1:50

照古庵　实测图

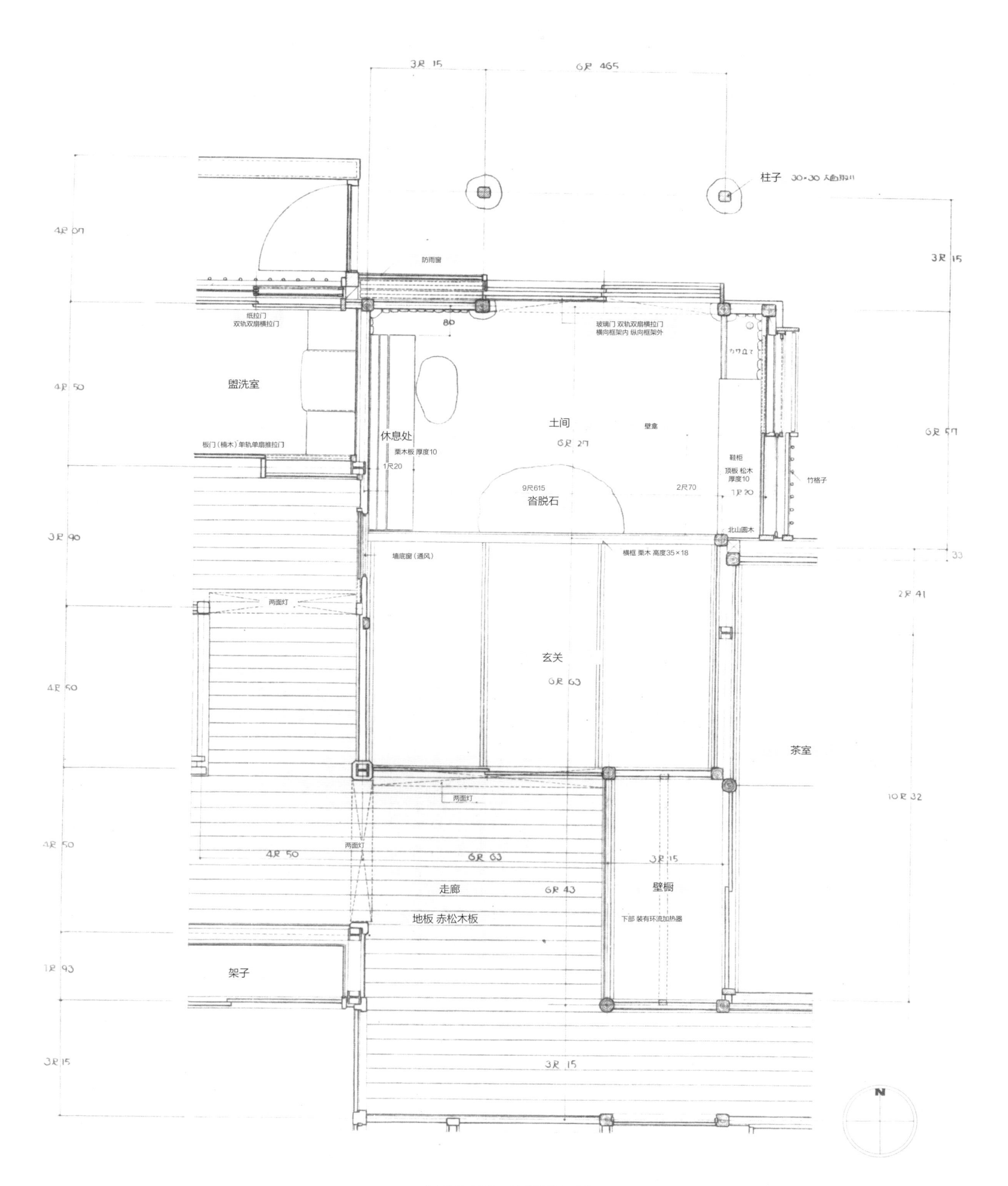

玄关平面图　比例尺1:30

照古庵　实测图

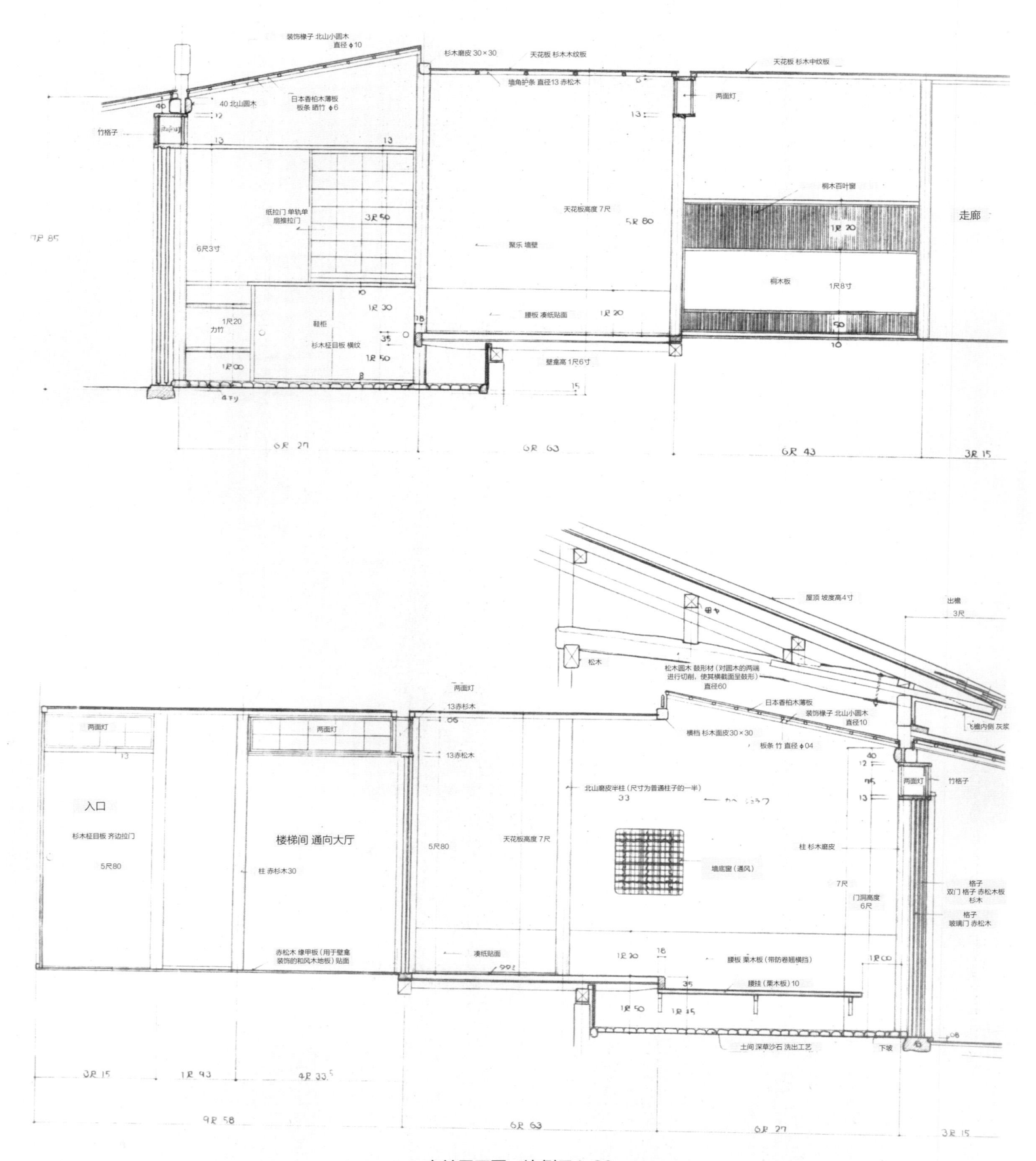

玄关展开图　比例尺1∶30

照古庵　实测图

东侧

南侧

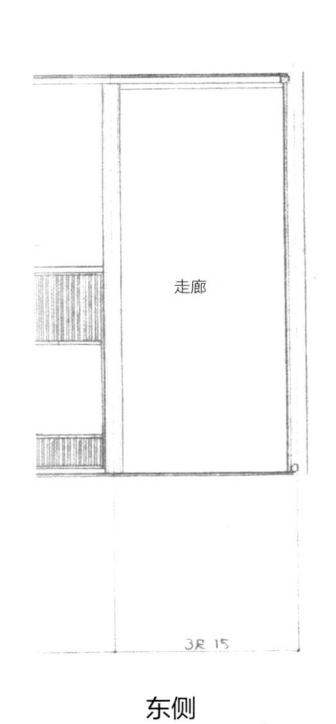

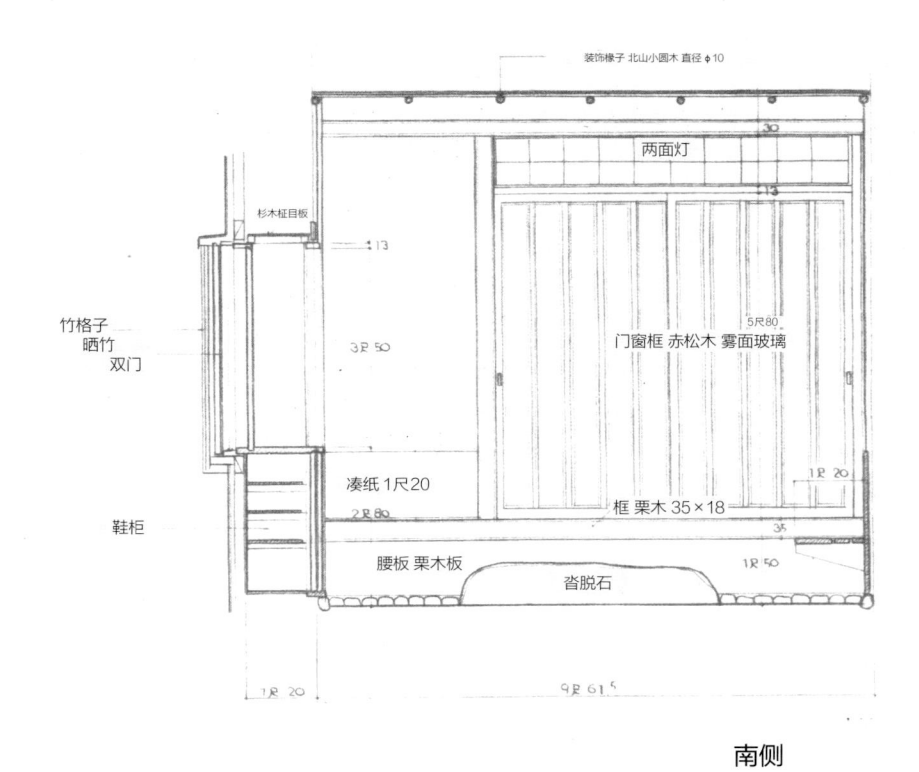

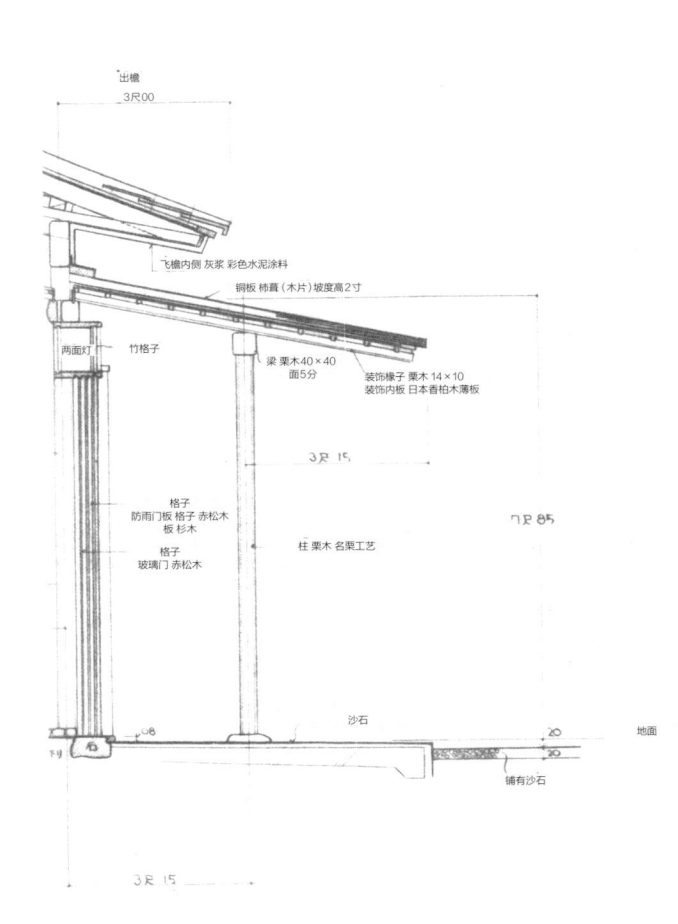

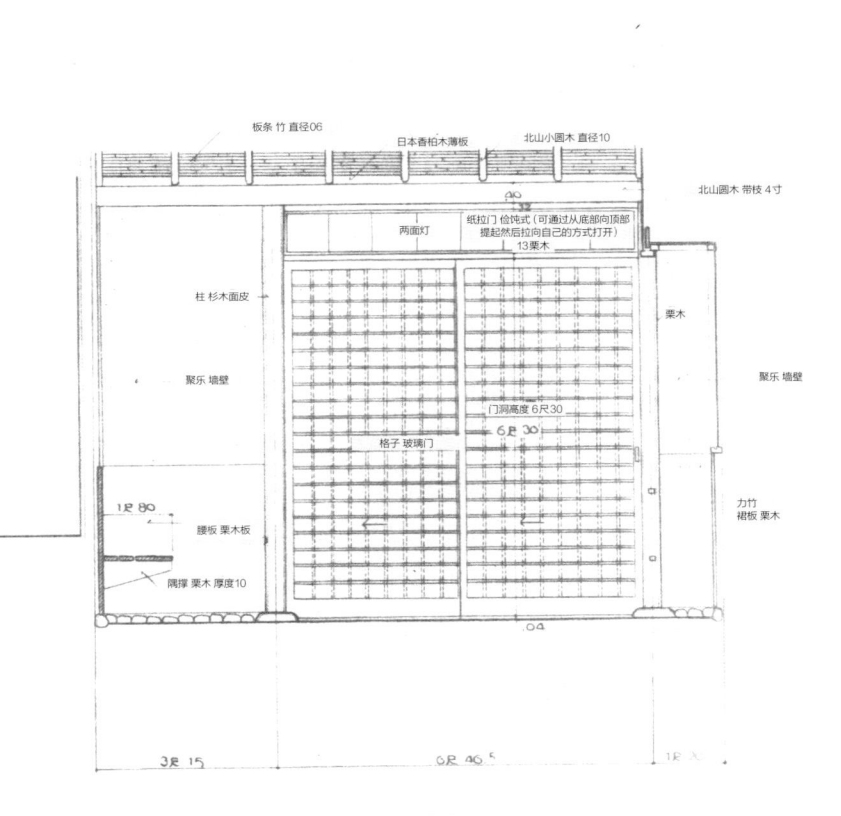

西侧

北侧

照古庵 实测图

八叠和室、七叠和室平面图　比例尺1：30

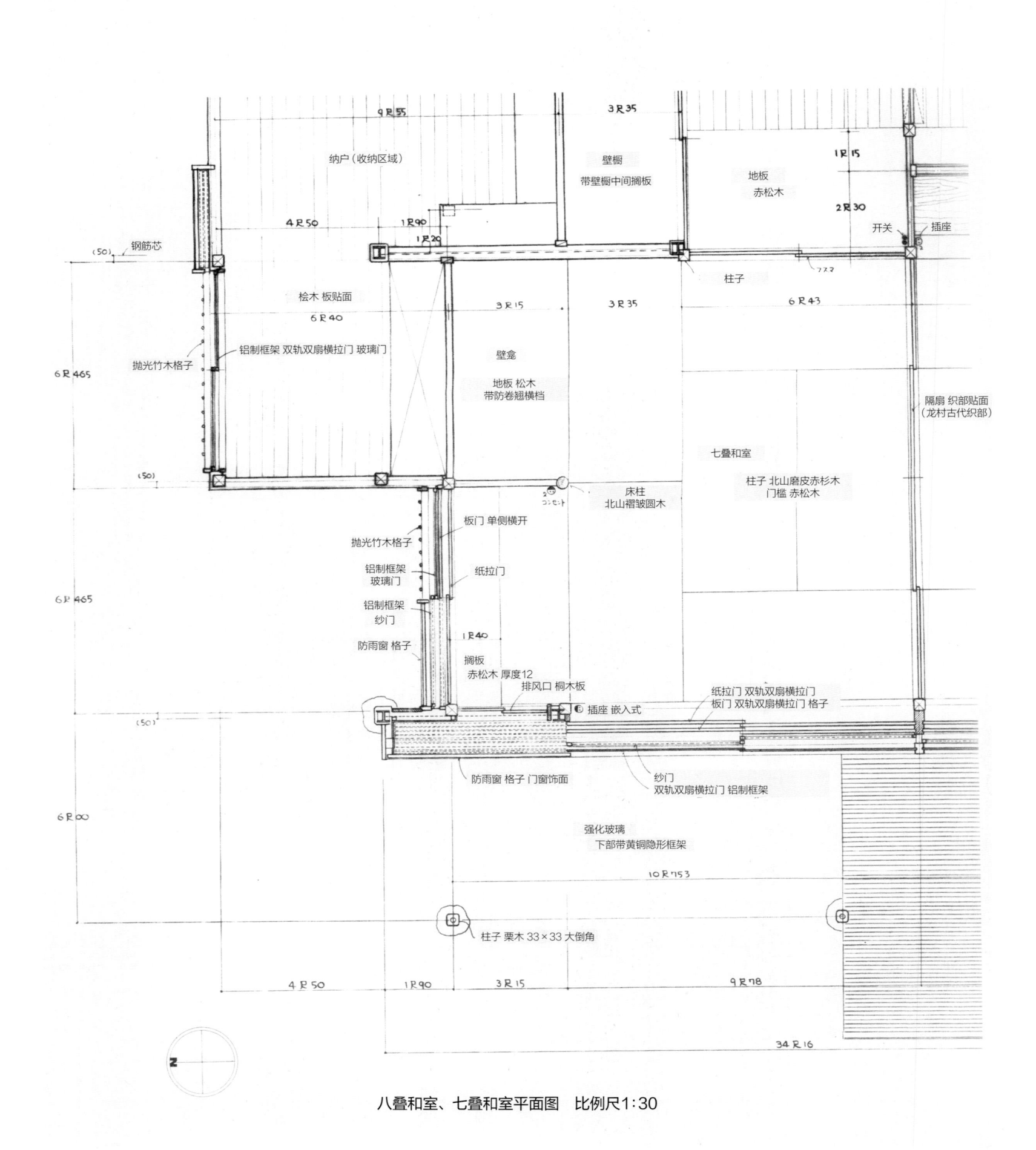

照古庵　实测图

照古庵 实测图

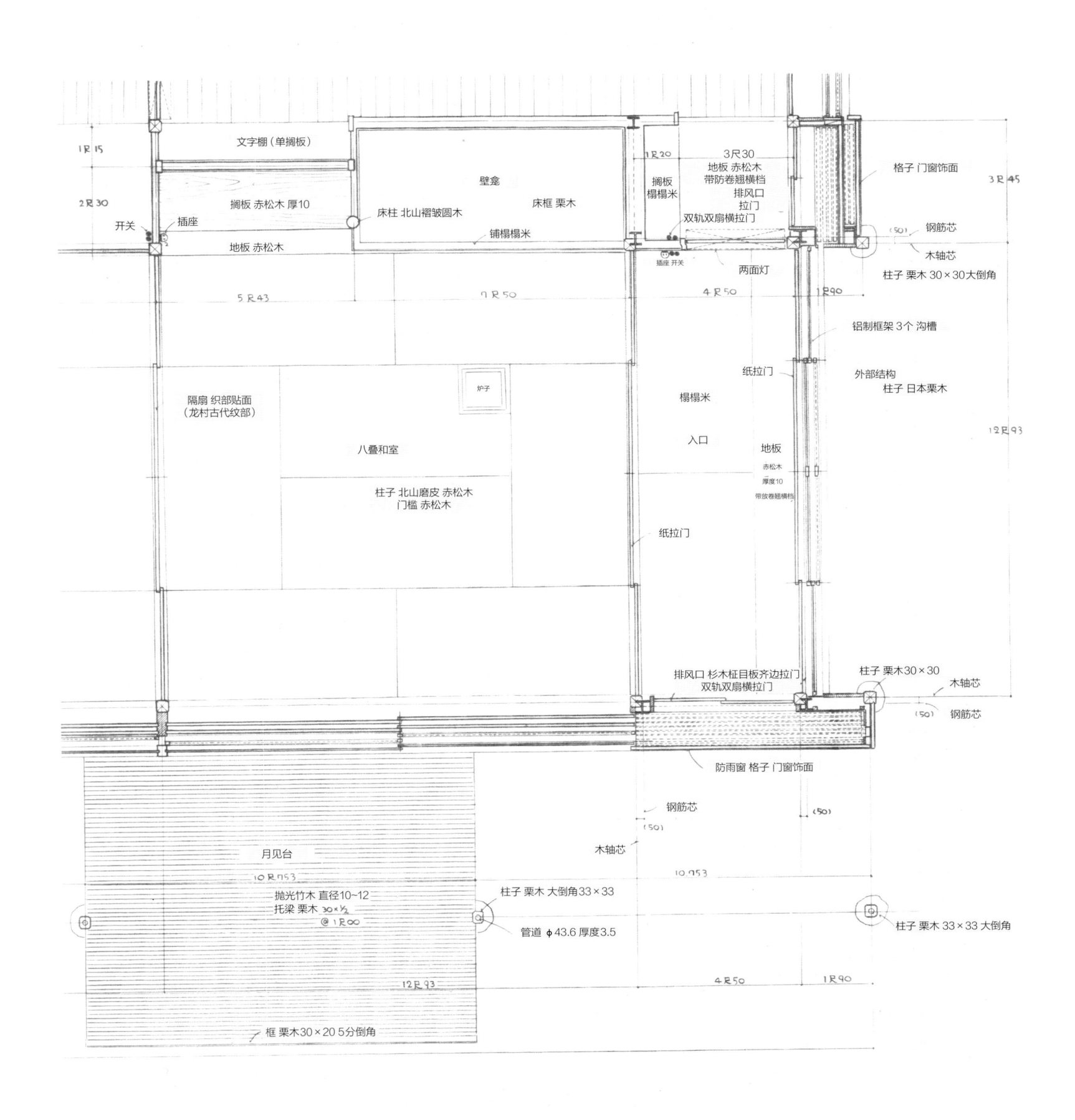

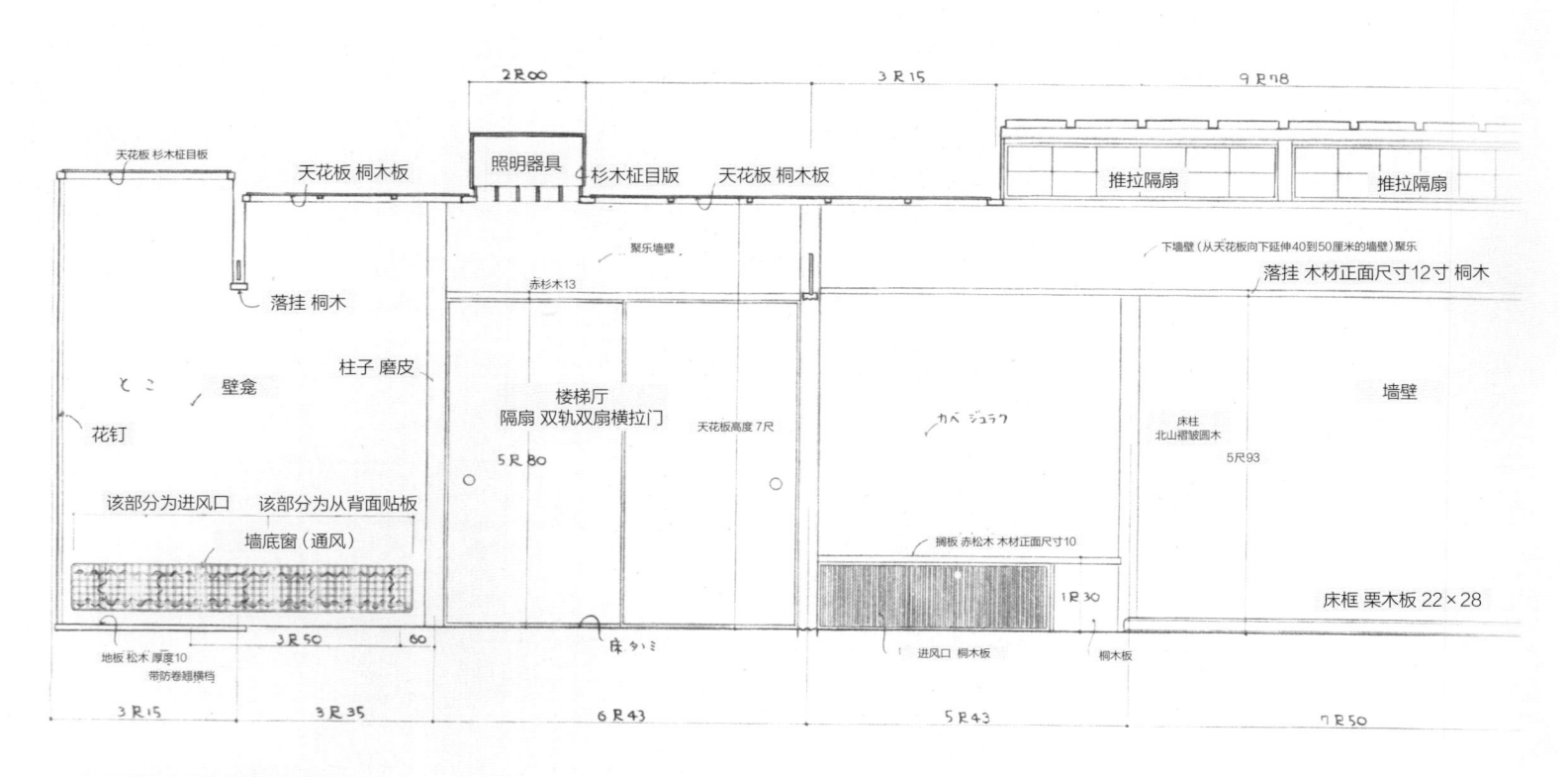

八叠和室和七叠和室的东侧

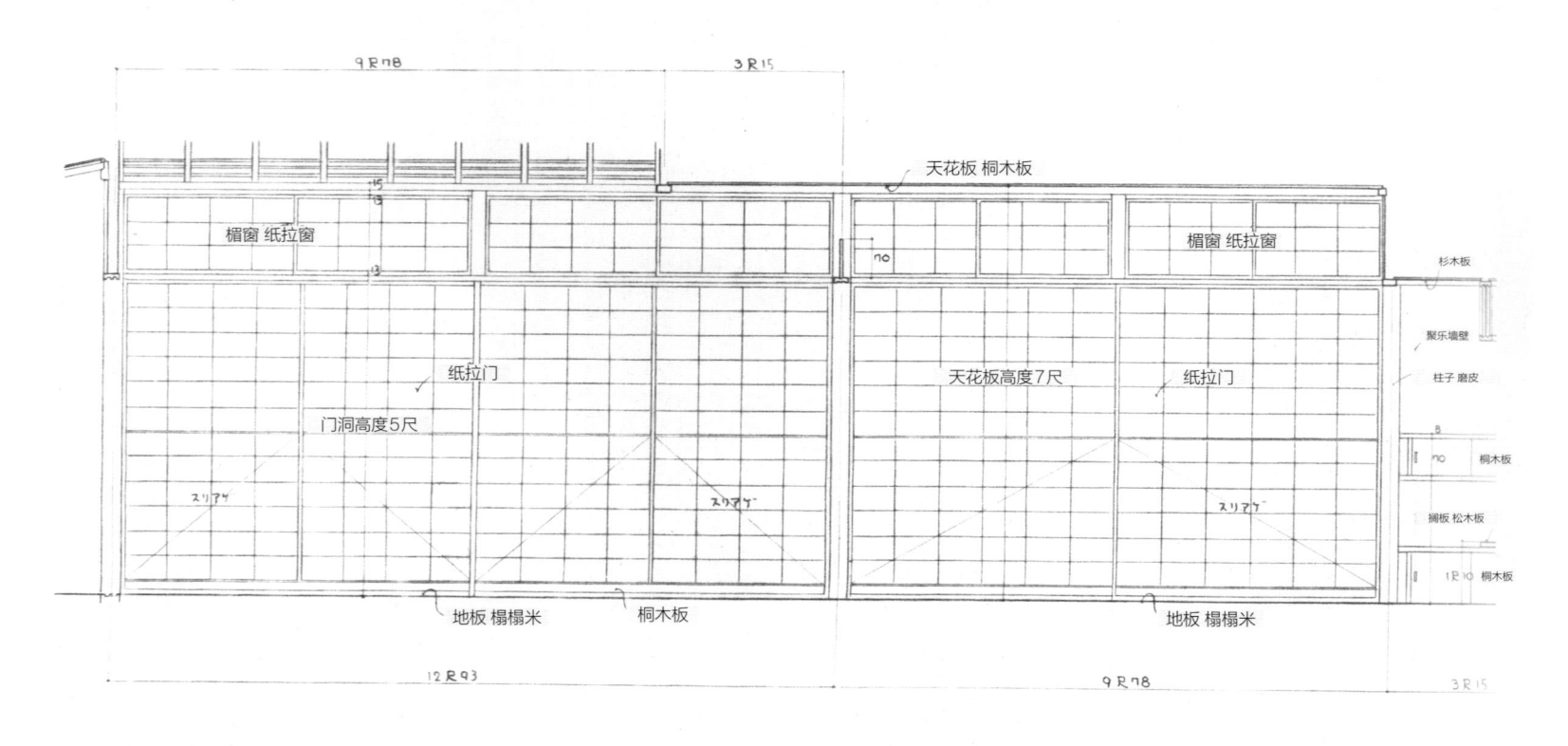

八叠和室和七叠和室的西侧
八叠和室和七叠和室的展开图　比例尺1:30

照古庵　实测图

七叠和室的南侧

八叠和室的北侧

七叠和室的北侧

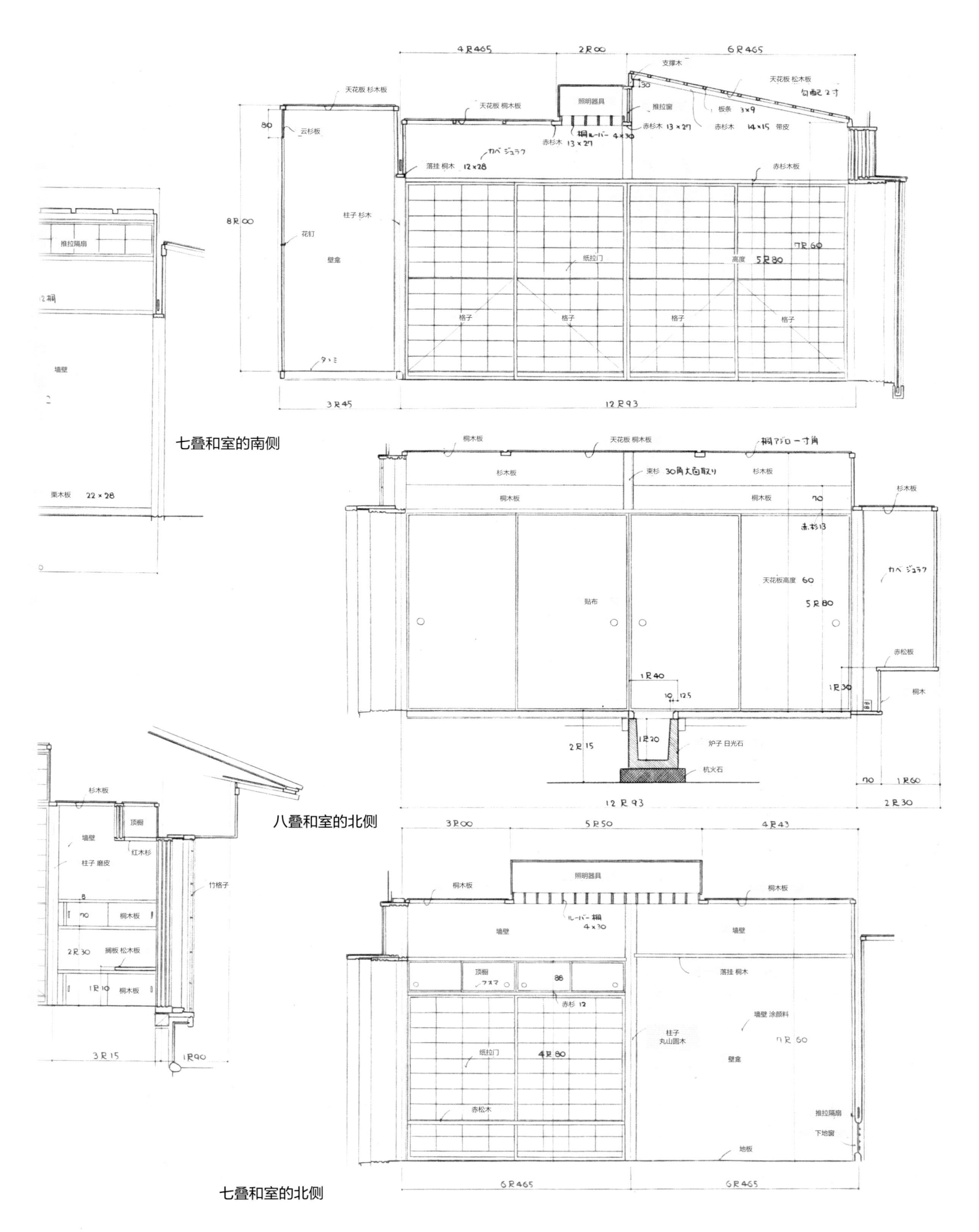

照古庵　实测图

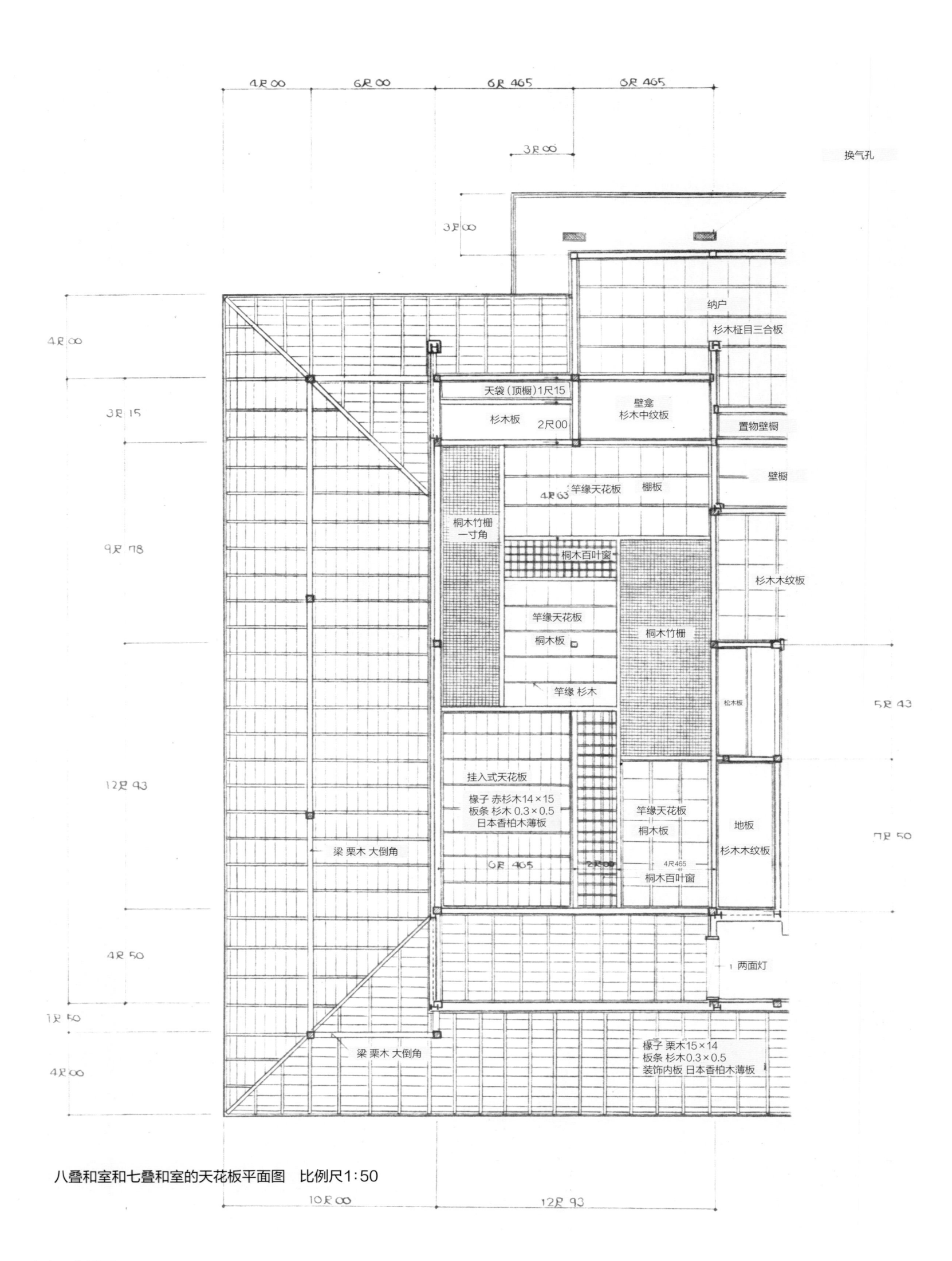

八叠和室和七叠和室的天花板平面图　比例尺1:50

照古庵　实测图

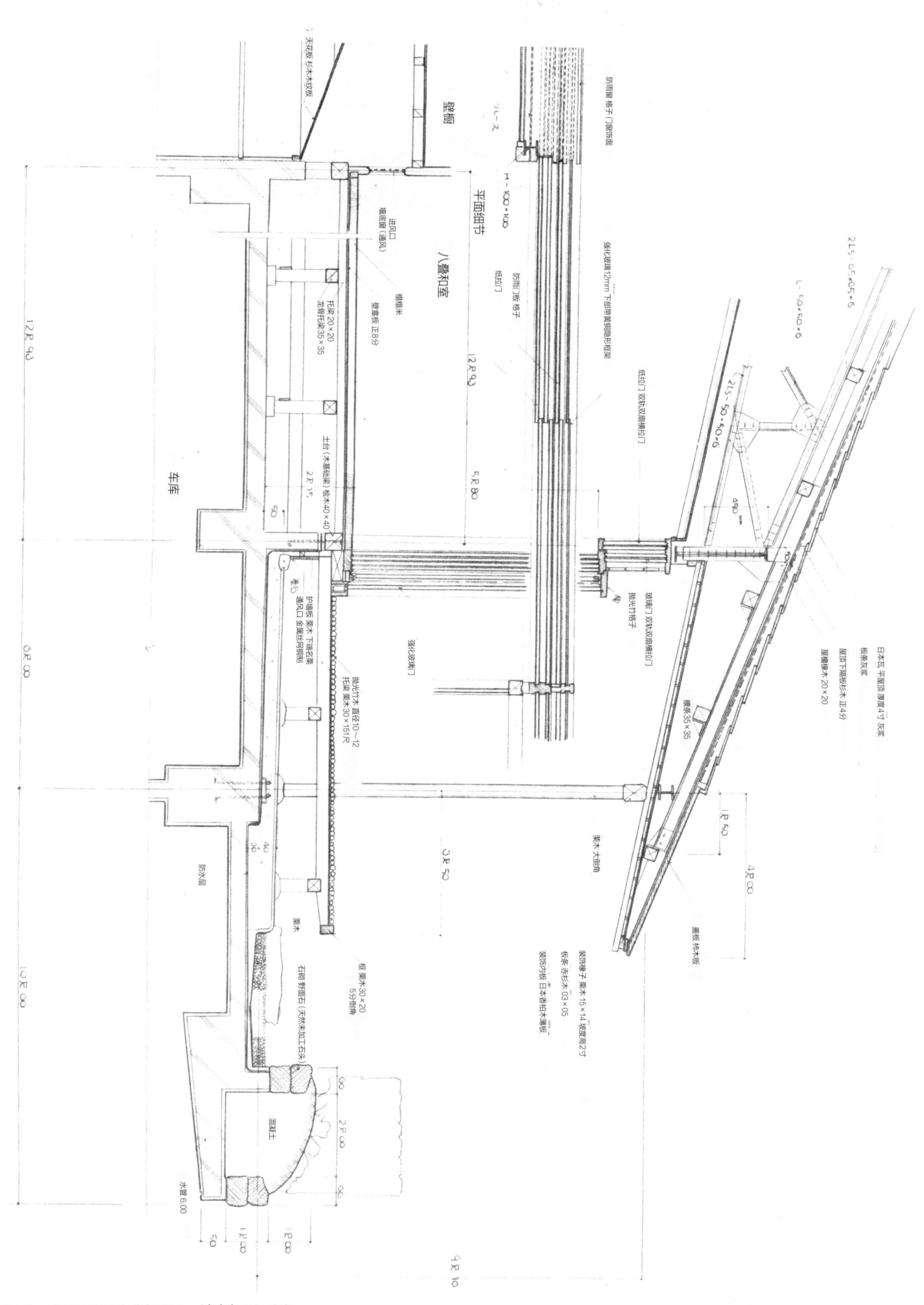

八叠和室和月见台剖面图　比例尺1:30

照古庵　实测图

月见台

七叠和室 床胁

八叠和室 床柱上部

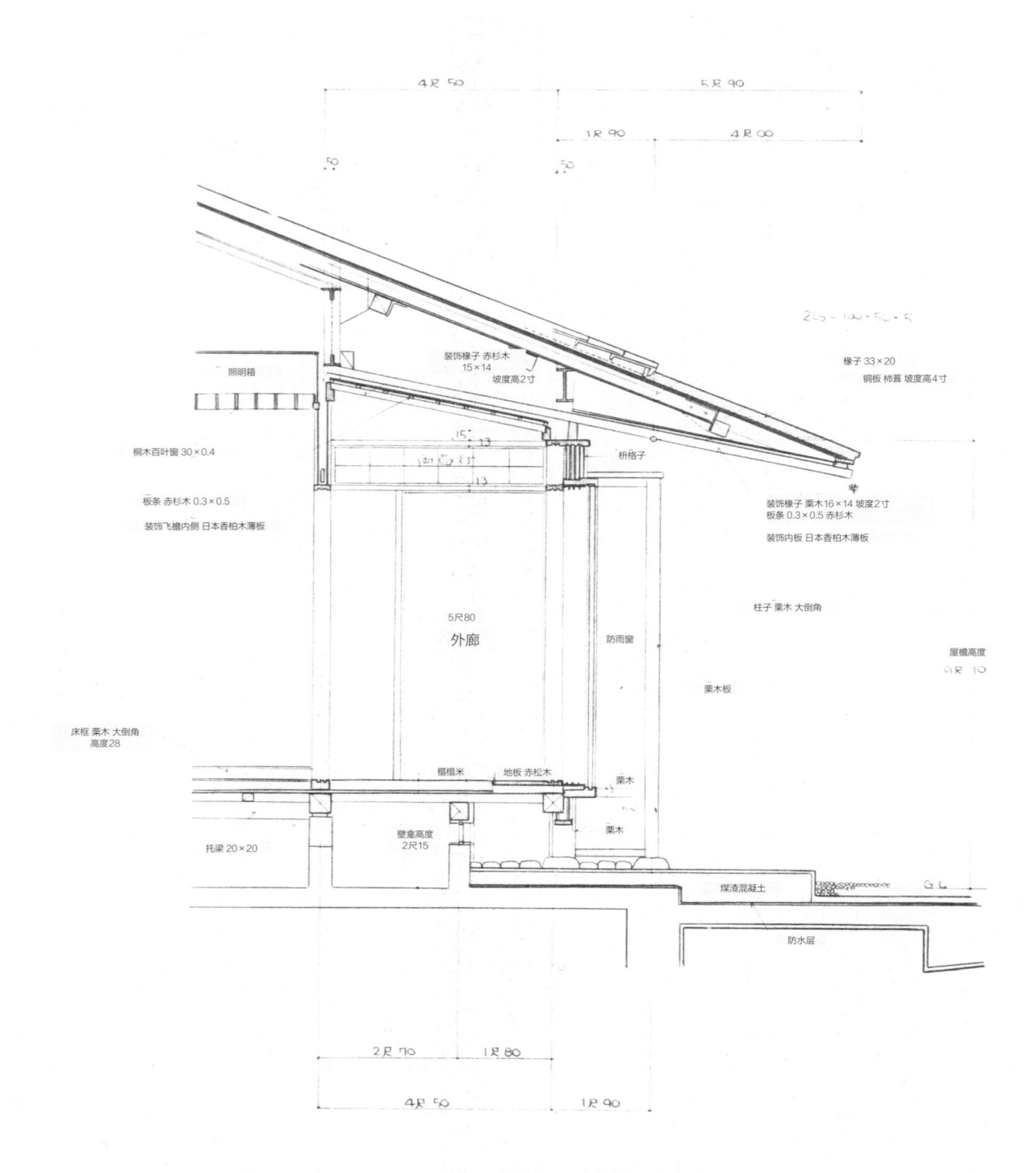

八叠和室屋顶剖面图　比例尺1:30

照古庵　实测图

从七叠和室看向走廊

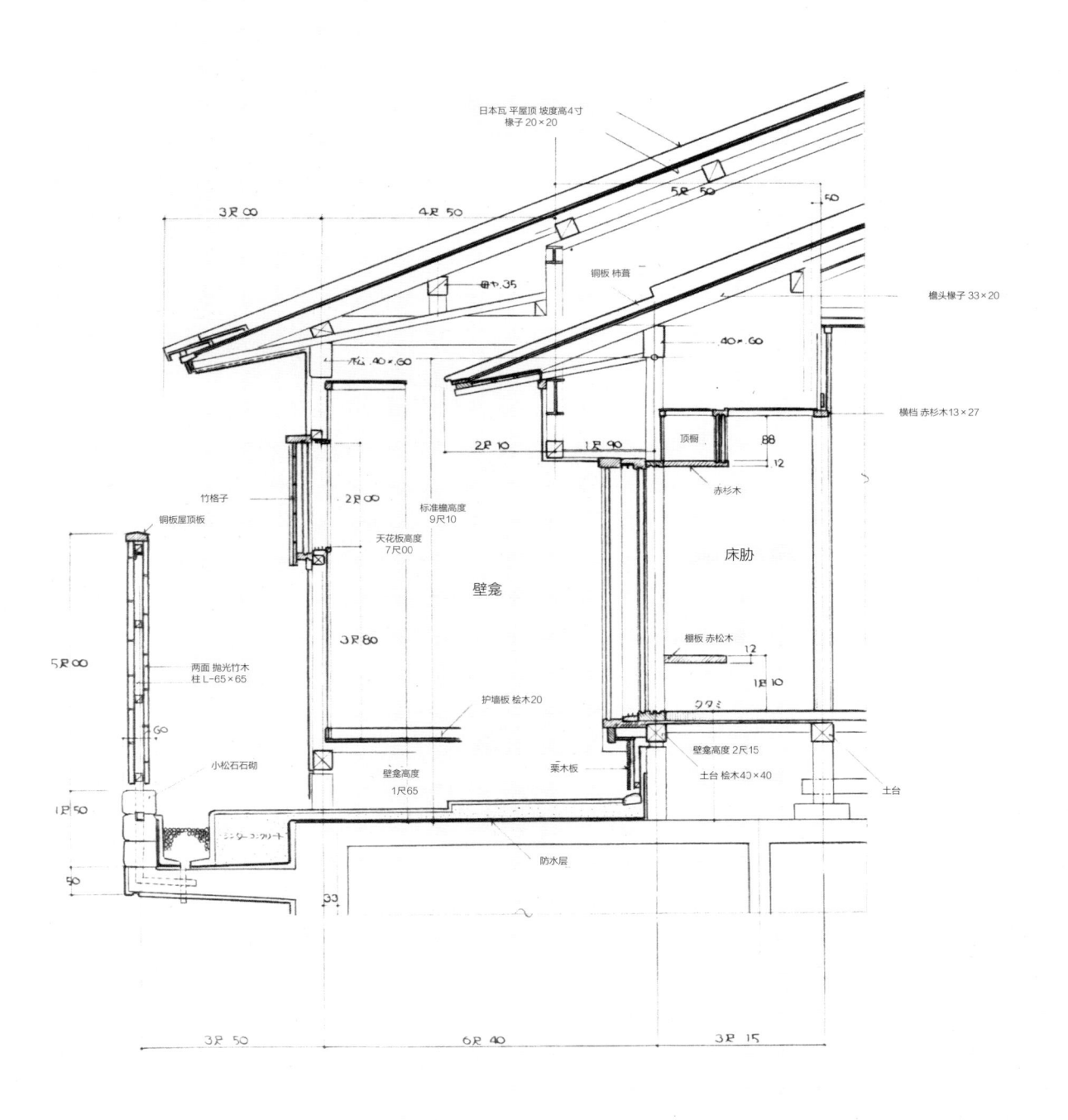

七叠和室屋顶剖面图　比例尺1:30

照古庵　实测图

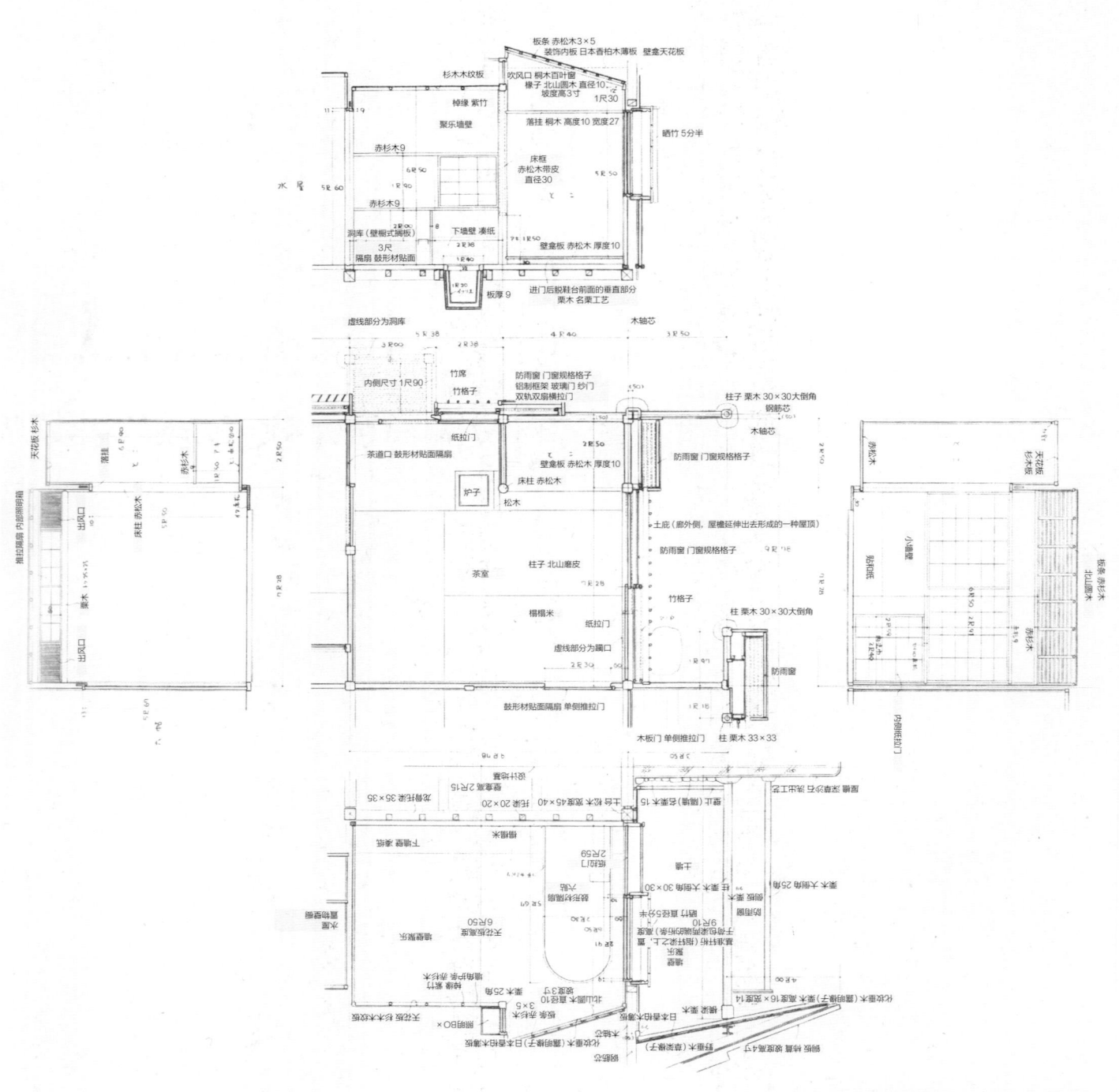

茶室平面图和展开图　比例尺1∶50

照古庵　实测图

茶室 茶道口和点前座 　　茶室 蹲口附近

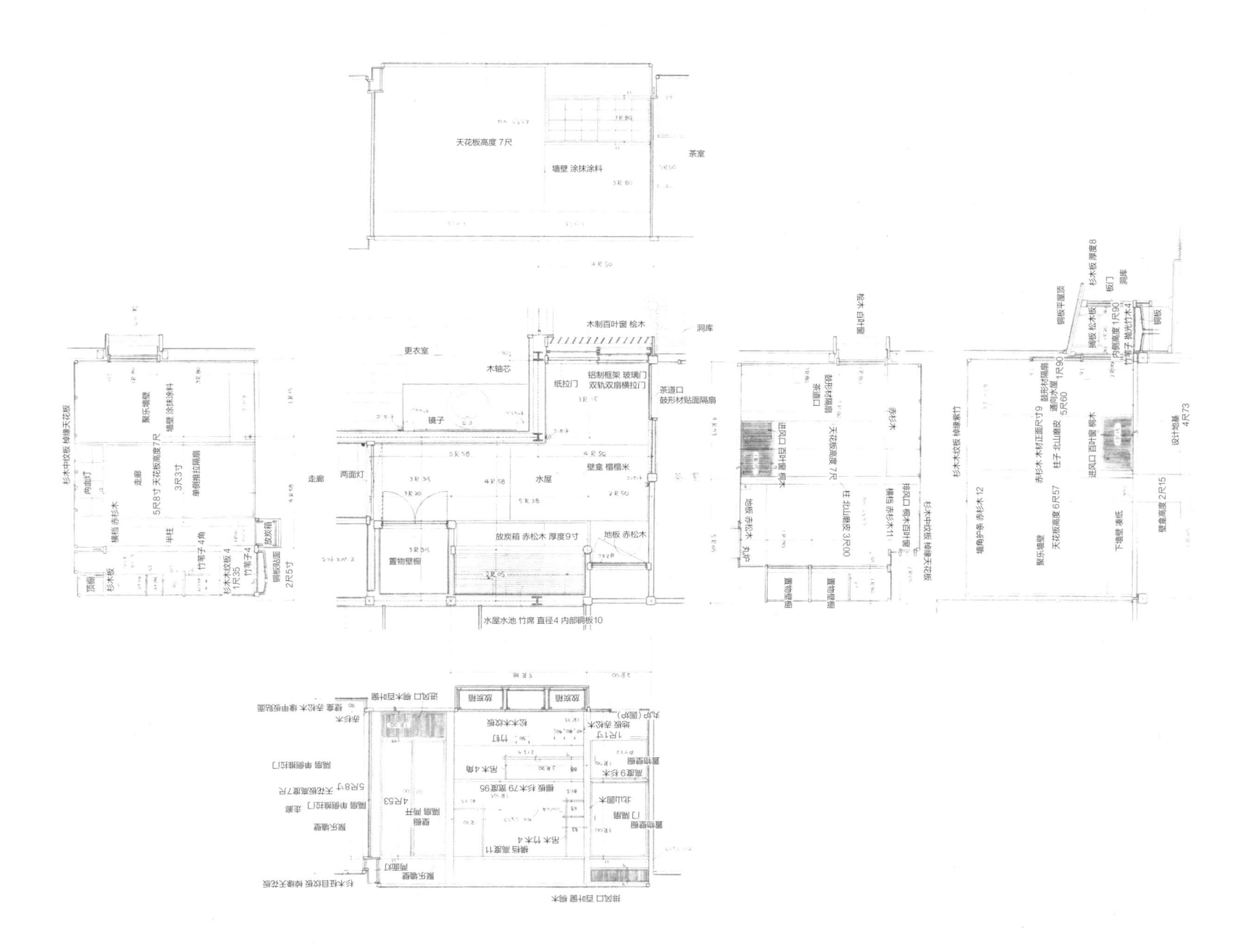

水屋平面图和展开图　比例尺1:50

照古庵　实测图

上村邸

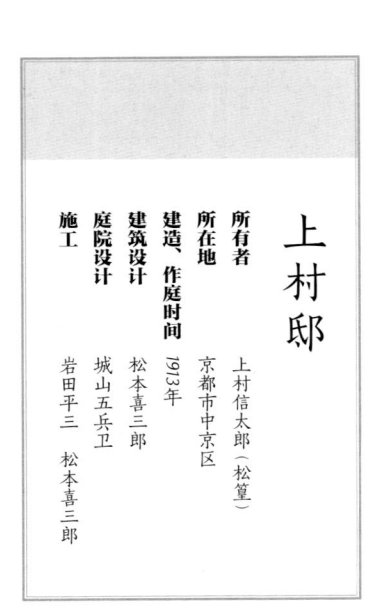

所有者 上村信太郎（松篁）
所在地 京都市中京区
建造、作庭时间 1913年
建筑设计 松本喜三郎
庭院设计 城山五兵卫
施工 岩田平三　松本喜三郎

此宅邸建于1913年，由被称为"闺秀画家第一人"的上村松园经营，后成为画家上村松篁的宅邸。

宅邸面向中京间之町街道的一侧有京高塀、出格子窗和门。这是住在町中的富商、医生等偏爱的典型门面设计。

刚进门左手边设置了休息处。其对面是带有圆窗的中门。中门内是通往茶室的内露地，铺设飞石，一直通到茶室。通向玄关的这段石路，切石和玉石左右交错排开，除了通到玄关，还通到茶道口。石路的设计和沿着栅栏种植的矮竹一起，为玄关前庭营造出了清爽优美的氛围。

玄关大小有四叠半，入口安装了竹编拉门和明障子。玄关内铺设地板，赤松木做成的床柱位置靠向墙壁，使室内显得更加宽敞。正面的出入口放置了一个矮小的火口灯，整体设计体现了恭敬迎接客人的茶道理念。

座敷大小为八叠，角柱处安装着长押，墙壁贴金沙。床柱立于二叠榻榻米的中间，床胁由顶橱和地橱组成。地橱靠右，通风口位置较高设置，设计巧妙。床框包边宽度刚好，设计堪称完美。座敷与次之间交界处的栏间设计和残月亭不同，分散排布了镂空纹样。

从座敷到茶室需通过外廊。以茶室为背景的露地也富有情趣。

蹲踞位于茶室南侧中央位置，门选用竹编拉门，可左右拉开。茶室内部放置六叠榻榻米，中间是壁龛，右边是顶橱和地橱，左边是半月形镂空涂漆墙壁，安装着一重棚和违棚。床胁设计也很独特，床柱是带有蔓压痕的磨皮圆木，落挂选用竹子与床柱搭配。我猜测可能是受到了竹内栖凤和桥本关雪的影响。

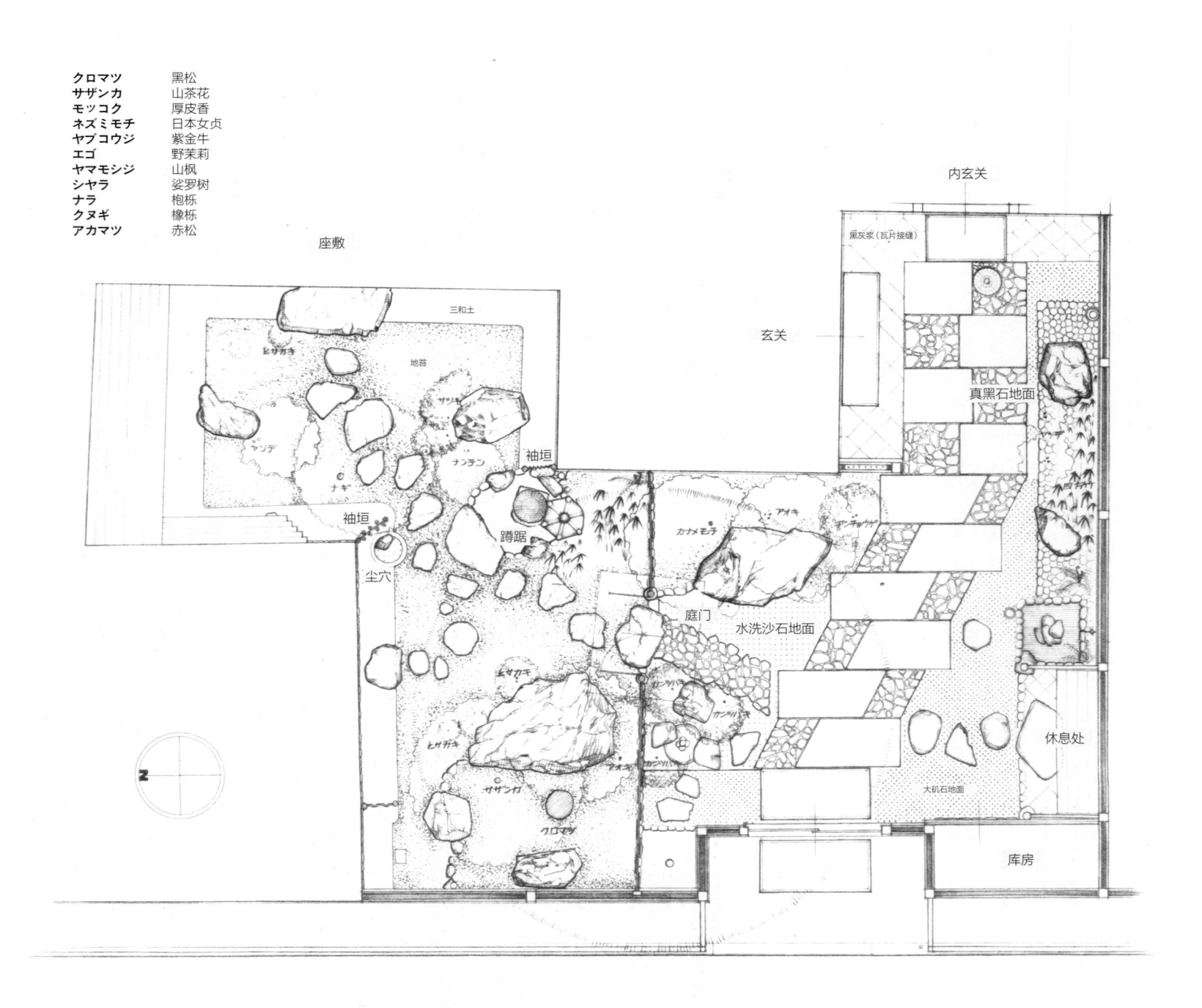

クロマツ	黑松
サザンカ	山茶花
モッコク	厚皮香
ネズミモチ	日本女贞
ヤブコウジ	紫金牛
エゴ	野茉莉
ヤマモシジ	山枫
シヤラ	娑罗树
ナラ	枹栎
クヌギ	橡栎
アカマツ	赤松

内露地平面图　比例尺1:80

上村邸　实测图

西侧有一扇一叠榻榻米大小的出格子窗，朝向街道，一部分凹进墙里。东侧的一叠榻榻米作为点前座用，放置四叠半大小的切炉。包括点前座左侧窗子在内，茶室整体设计独具匠心。

明窗

蹲踞

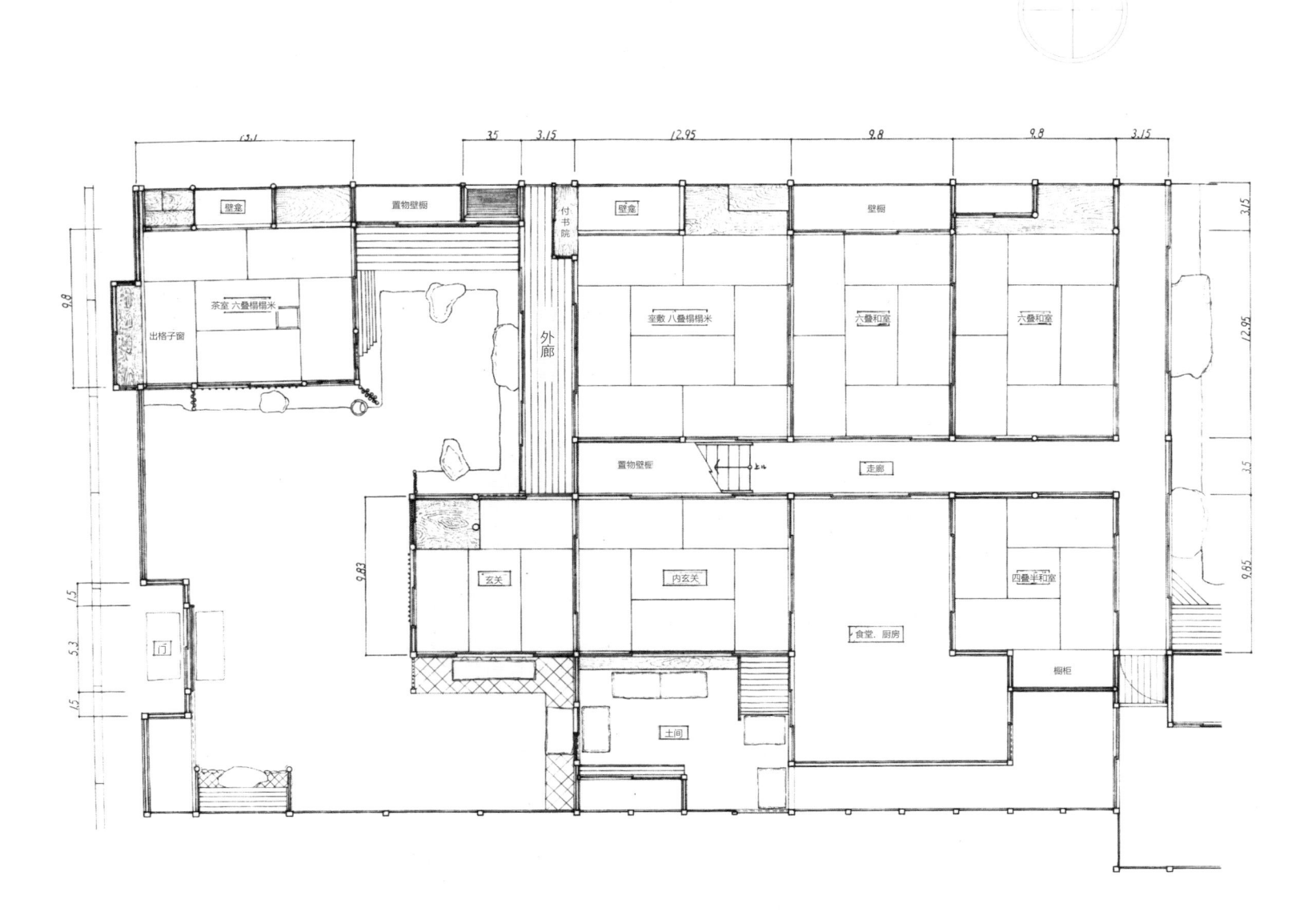

平面图　比例尺1:100

上村邸　实测图

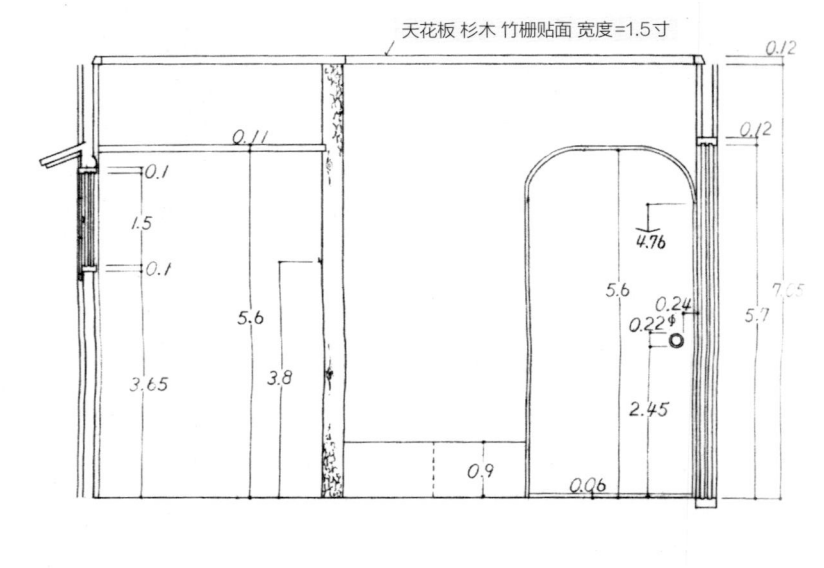

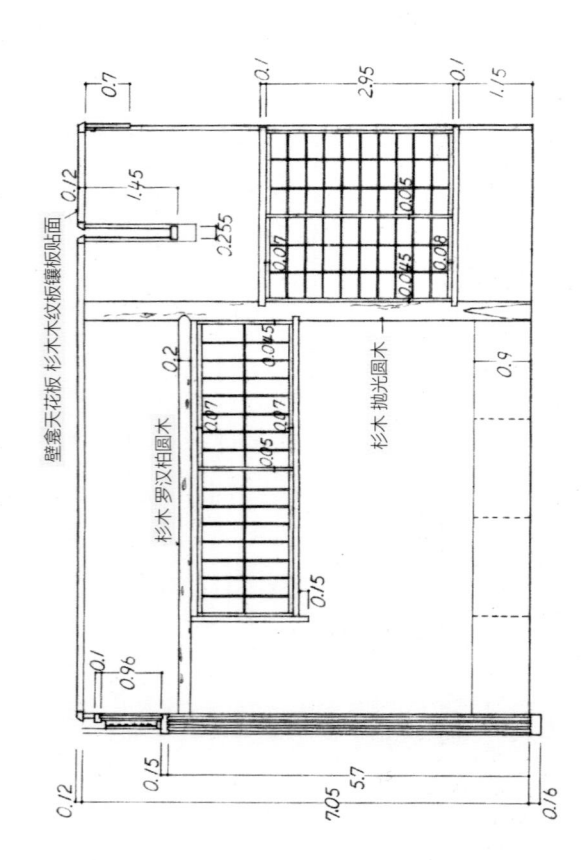

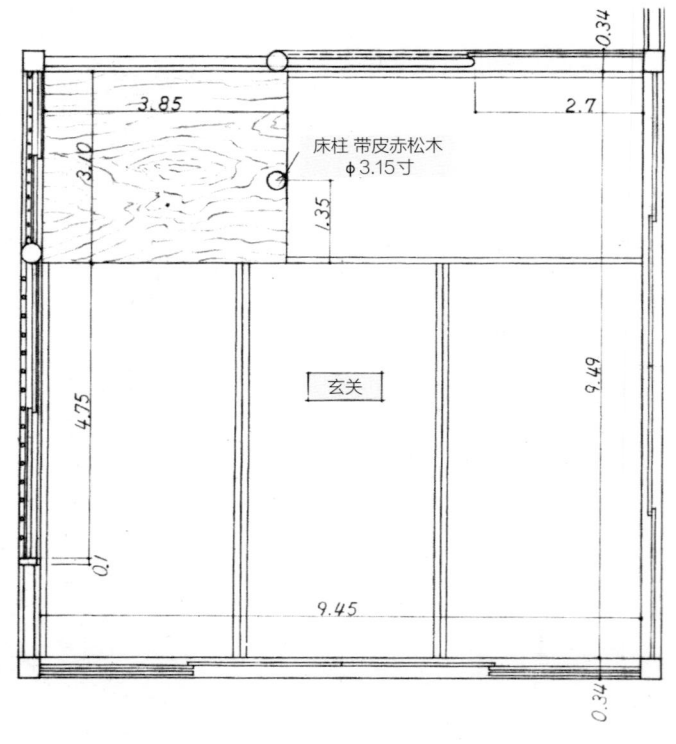

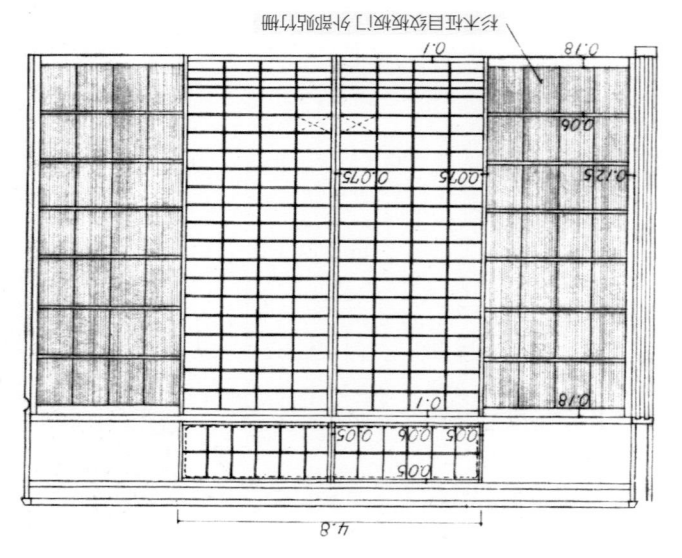

玄关的平面图和展开图　比例尺1:30

上村邸　实测图

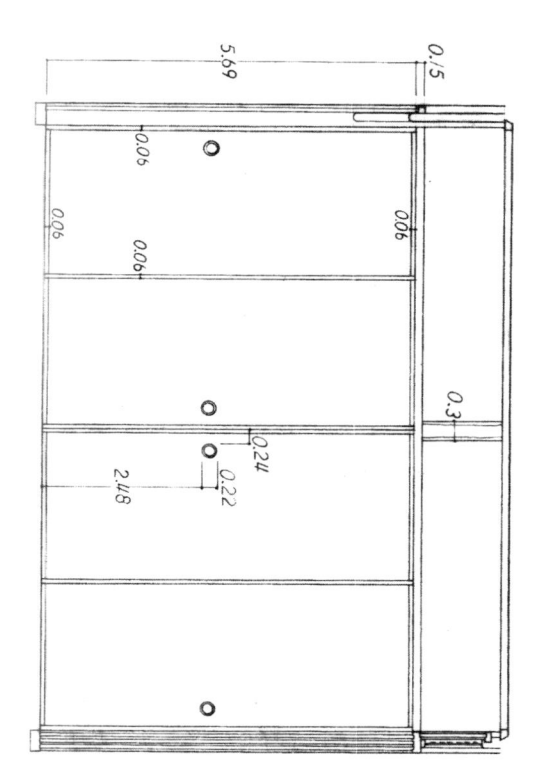

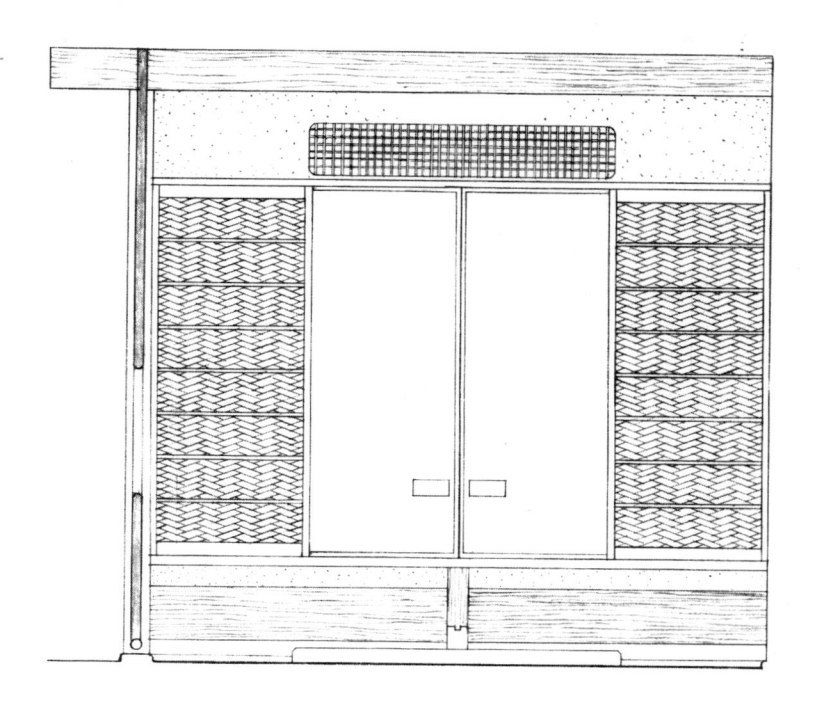

玄关的正面图　比例尺1∶30

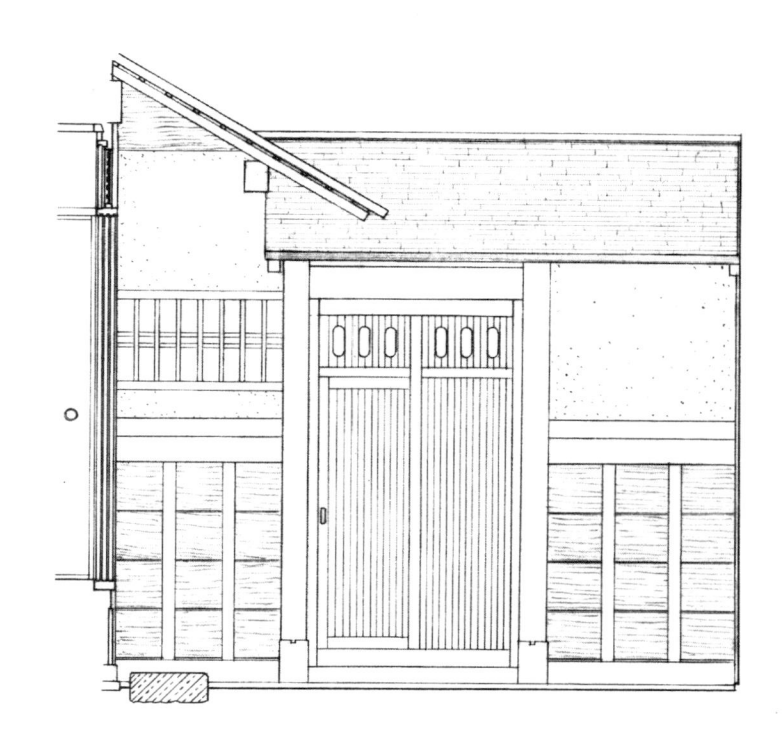

内玄关的正面图　比例尺1∶30

上村邸　实测图

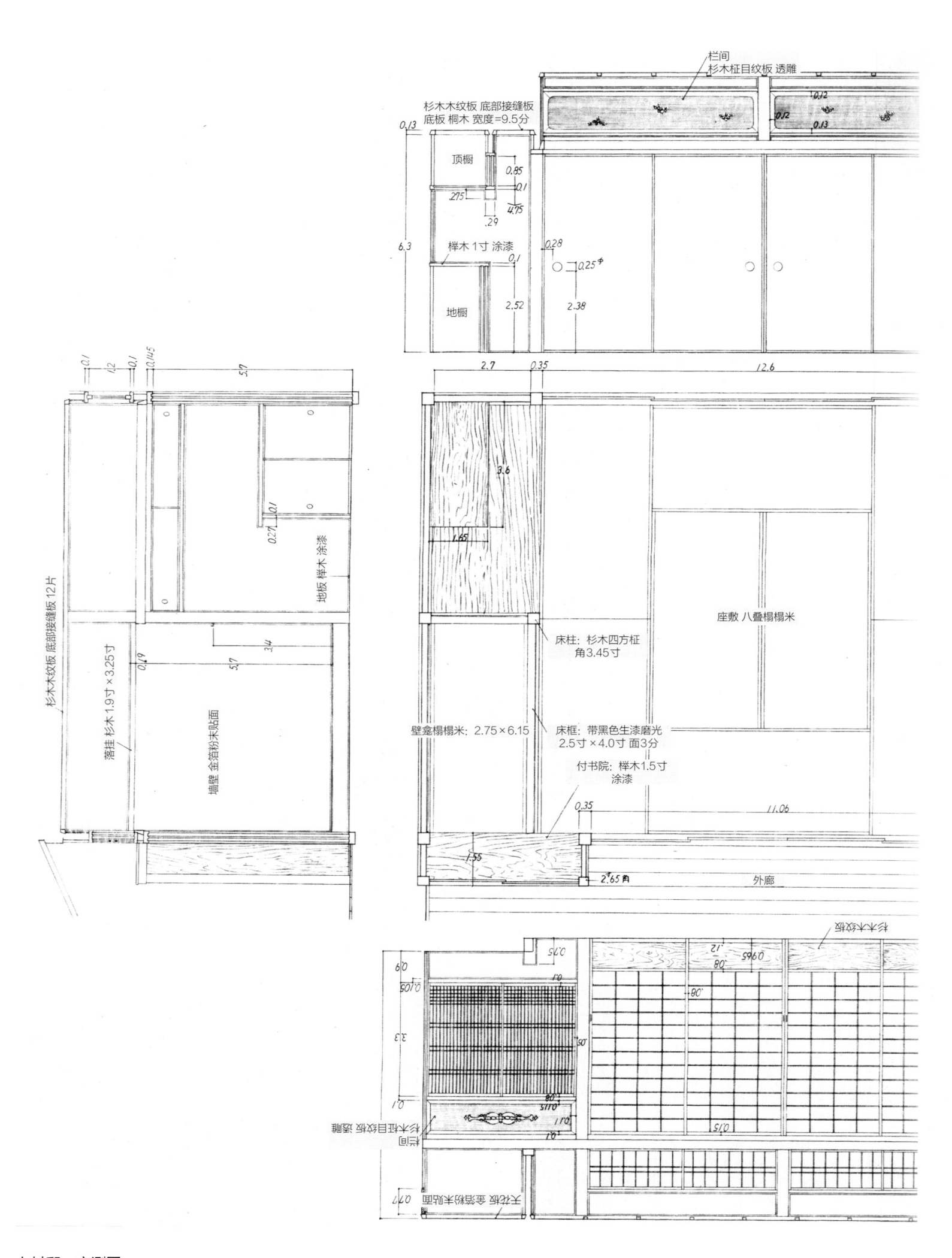

上村邸　实测图

座敷平面图和展开图　比例尺1:30

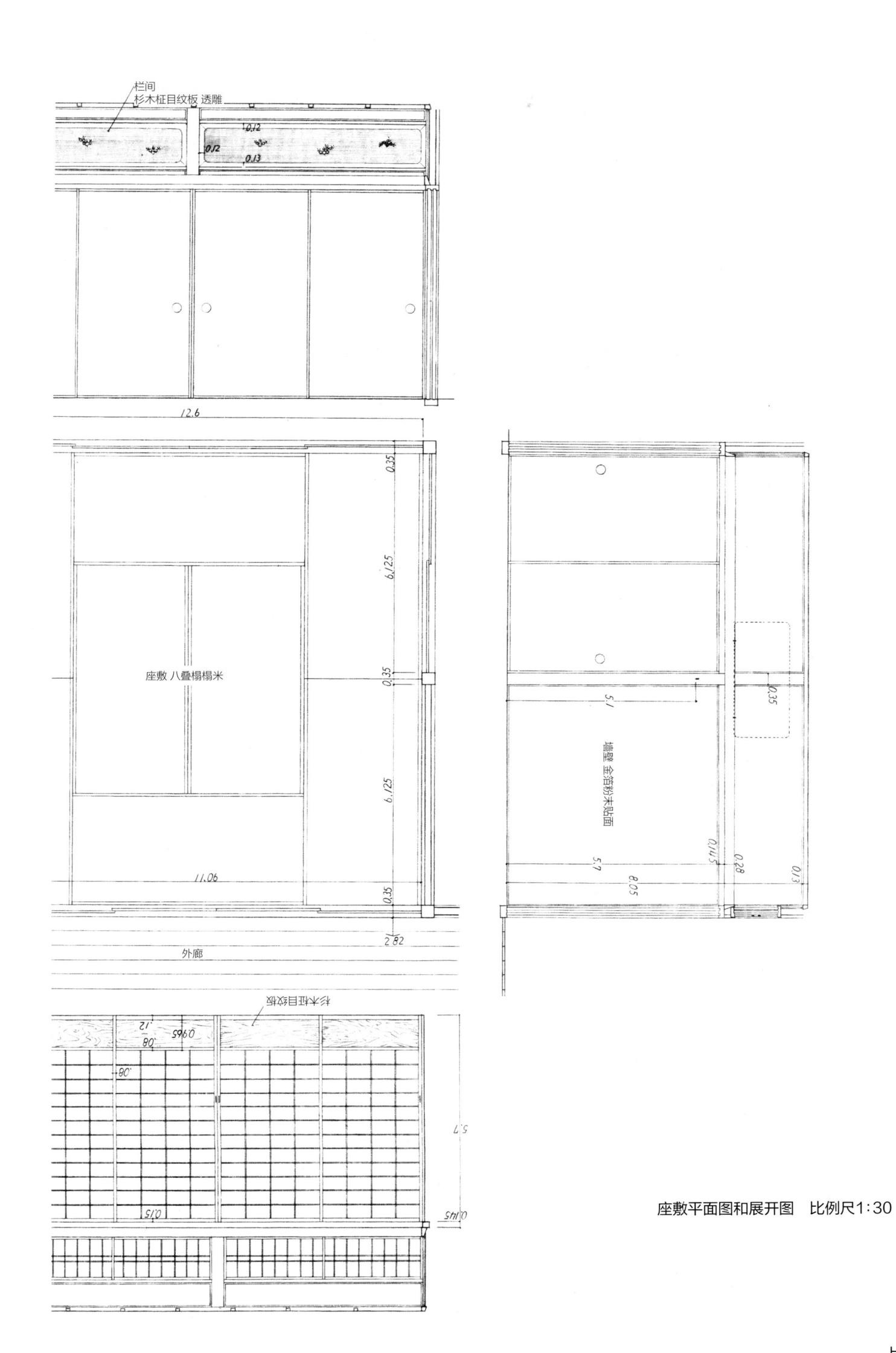

上村邸　实测图

茶室平面图和展开图　比例尺1:30

上村邸　实测图

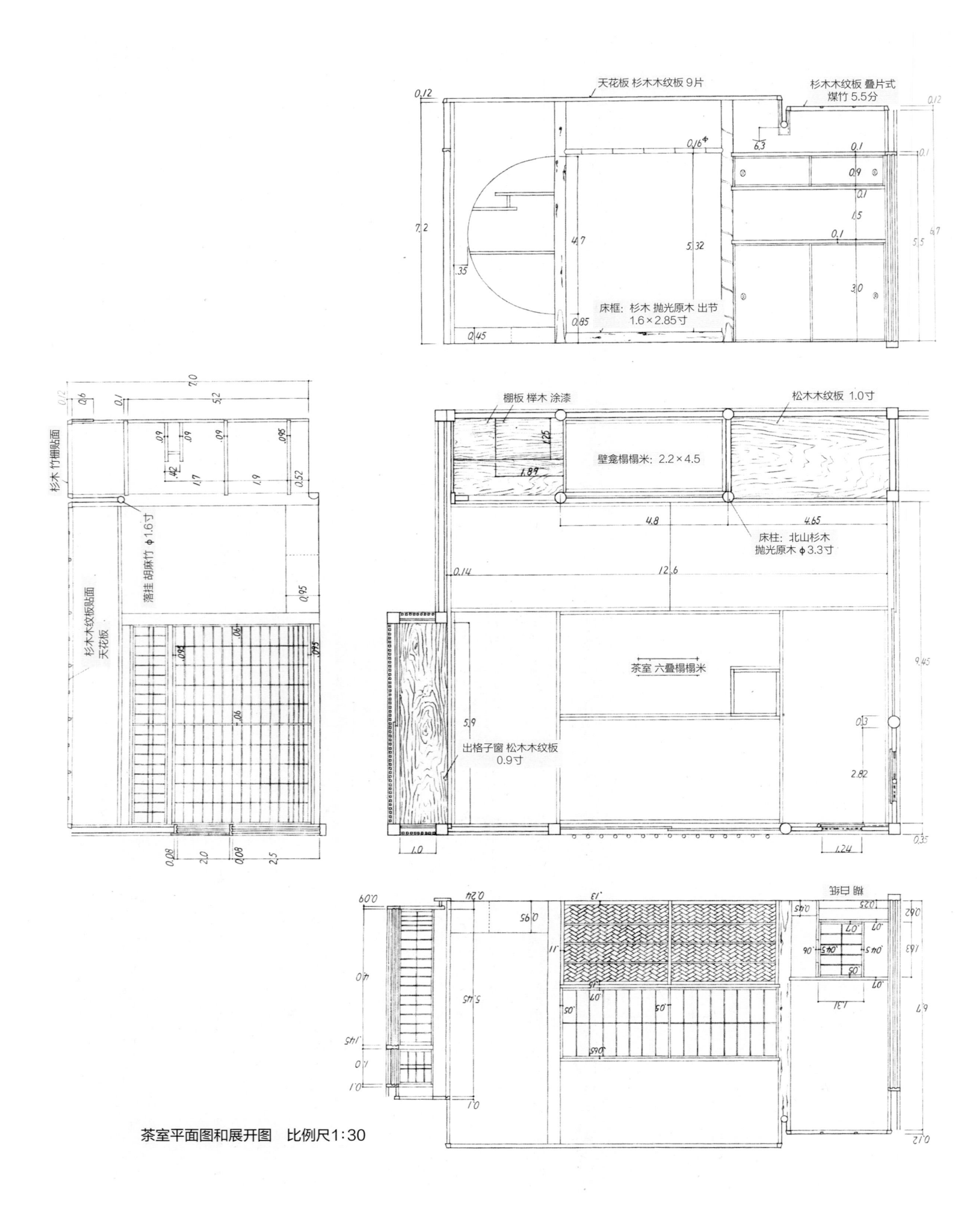

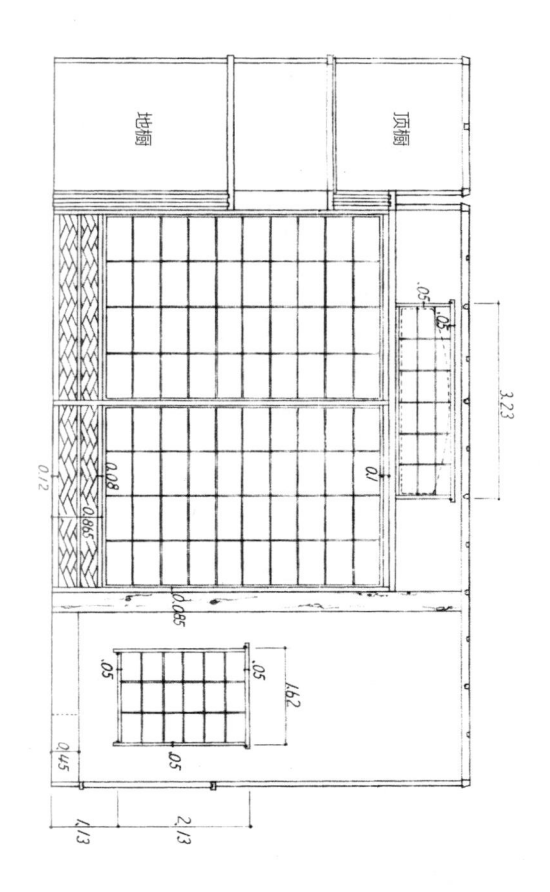

座敷与次之间栏间透雕　比例尺1:3

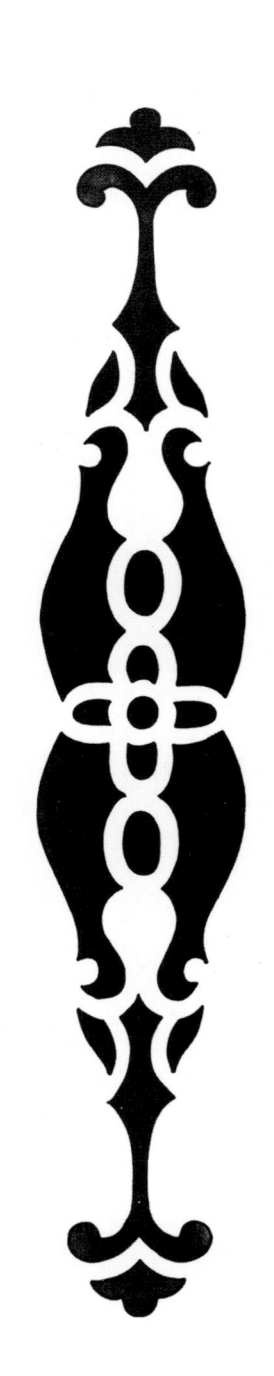

付书院栏间透雕　比例尺1:3

上村邸　实测图

霞中庵

所有者 东亚兴业株式会社
所在地 京都市右京区
建造时间 1912年
设计、施工 不明
庭院设计 不明

这座宅邸原本是壬生家的旧宅。日本画坛巨匠竹内栖凤将其入手后，花了五年时间精心打造，才有了今天我们看到的样子。据说这座宅邸原来是一片茶田。竹内栖凤谋求新旧融合，在保留壬生家原有结构的基础上增建了建筑和庭院。可以说从建筑到庭院的每个角落，我们都能感受到栖凤所倾注的心血。

栖凤增建的建筑可以分成三部分。第一部分是书房等，第二部分是茶室（四叠半大小）和水屋、洗手间等，最后一部分是座敷和四叠半和室等。

书院南侧回廊的东端有一条较短的走廊，斜着通到座敷。走廊东边有水屋。水屋、四叠半和室和八叠和室围绕轴取角度依次排开。水屋大小不足三叠。四叠半和室的壁龛旁边铺有三角形的地板。另外，西南侧的走廊不是规则的长方形，侧边斜着切断成三角形。像这种添加三角结构元素的布局是栖凤偏好的设计风格。

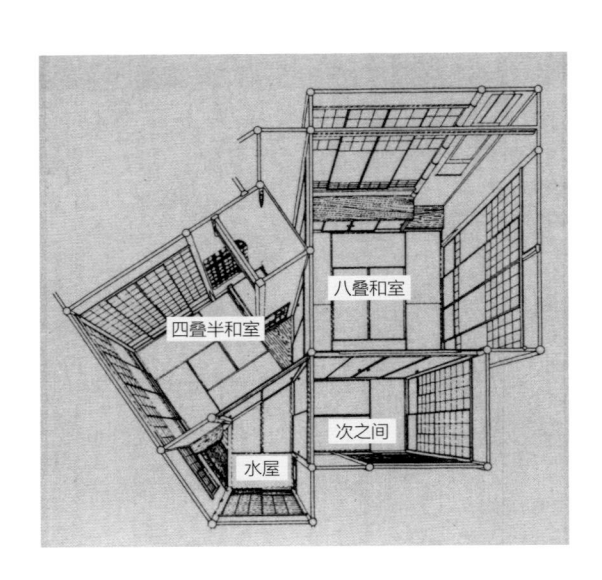

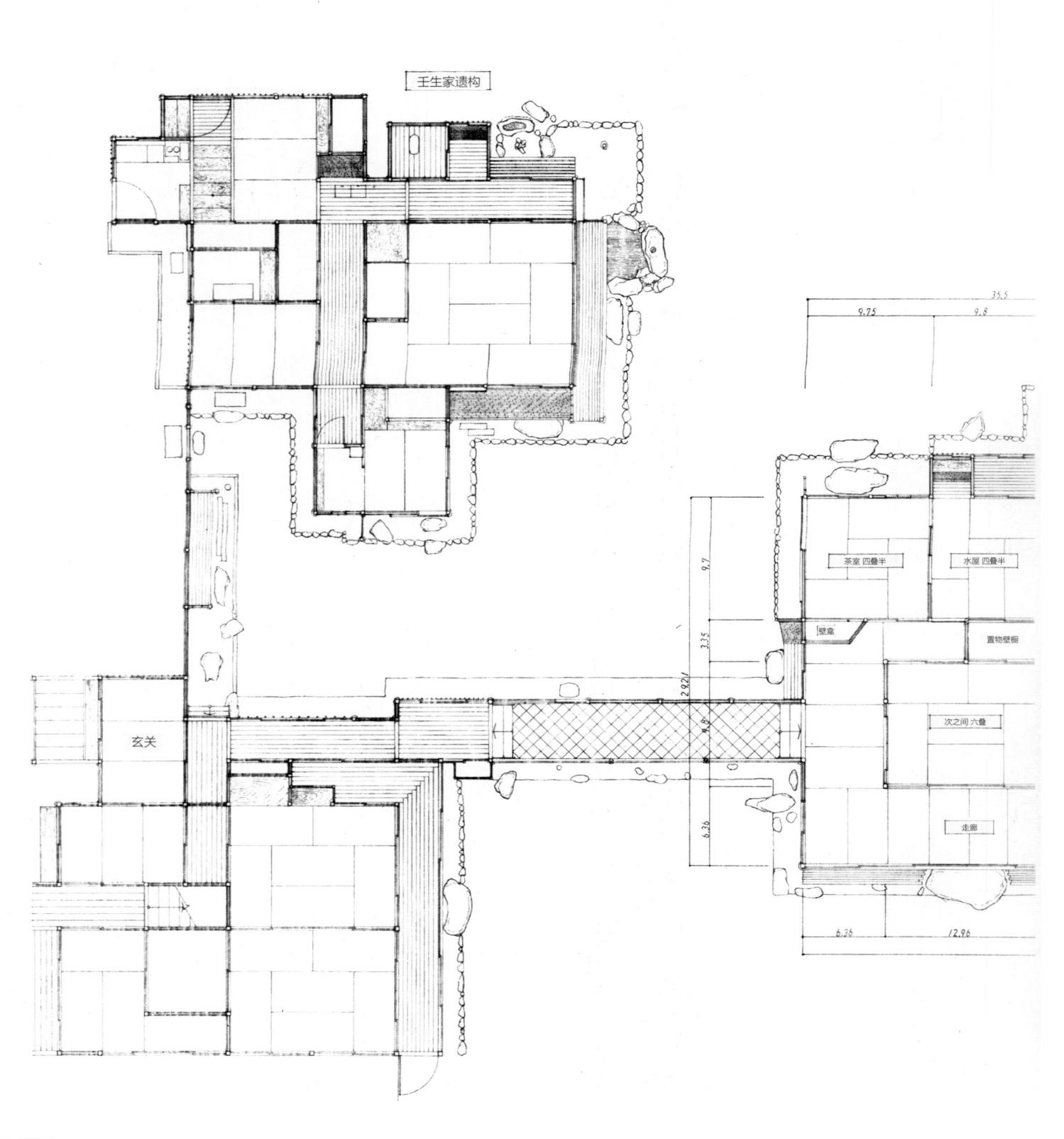

霞中庵　实测图

从外观看，南、东、西三面是农舍风格，西南是正统的茶座风格，意趣不同，各有千秋。西南侧下段屋檐的檐端采用曲面设计，这点也很引人注目。

主室采用简洁的手法进行布局，省略床柱，连着墙壁放一整根煤竹。在床胁放置了一间半大小的地橱，地橱上开了中敷居窗。地橱桌板上用红叶形状的青贝螺做装饰。顶棚由舟底式天花板和化妆屋根里式天花板构成，天花板的设计配合材料的运用发生改变。

书院的外观虽不惊艳，但内部很宽敞，外围有一间半的回廊。主室为十叠榻榻米大小，床柱选用圆木柱，配圆木长押，鸭居高5尺7寸，平天花板高8尺5寸，壁龛有三叠榻榻米大小，设有付书院，床胁配置三角形的地橱。地橱对面立着四扇柳障子，选用深红色圆木柱搭配立方鸭居，设计可谓独特新颖。床框上端和打磨面采用溜涂工艺。付书院的设计手法也很新奇，打破原有设计理念，开了一扇由大小圆弧组成的月形窗户，上方栏间放一块木板，夹在两根竹子中间，留出通风的间隙，这一设计不得不让人拍手称奇。另外，月形窗户的设计与栖凤画稿中"隔扇之芒"的设计相对应。

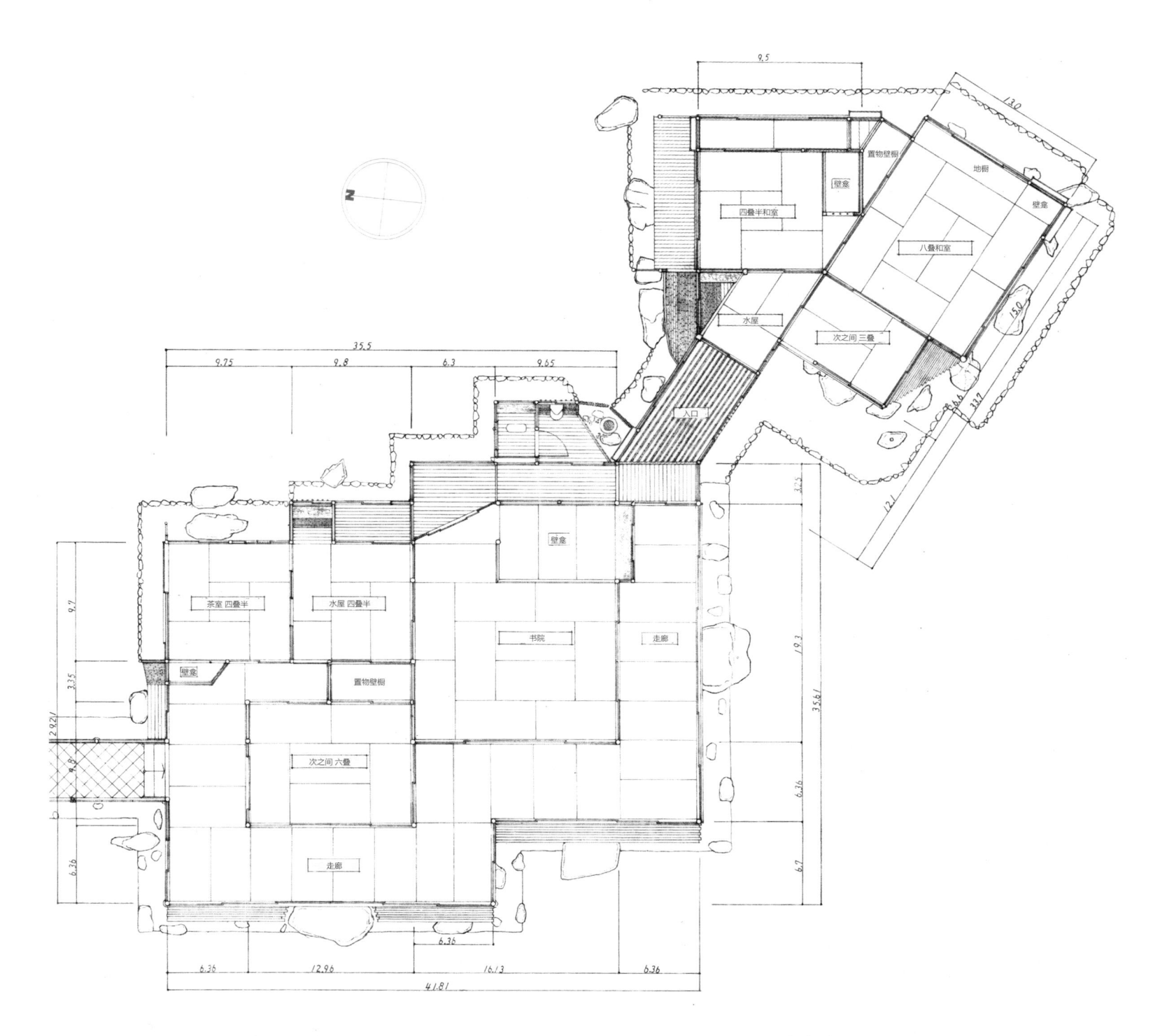

入口处地板

霞中庵平面图　比例尺1:100

霞中庵　实测图

ヒラト	平藤	ヤマモモ	杨梅	カクレミノ	半枫荷	
クサソテツ	荚果蕨	ハクチョウゲ	满天星	クロマツ	黑松	
マサキ	大叶黄杨	クロガネモチ	铁冬青	ワスノキ	香樟	
サカキ	常青树	ヒノキ	扁柏	ナギ	雨久花	
タカノハススキ	鹰尾羽芒草	オカメザサ	倭竹	イヌシダ	真蕨纲	
ヒイラギ	柊树	ヤブコウジ	紫金牛	ヤマザクラ	山櫻	
モッコク	厚皮香	ヤフラン	土麦冬	イワナンテン	筒花木藜芦	
ドウダン	日本吊钟	シズスギ	垂穗石松	モクレン	木兰	
ヤヅラン	兰花	ツバキ	山茶	イヌシデ	榛木	
ネズミモチ	日本女贞	ニシキギ	卫矛			

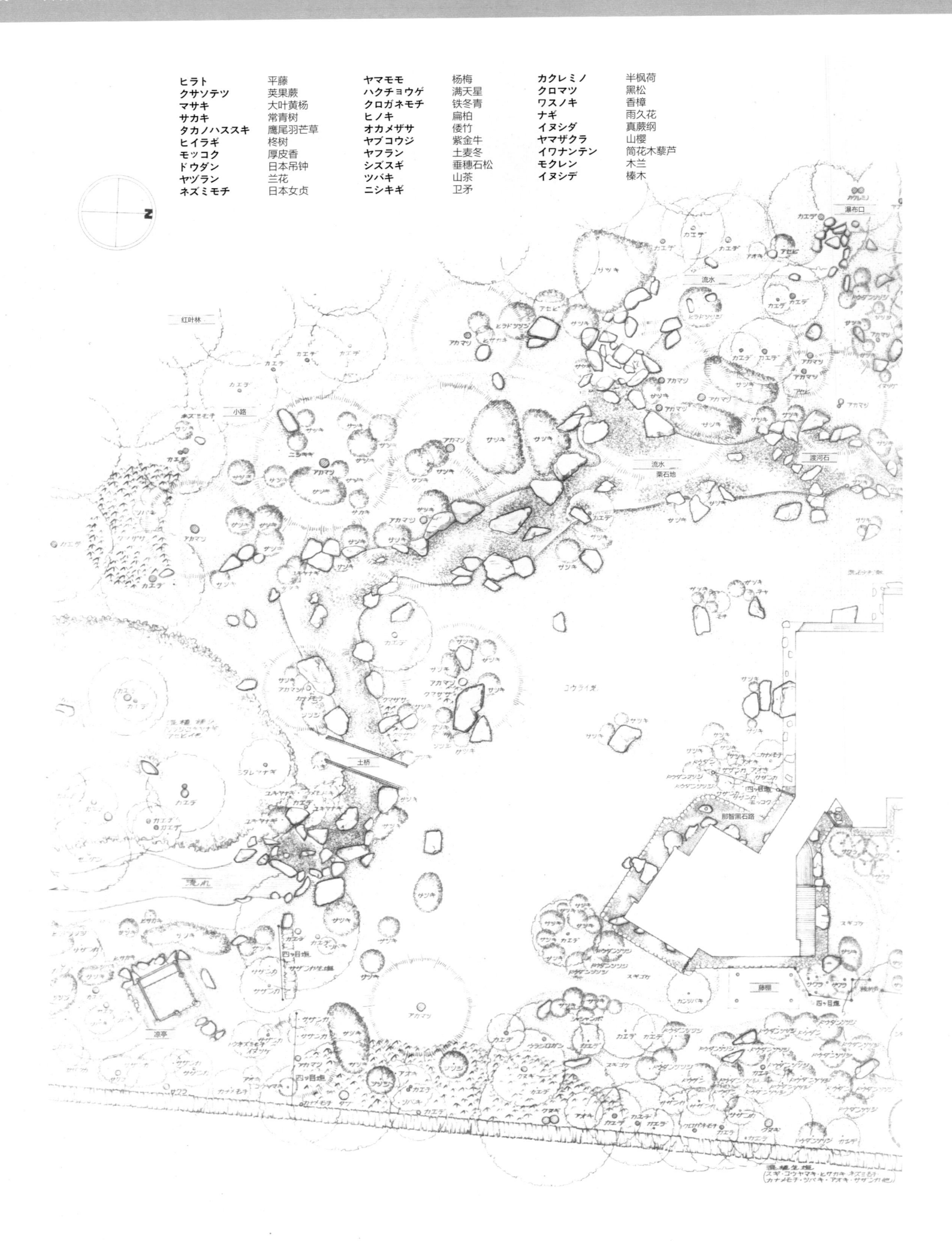

霞中庵平面图　比例尺1:200

霞中庵　实测图

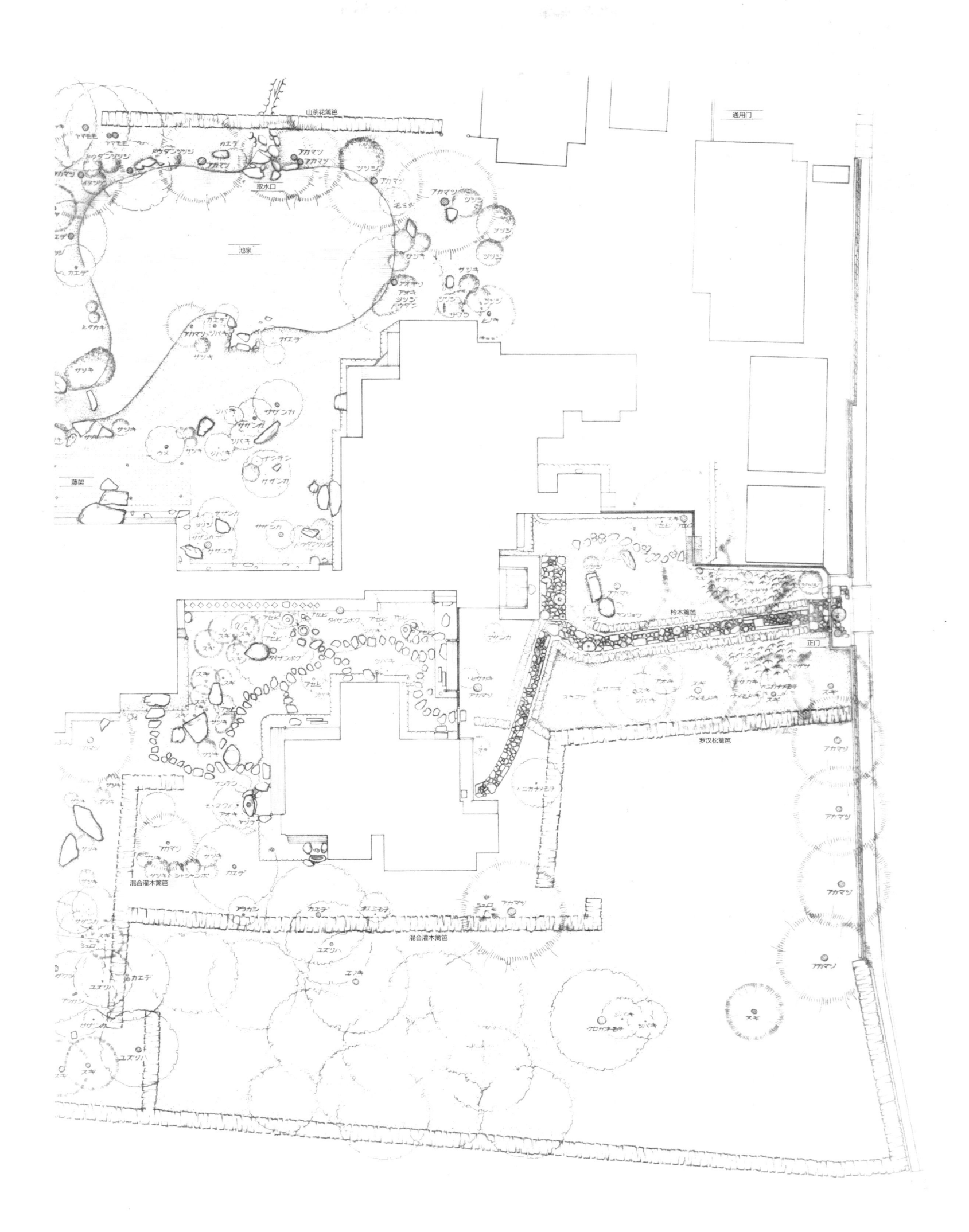

霞中庵　实测图

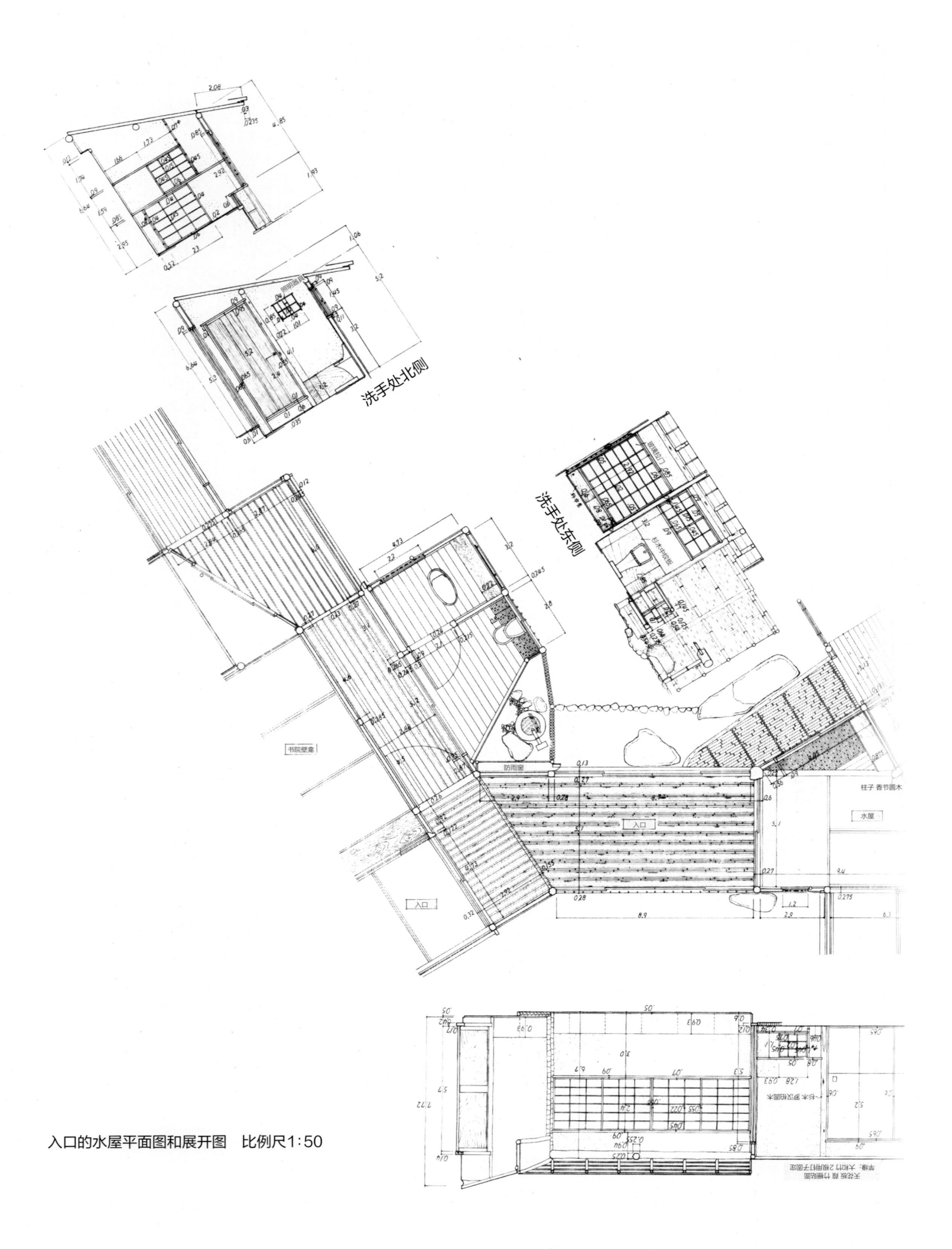

入口的水屋平面图和展开图　比例尺1:50

霞中庵　实测图

入口处、水屋北侧

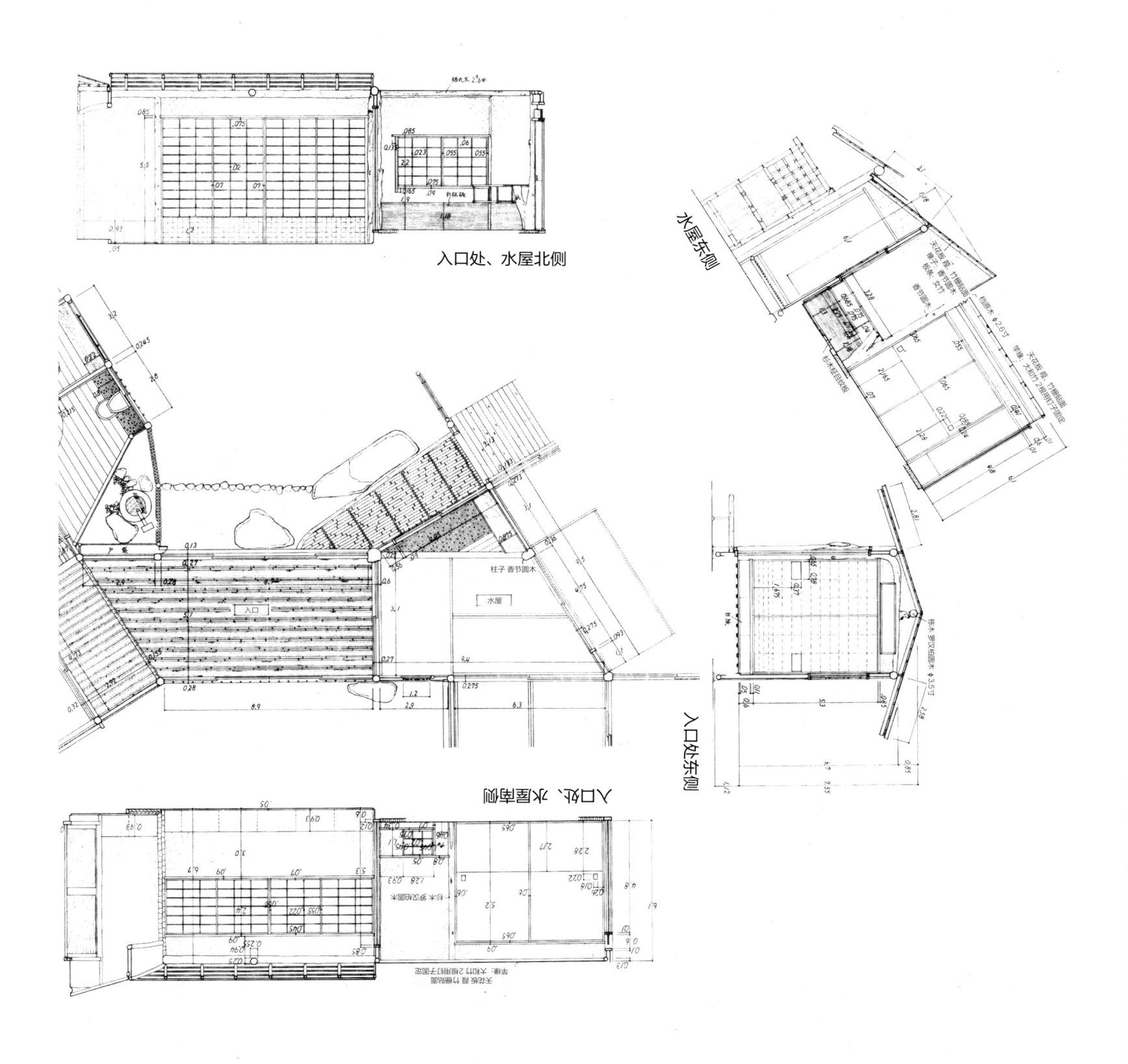

水屋东侧

入口处东侧

入口处、水屋南侧

霞中庵　实测图

八叠和室 沓脱石附近

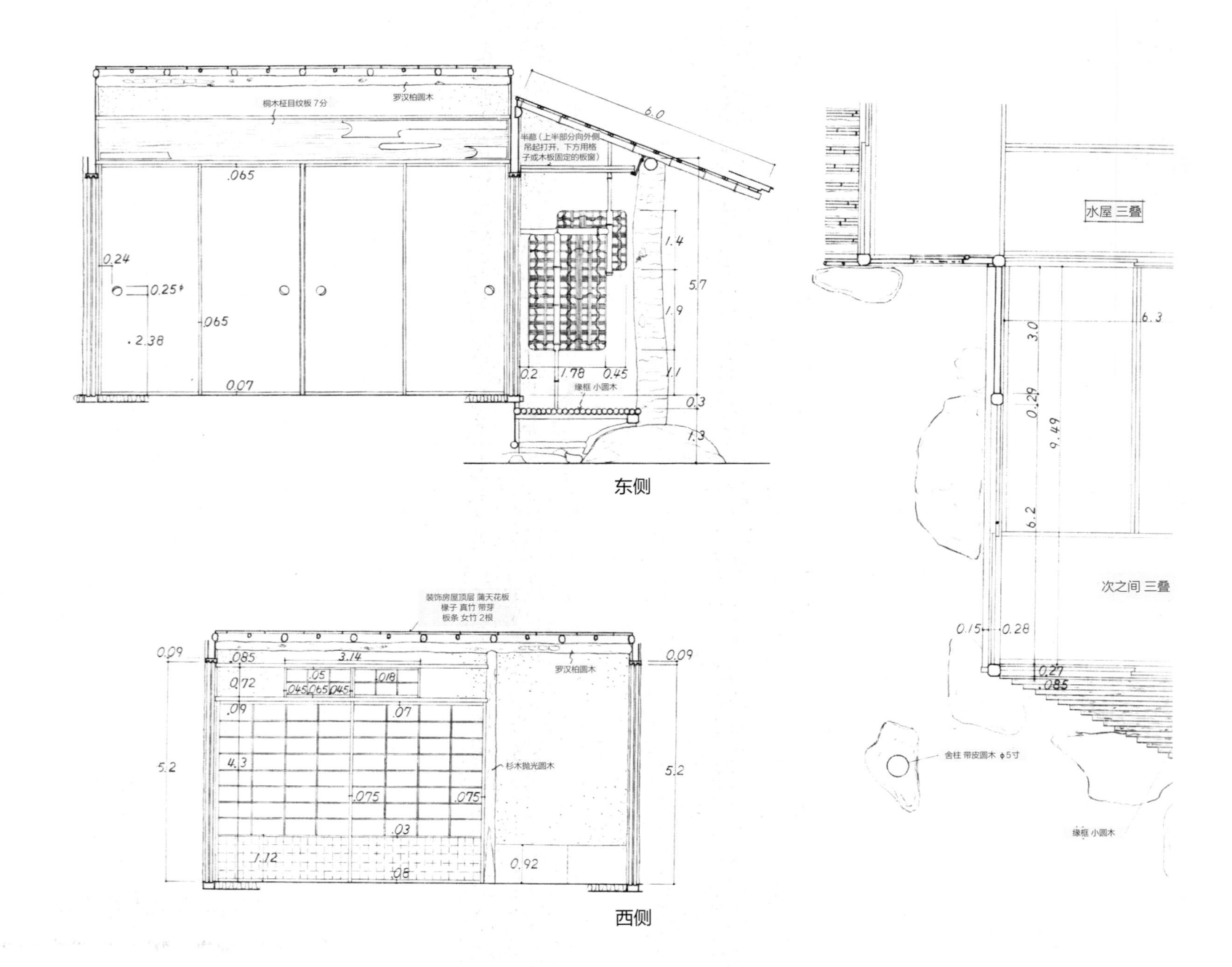

东侧

西侧

次之间平面展开图　比例尺1:30

霞中庵　实测图

次之间 缘廊

次之间外观

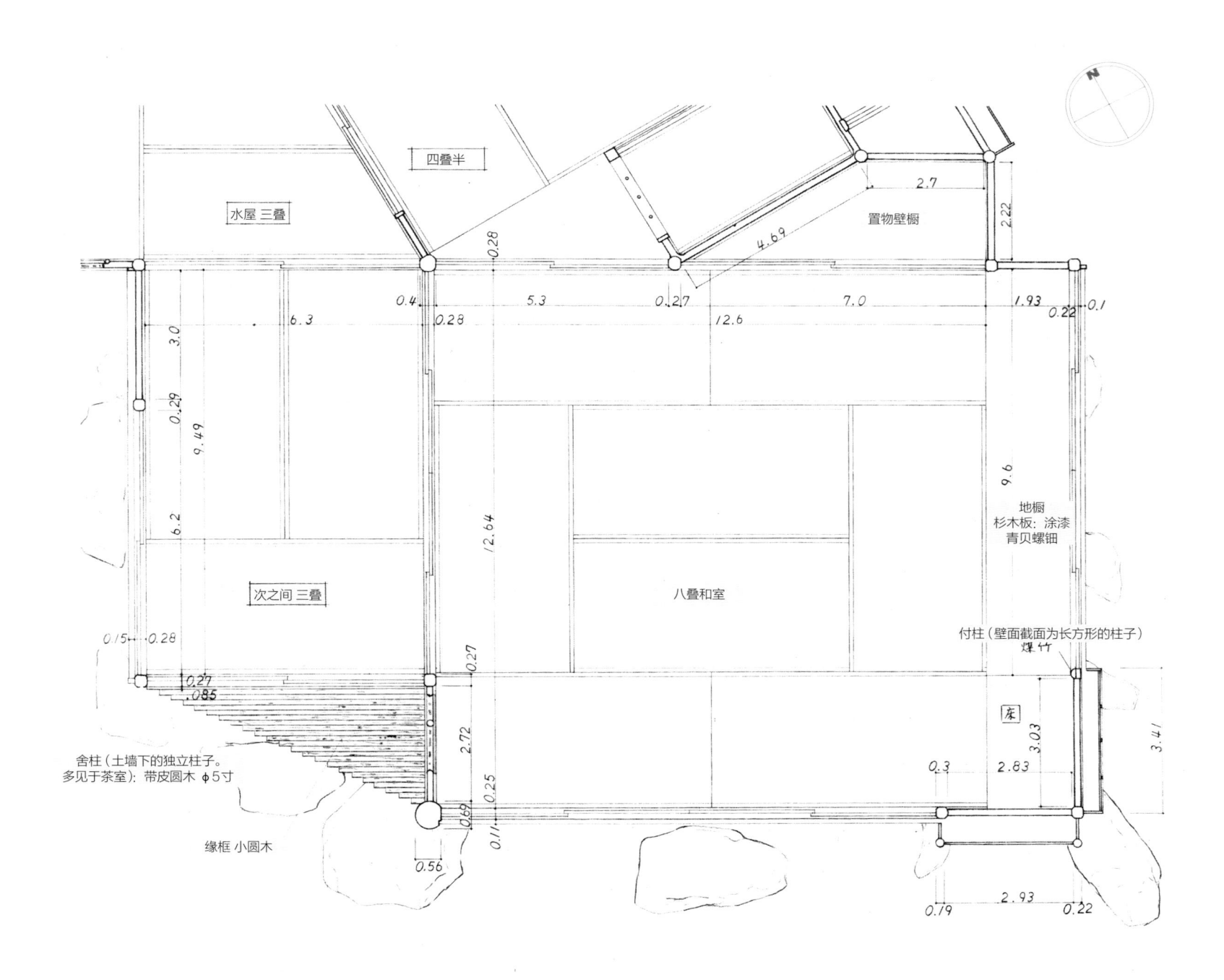

四叠半

水屋 三叠

置物壁橱

次之间 三叠

八叠和室

地橱
杉木板：涂漆
青贝螺钿

付柱（壁面截面为长方形的柱子）
煤竹

灰

舍柱（土墙下的独立柱子。
多见于茶室）：带皮圆木 φ5寸

缘框 小圆木

八叠和室、次之间的平面图　比例尺1:30

霞中庵　实测图

八叠和室 西南侧

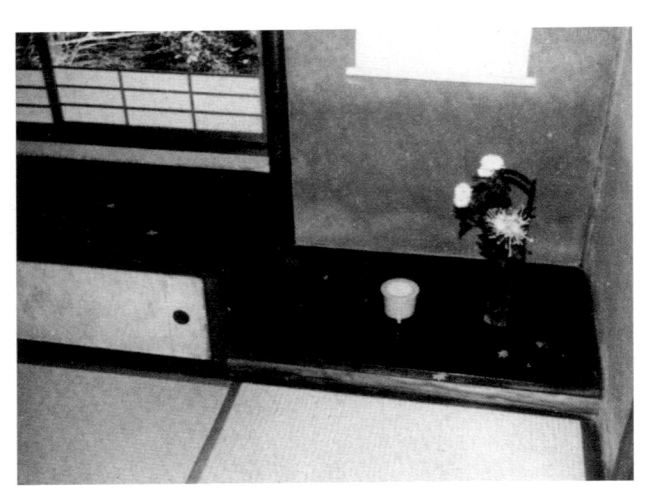

八叠和室 壁龛

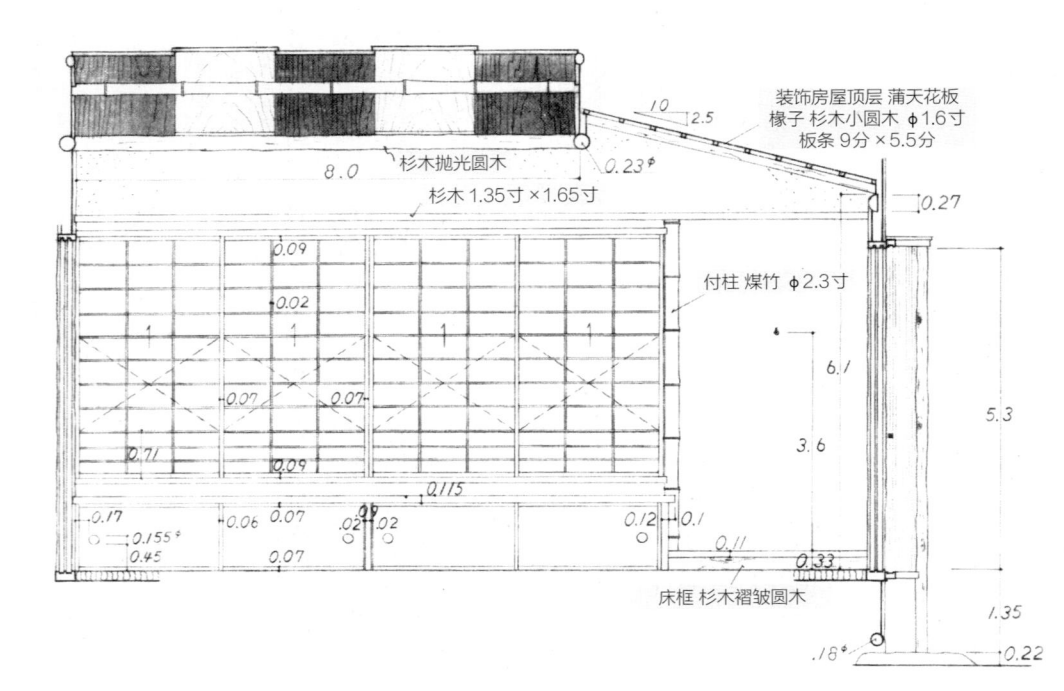

装饰房屋顶层 蒲天花板
椽子 杉木小圆木 φ1.6寸
板条 9分×5.5分

杉木抛光圆木

杉木 1.35寸×1.65寸

付柱 煤竹 φ2.3寸

床框 杉木褶皱圆木

八叠和室的东侧

天花板 杉木木纹板 大和贴面
檩条：煤竹 φ2.2寸

杉木抛光圆木

茅草屋顶

椽子 杉木小圆木
φ1.2寸
板条 9.5分×5.5分

栏间：桐木柾目纹板 7分

杉木抛光圆木

缘框 涂漆 红色

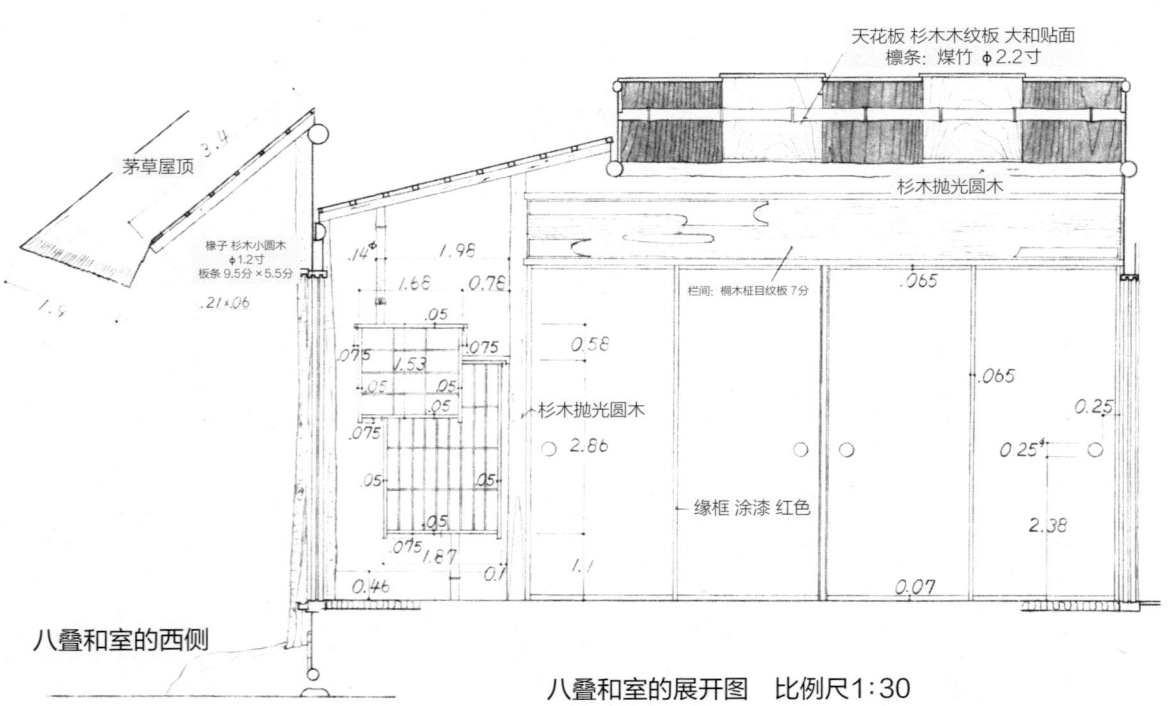

八叠和室的西侧

八叠和室的展开图　比例尺1:30

霞中庵　实测图

八叠和室 下地窗外观

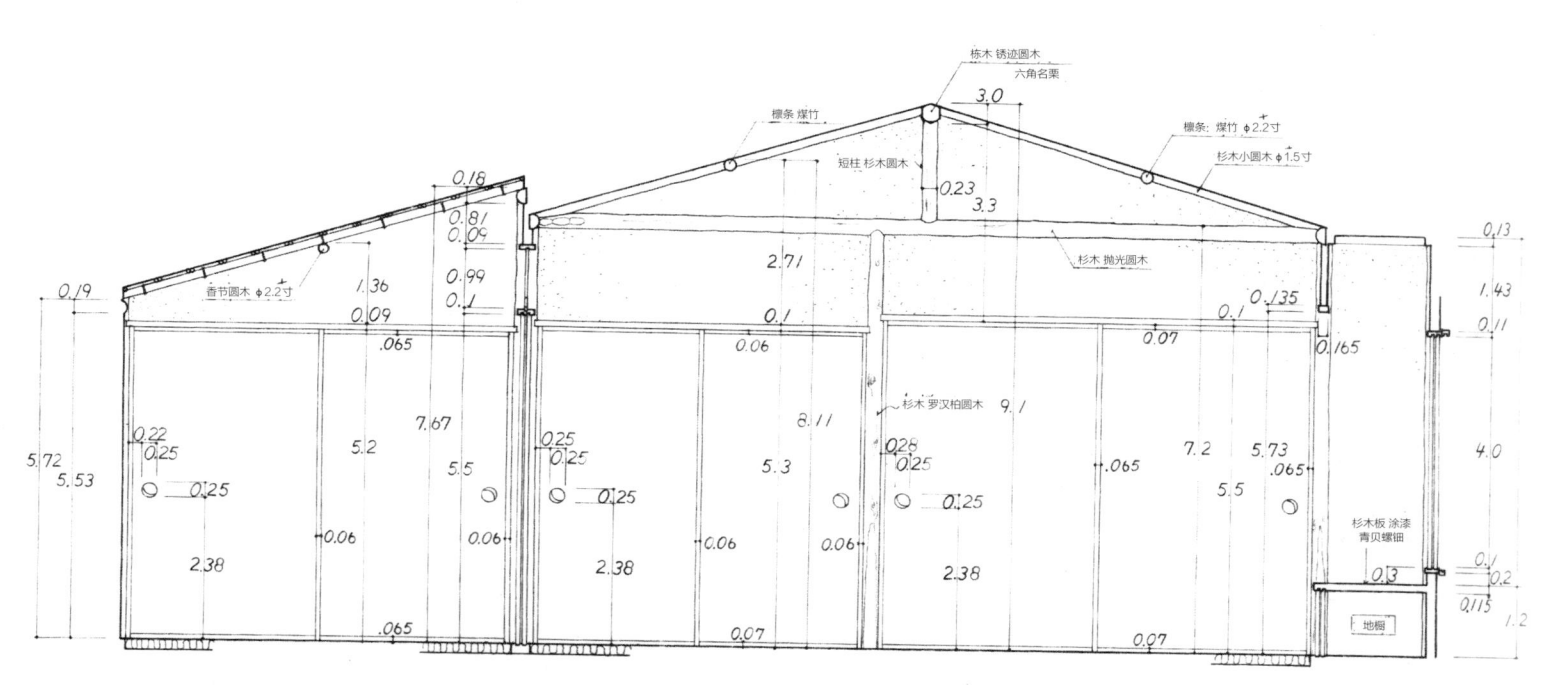

次之间的北侧

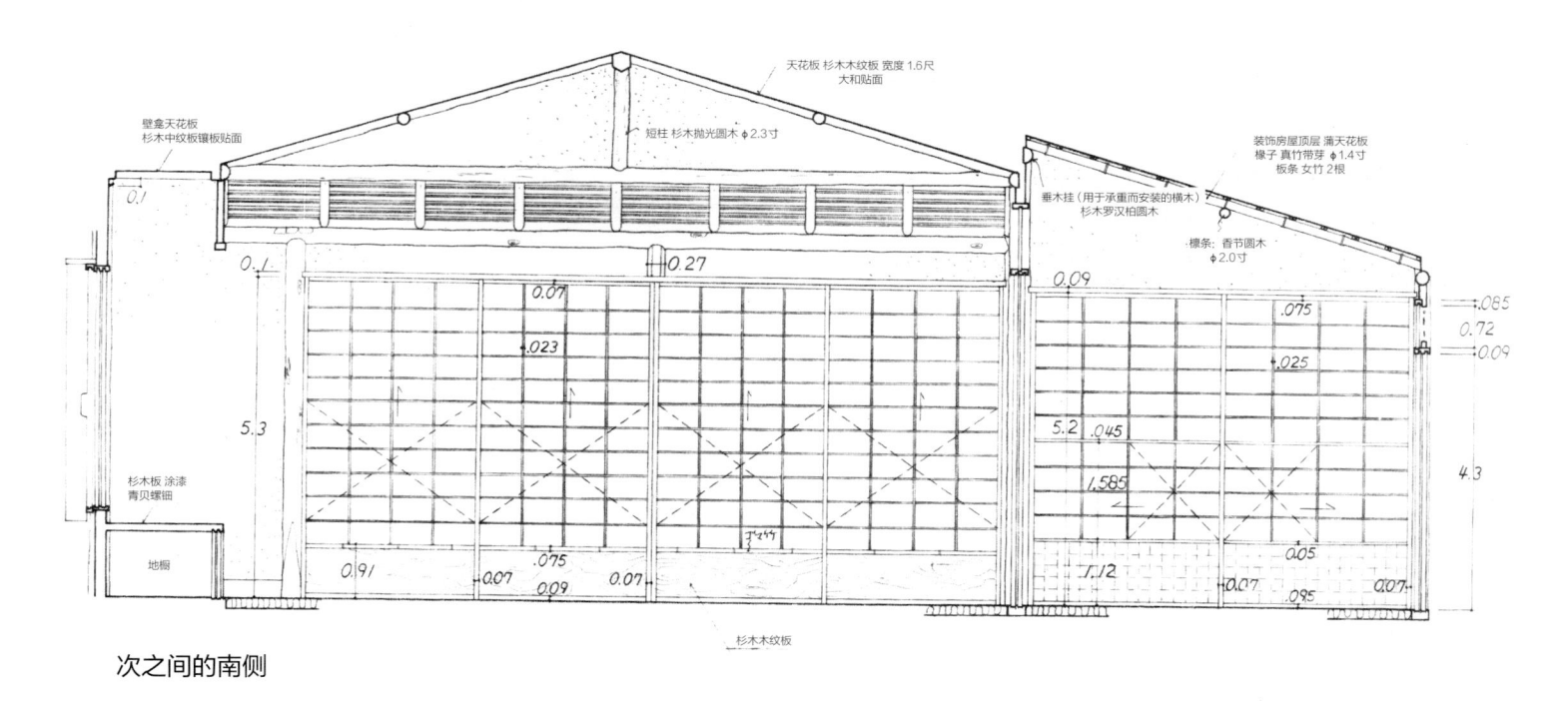

次之间的南侧

次之间的展开图　比例尺1:30

霞中庵　实测图

八叠和室 天花板结构

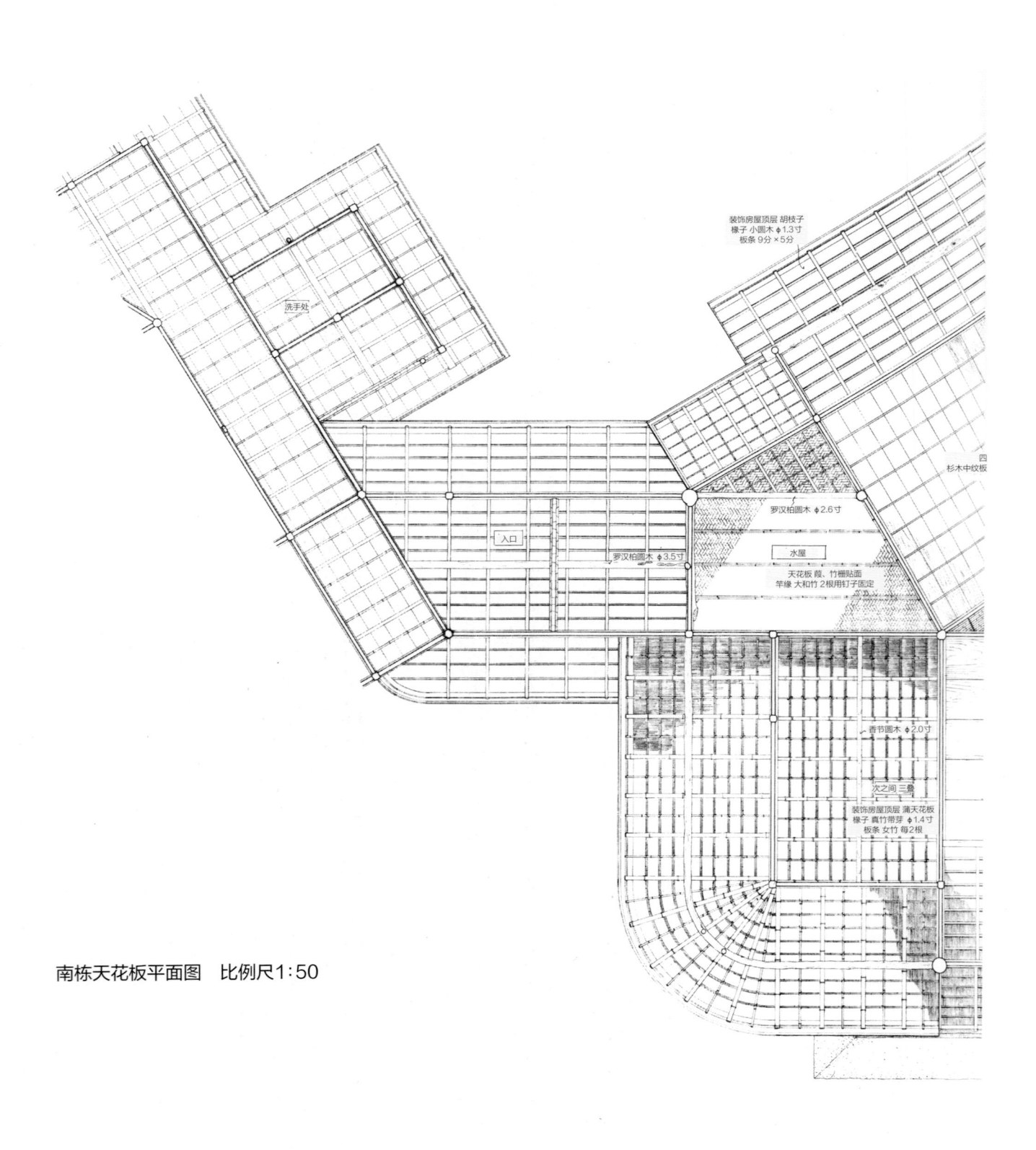

南栋天花板平面图　比例尺1:50

霞中庵　实测图

次之间 房檐内部

次之间 房檐内部

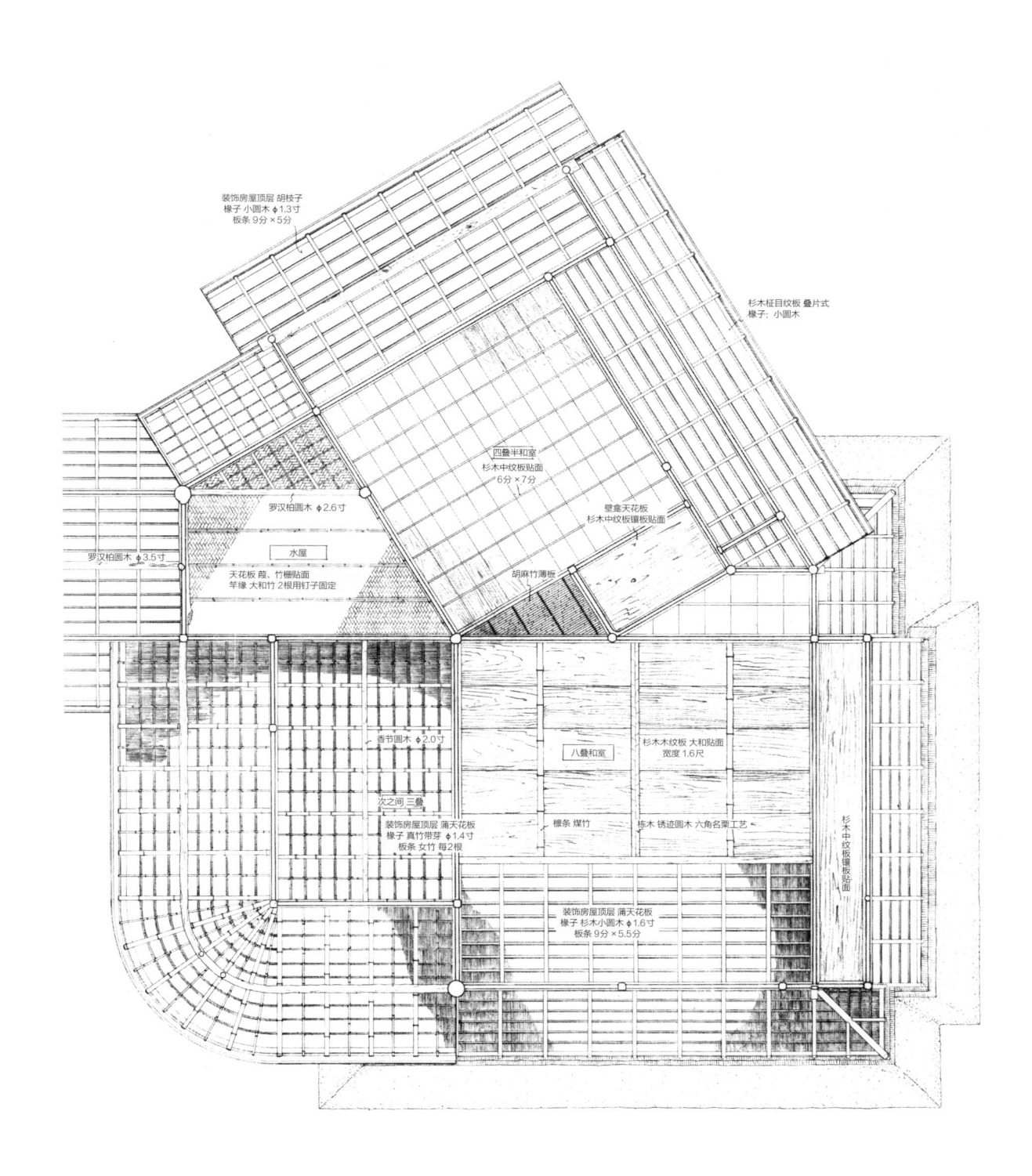

霞中庵　实测图

四叠半和室 东侧

四叠半和室 北侧

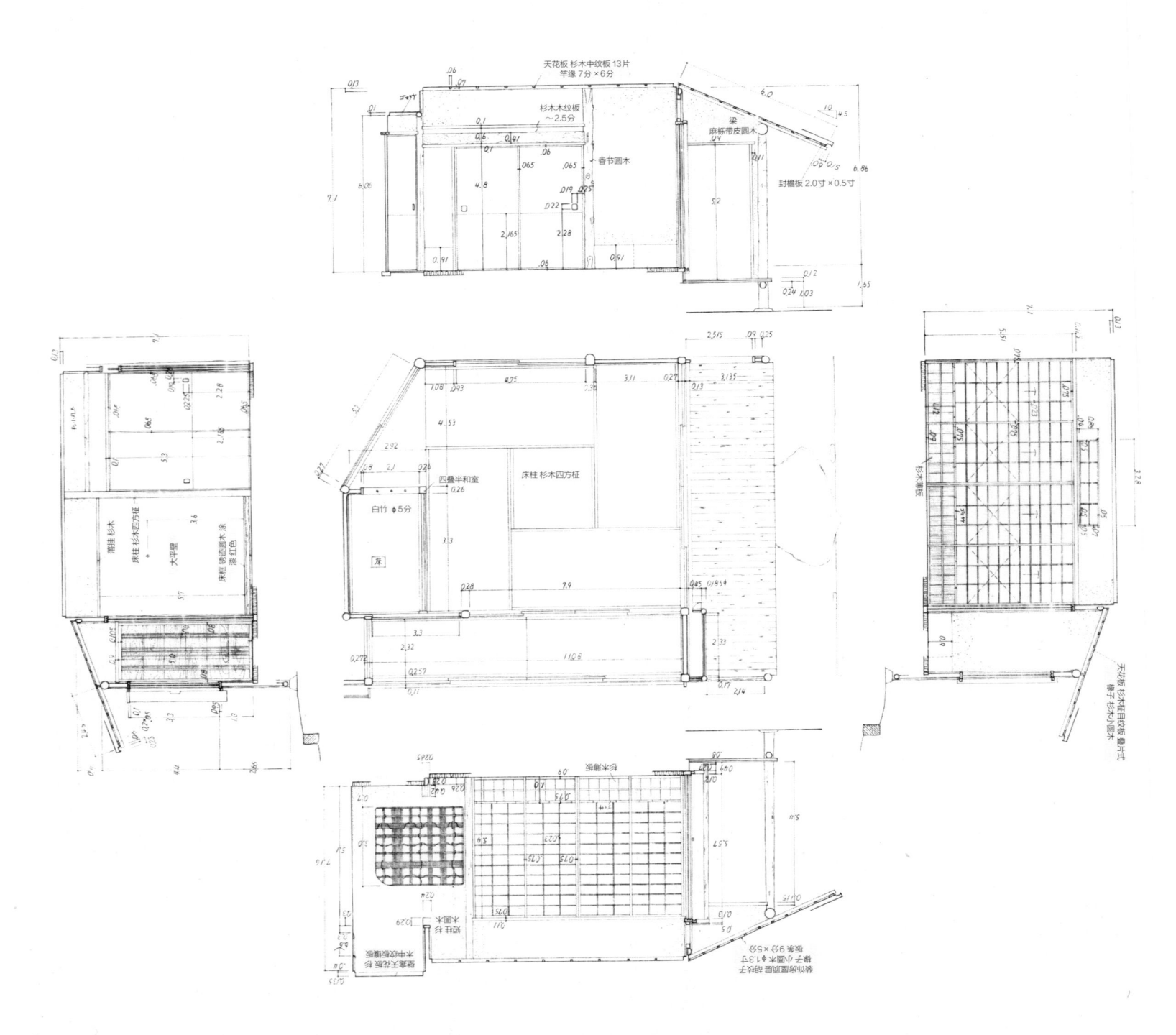

四叠半和室平面图和展开图　比例尺1:50

霞中庵　实测图

茶室 水屋

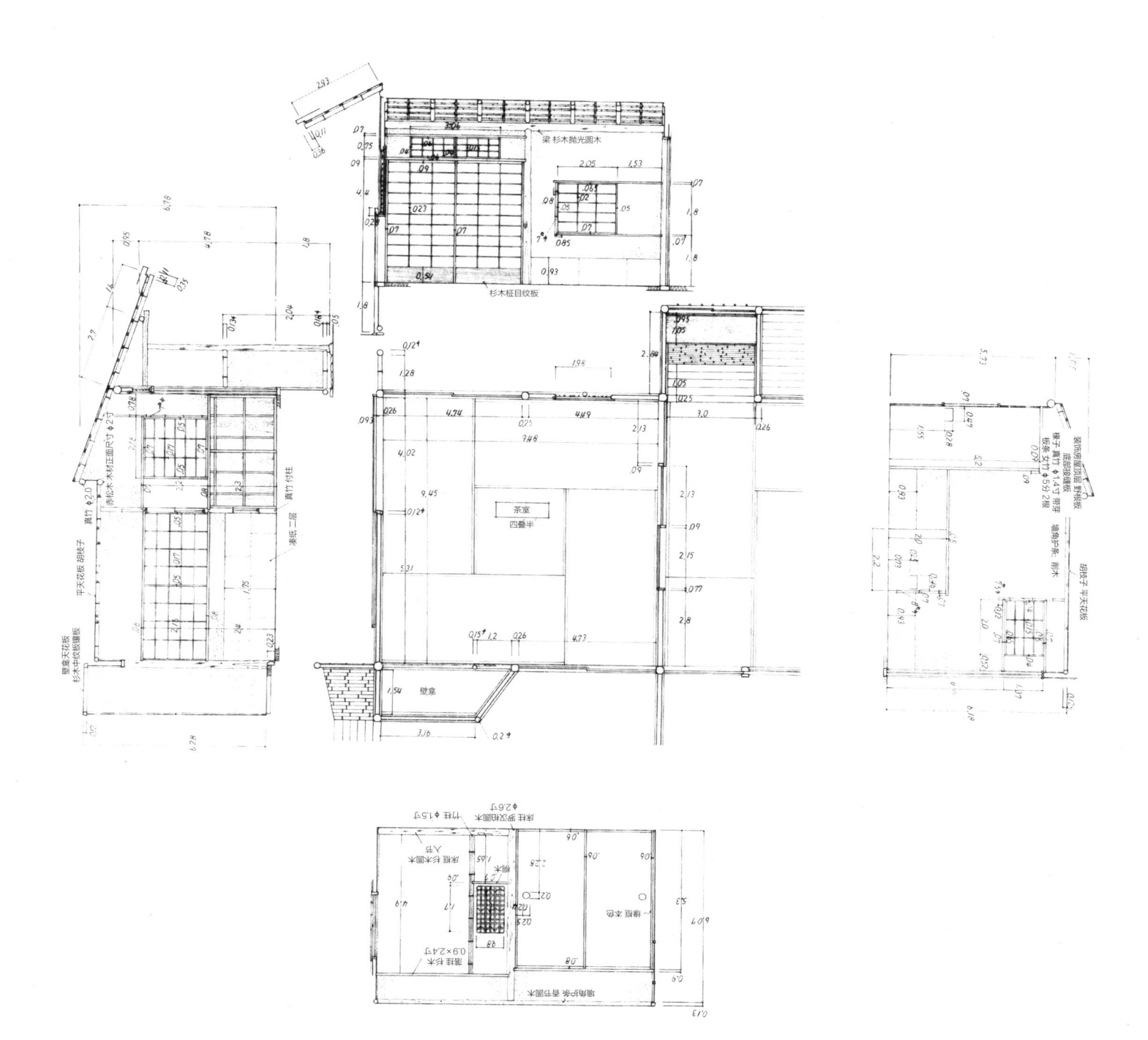

茶室的平面图和展开图　比例尺1:50

霞中庵　实测图

书院 床胁

书院 付书院

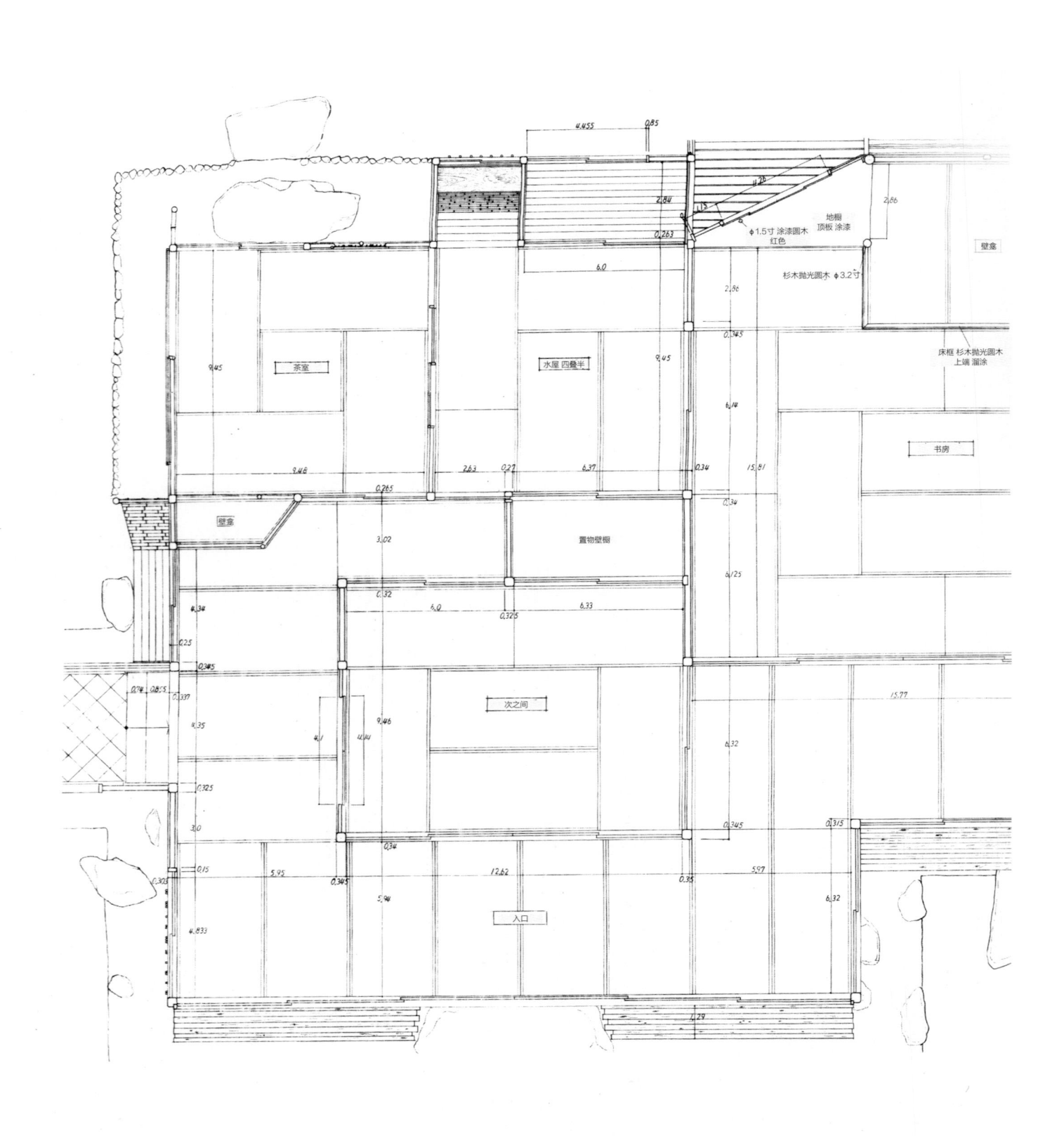

霞中庵 实测图

书院 缘廊

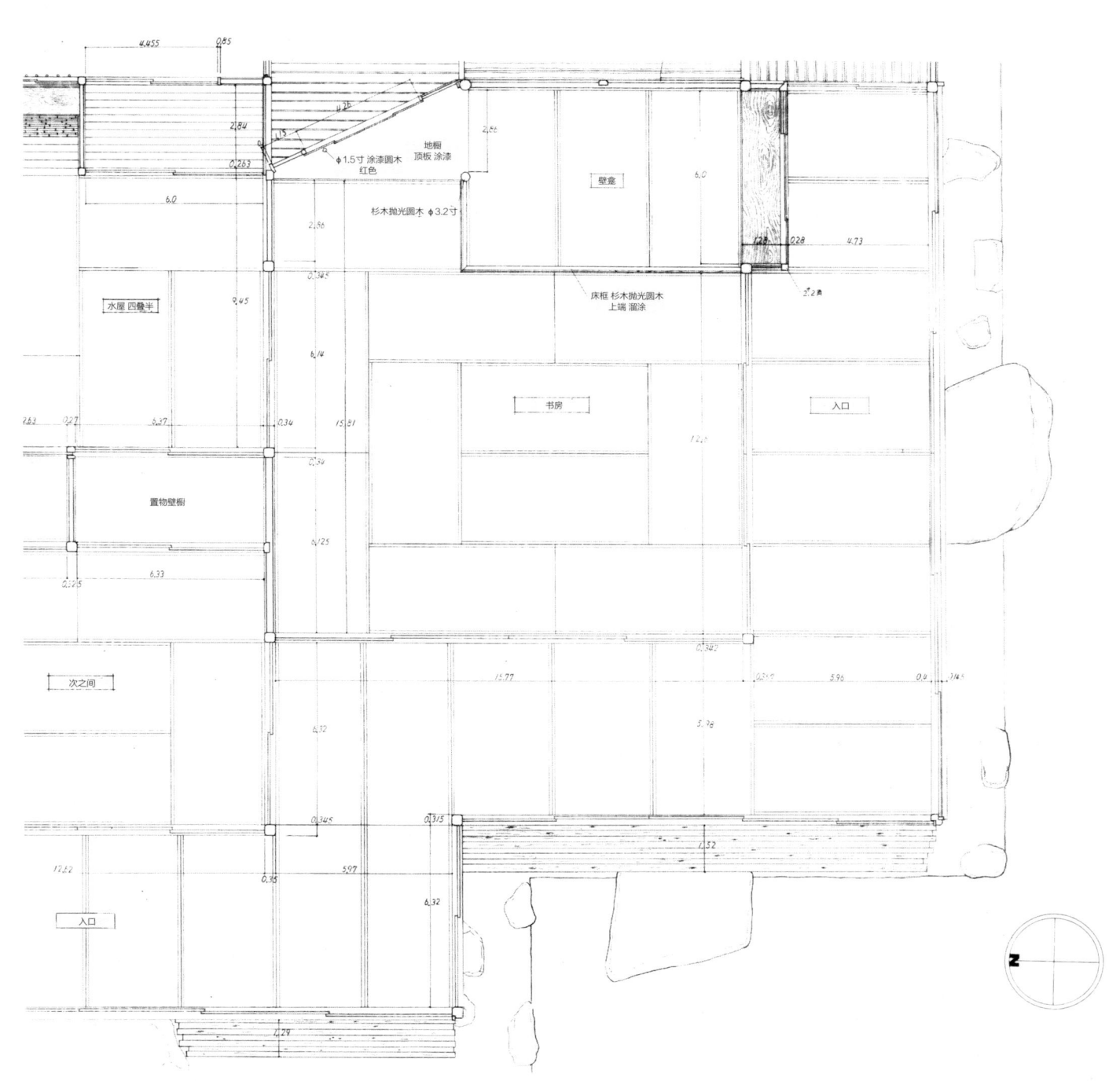

书院 次之间、茶室平面图 比例尺1:50

霞中庵 实测图

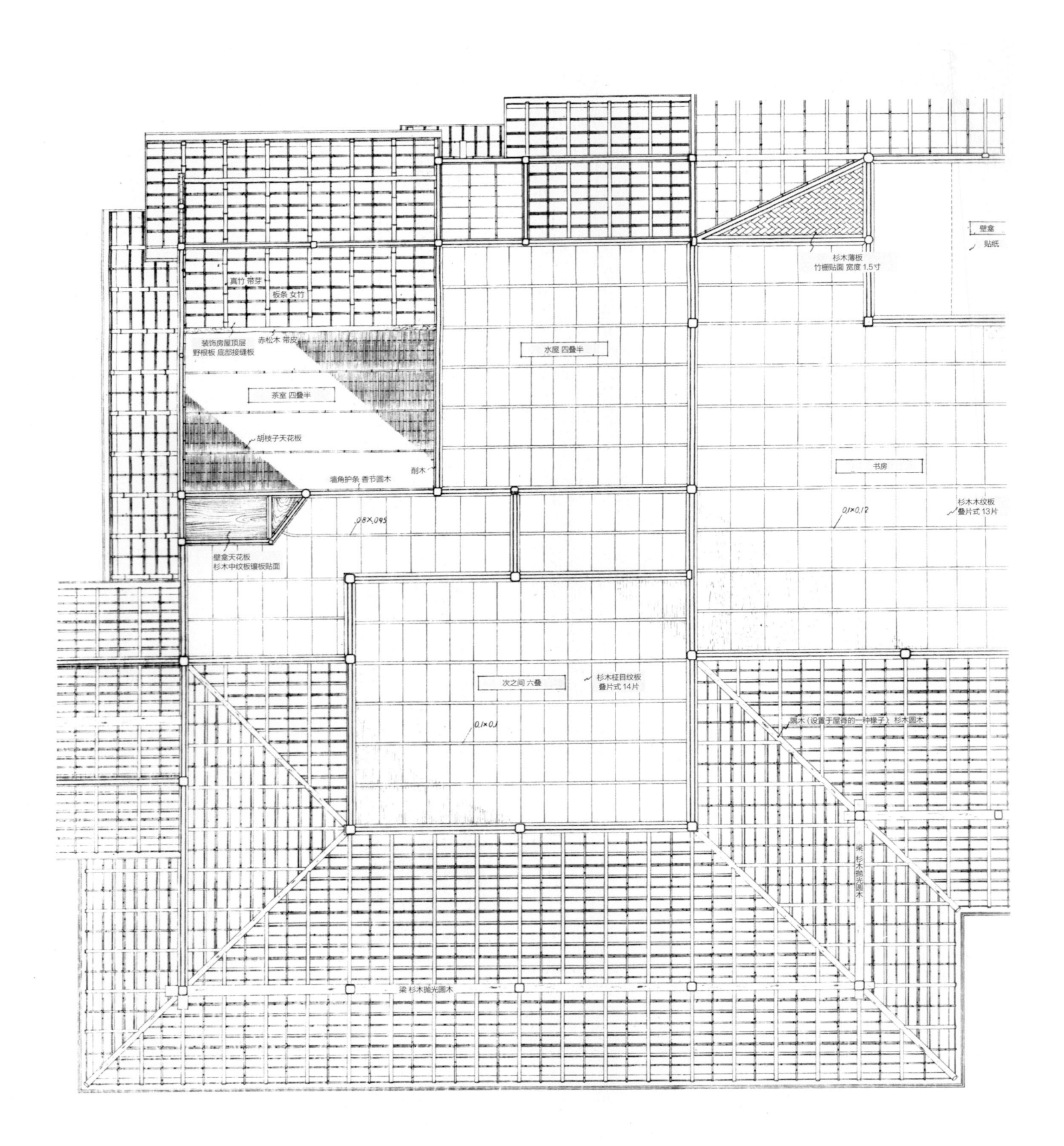

霞中庵　实测图

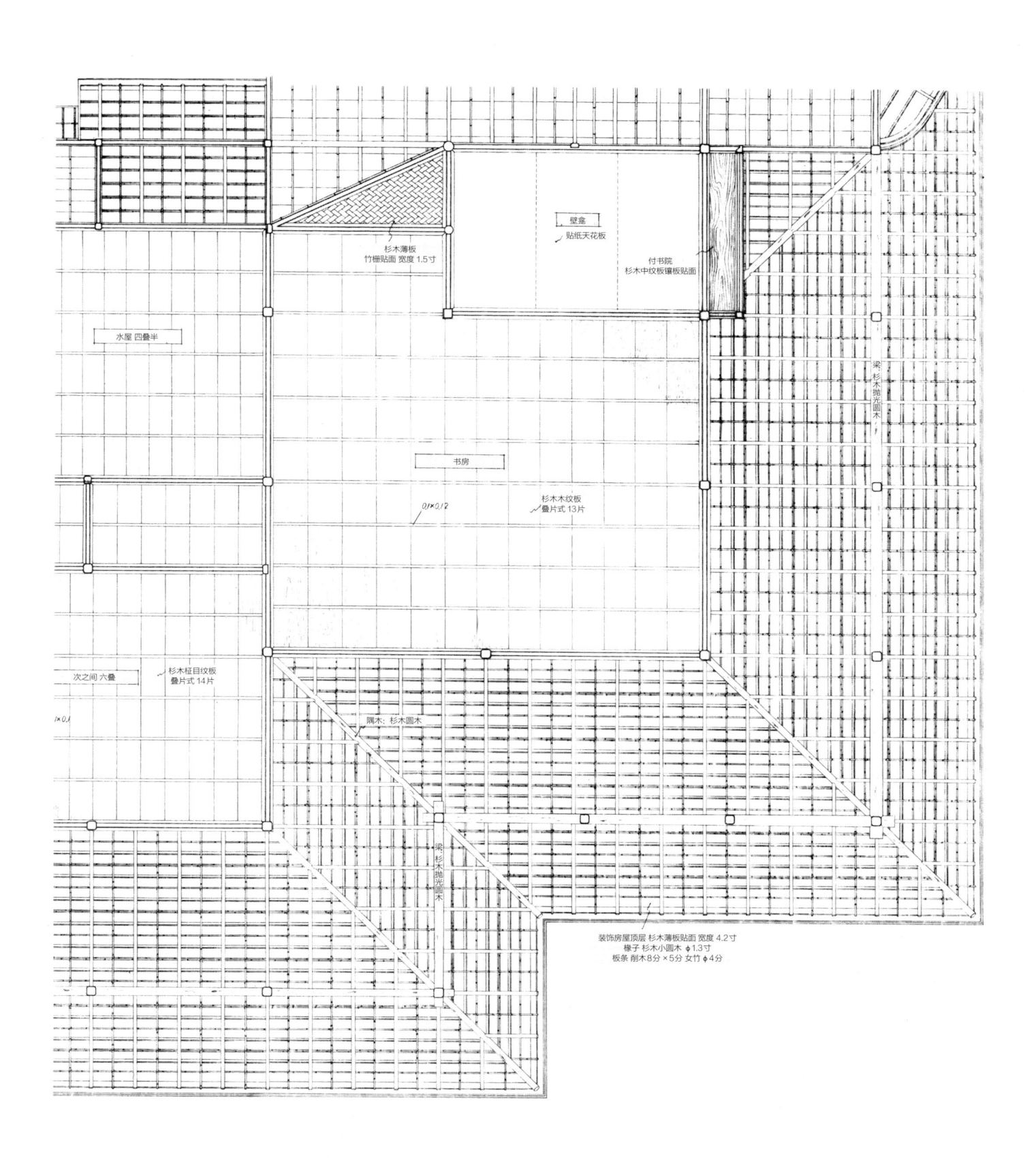

书院 次之间、茶室天花板平面图　比例尺1:50

霞中庵　实测图

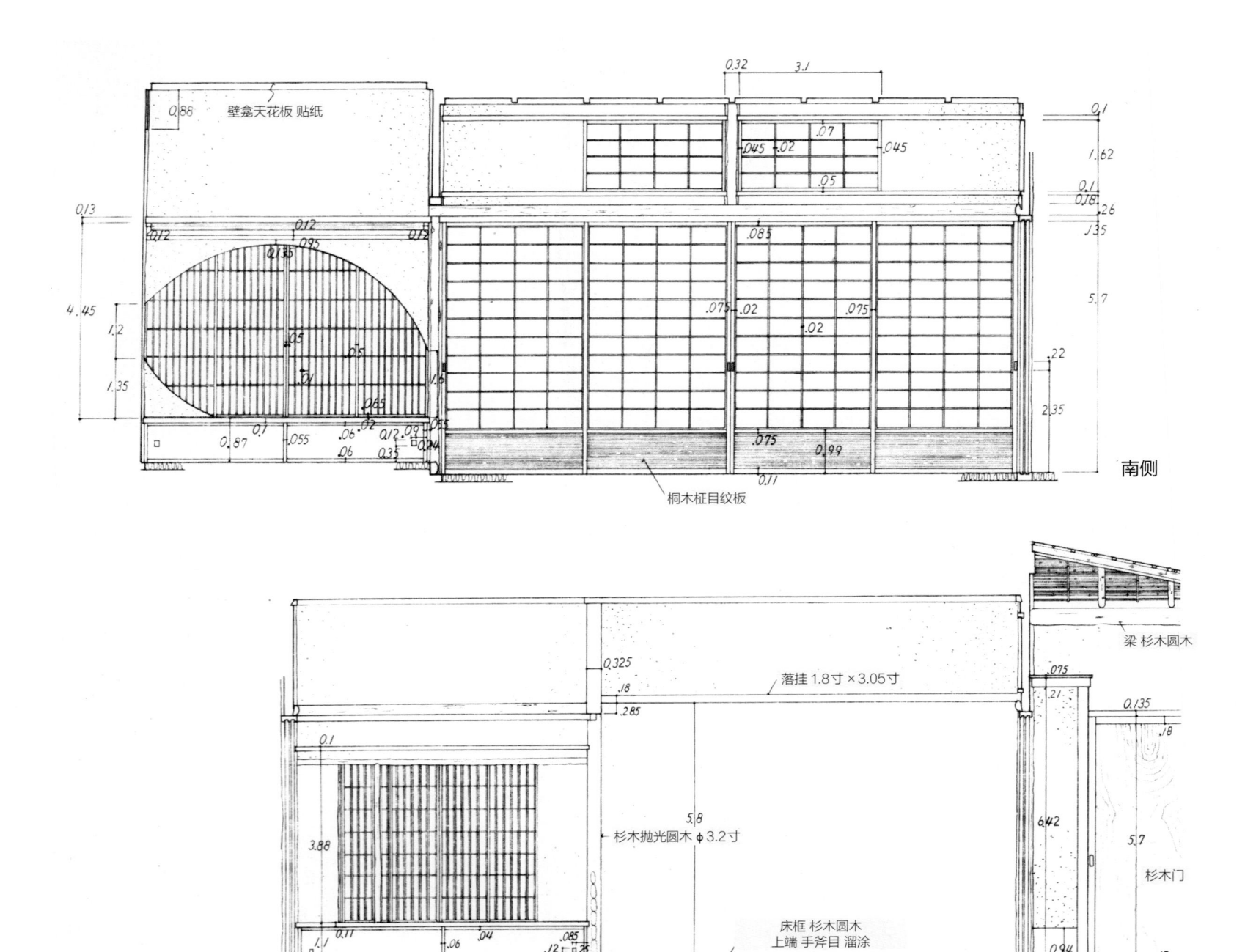

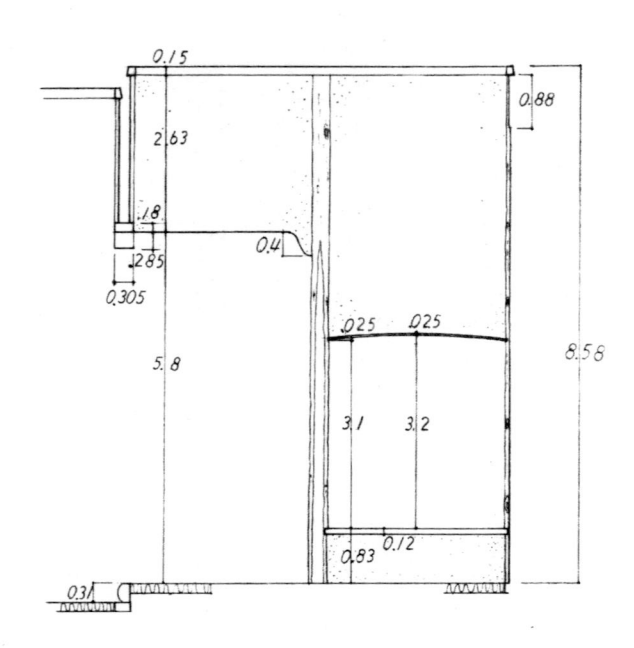

书院展开图　比例尺1:30　　　　　　　　　　　　壁龛剖面图

霞中庵　实测图

北侧

东侧

西侧

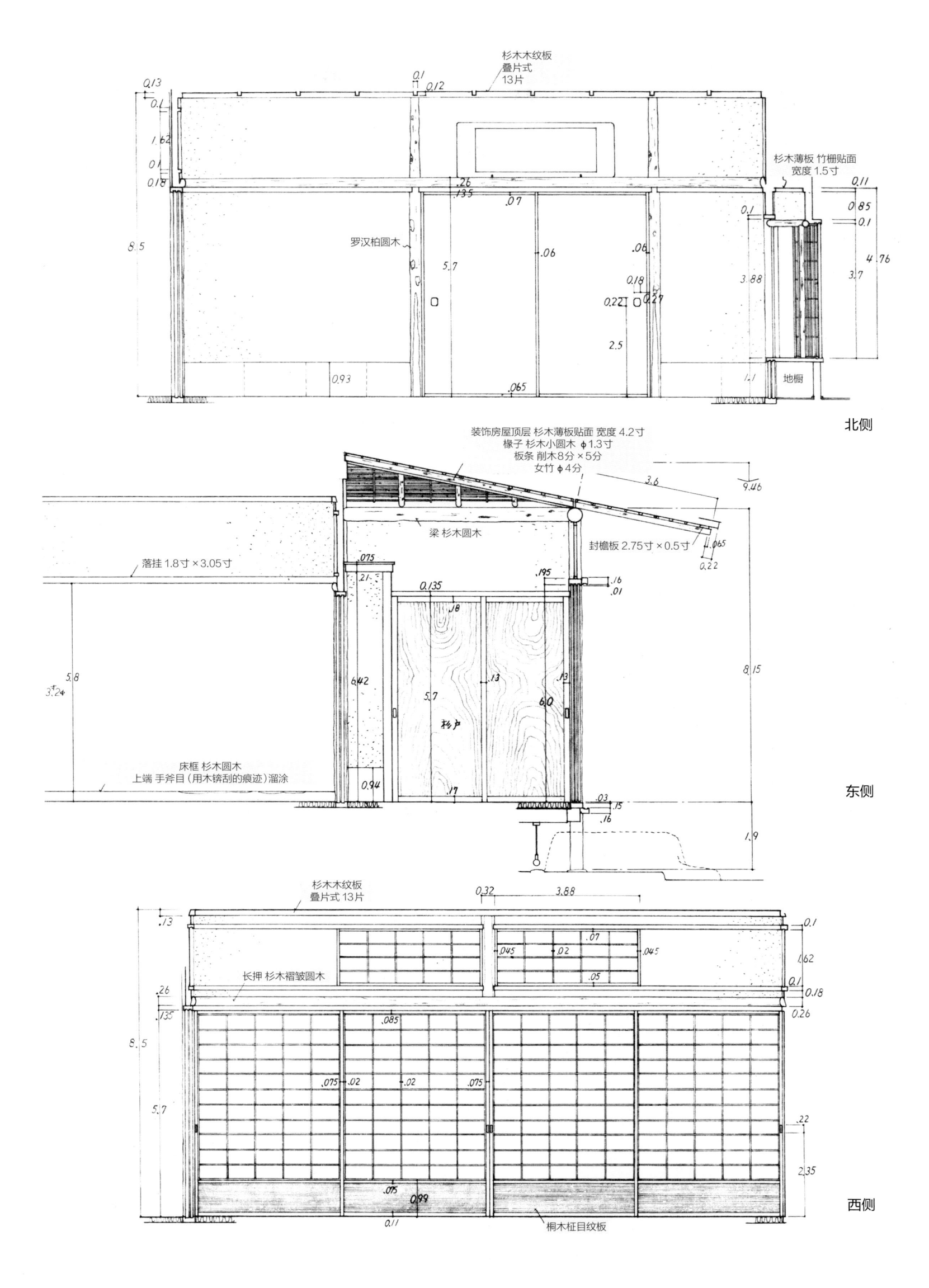

霞中庵　实测图

书院 次之间

书院 回廊

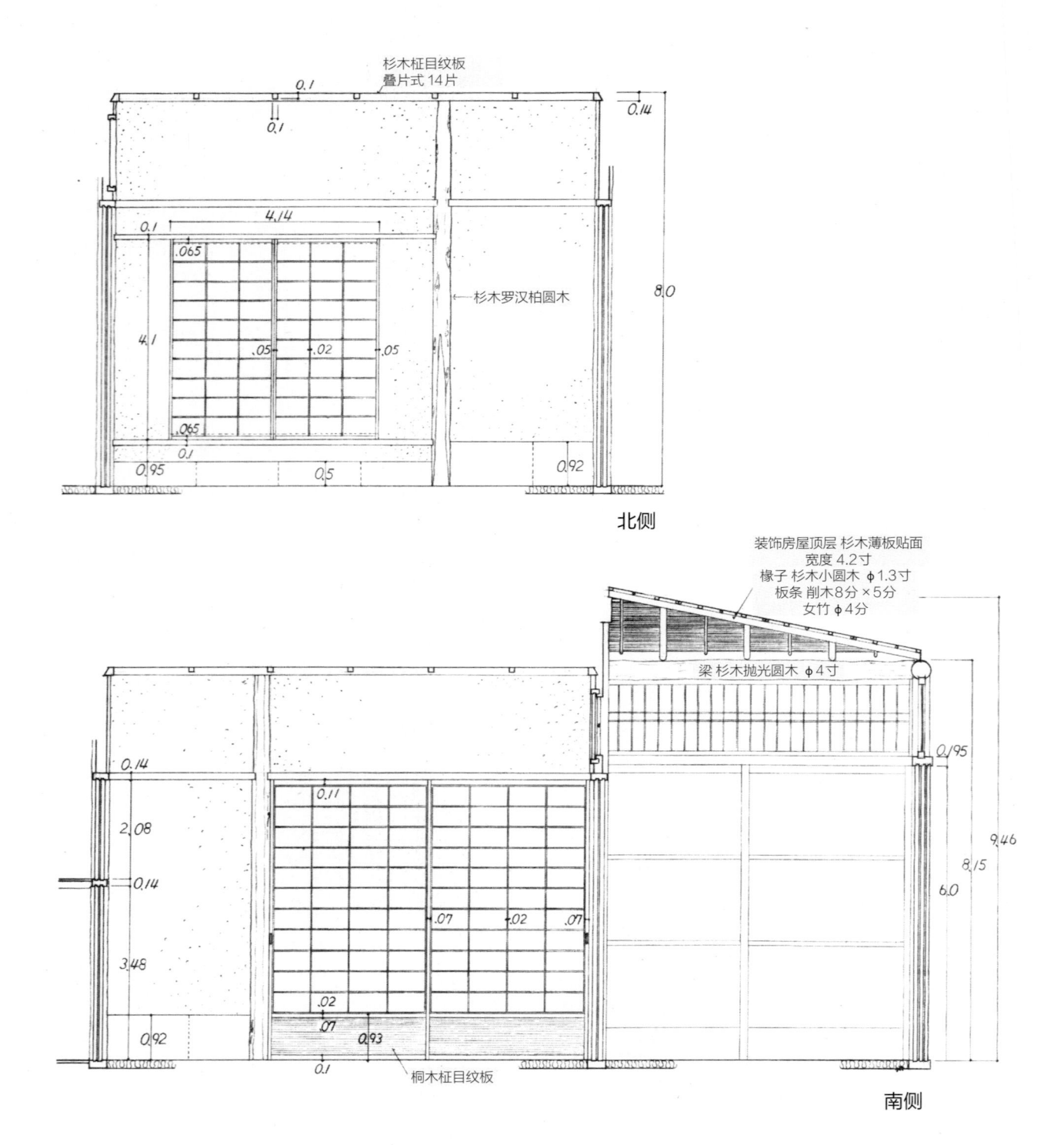

杉木柾目纹板
叠片式 14 片

杉木罗汉柏圆木

北侧

装饰房屋顶层 杉木薄板贴面
宽度 4.2寸
椽子 杉木小圆木 φ1.3寸
板条 削木8分×5分
女竹 φ4分

梁 杉木抛光圆木 φ4寸

桐木柾目纹板

南侧

次之间的展开图　比例尺1∶30

霞中庵　实测图

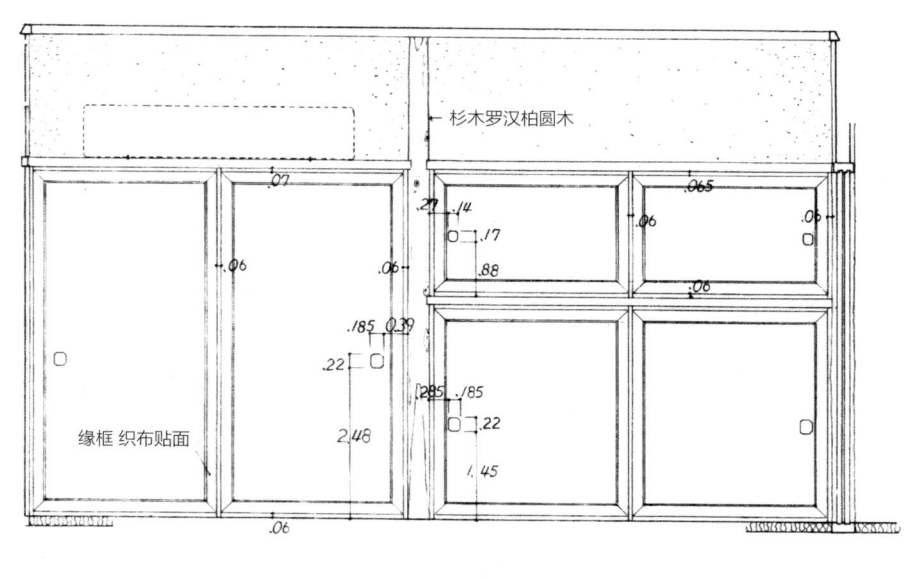

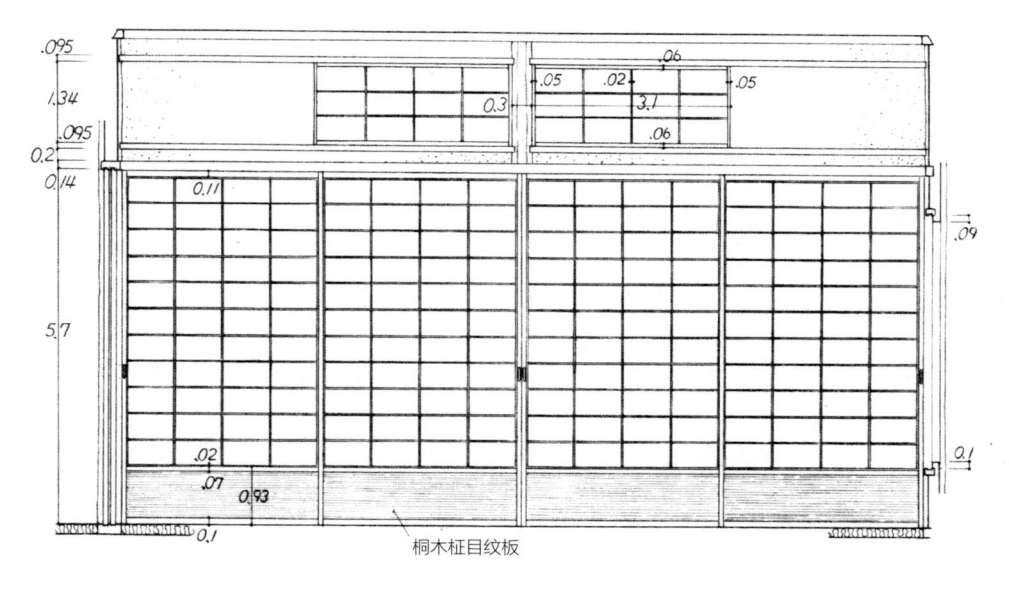

东侧

西侧

霞中庵 实测图

土桥邸

玄关 从前庭看向玄关

玄关 玄关侧面

玄关 玄关正面

座敷
上＝壁龛　下＝座敷东侧

座敷
上＝座敷西側

玄庵 壁龕和点前座

玄庵 外观

浴室
上＝浴室顶部　下＝浴室　右＝通往浴室的回廊

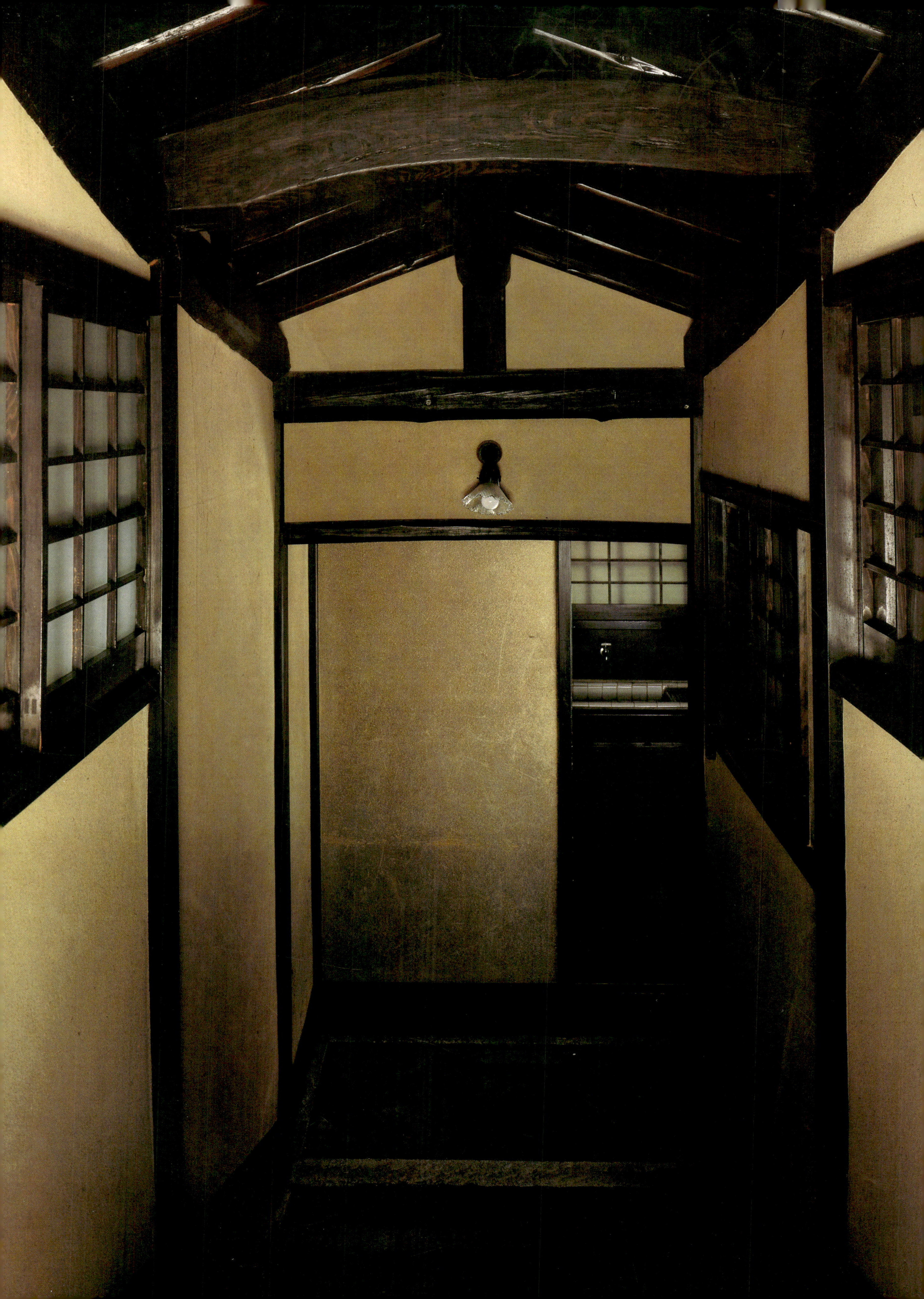

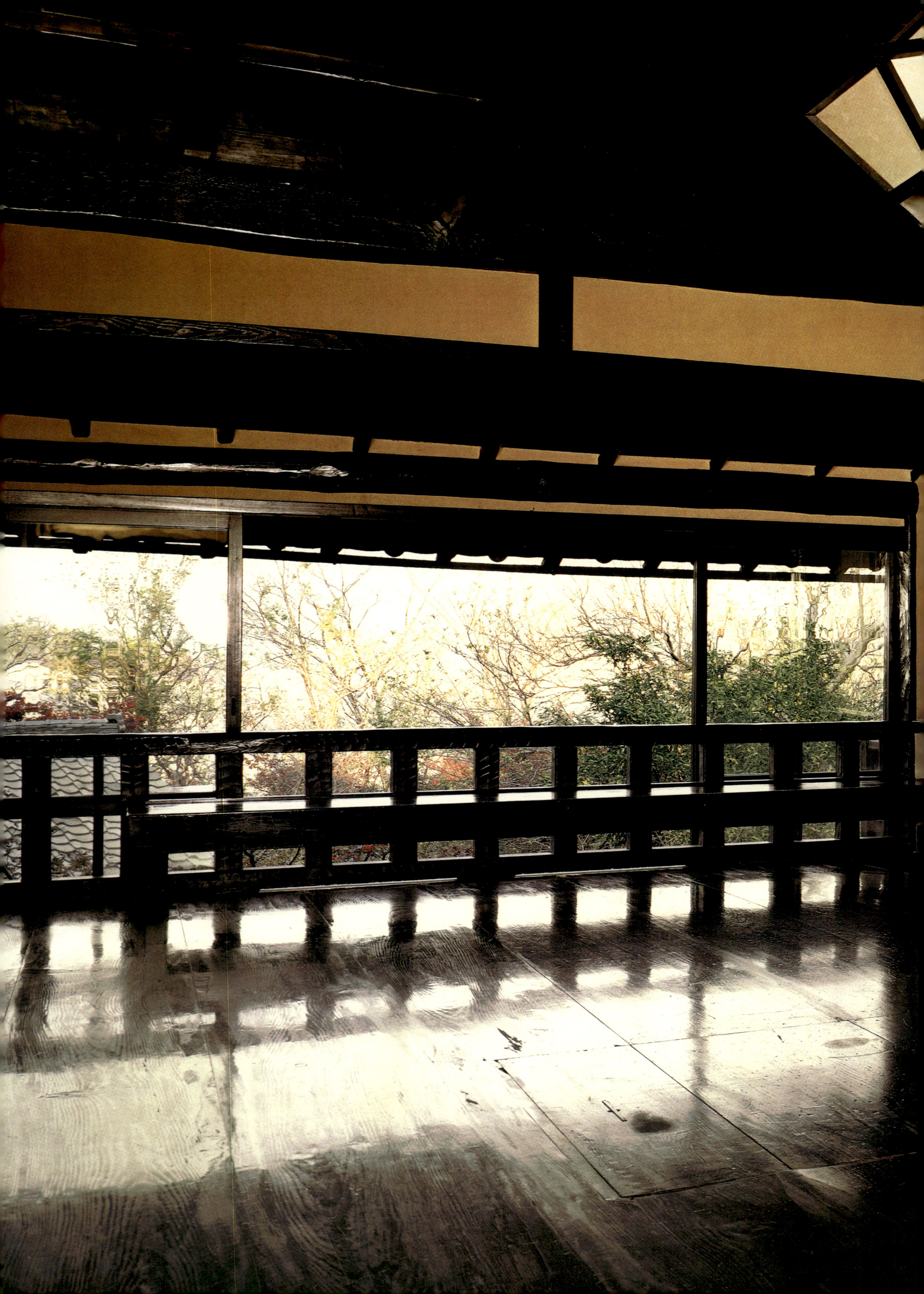

佛间 壁龛、付书院

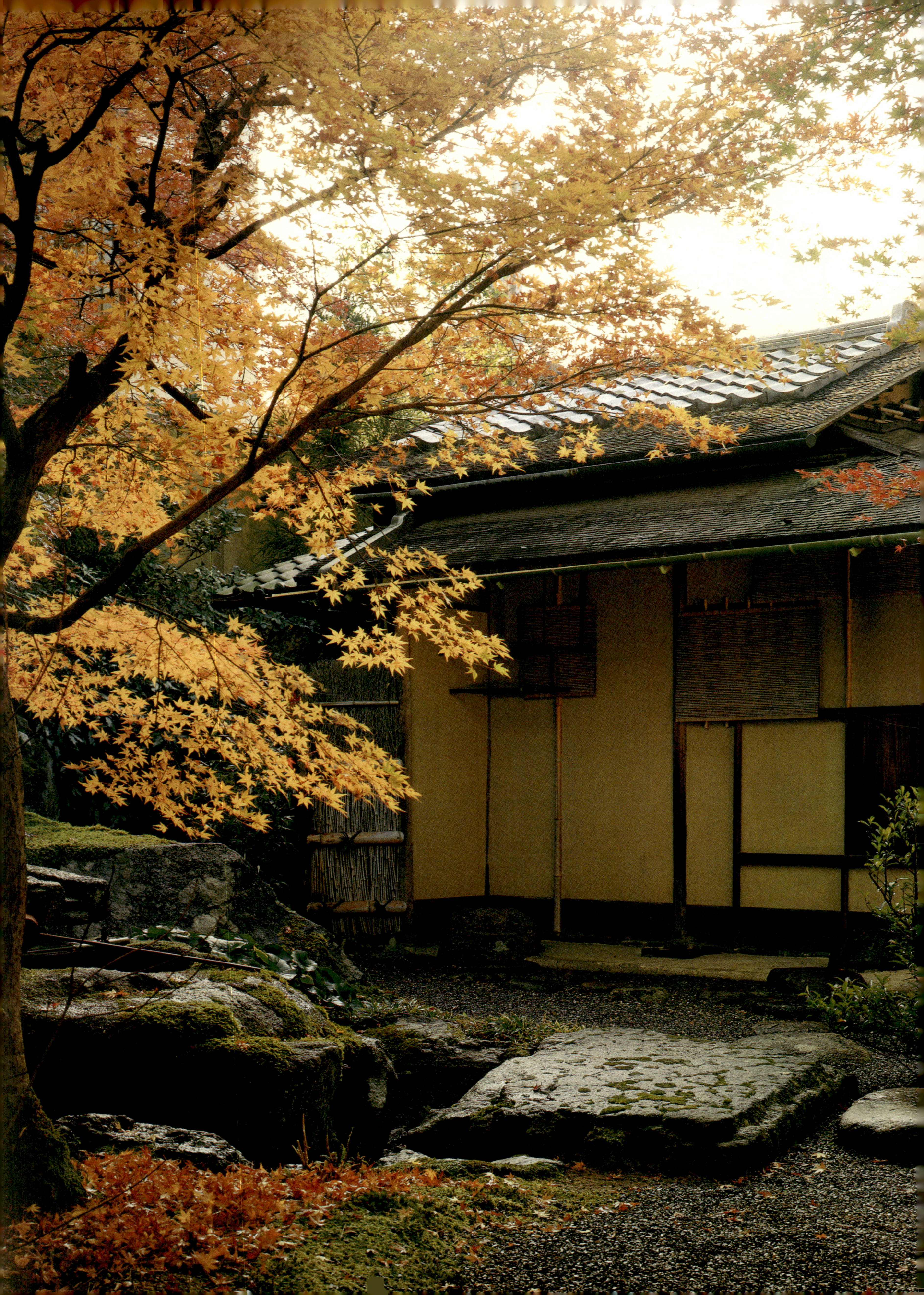

末足轩
左＝外观　上＝壁龛　下＝从茶道口看向点前座

未足轩 从蹲口看向点前座

吉村邸
门 外观

玄关
上＝通往玄关的小路

玄关
上＝外观　右下＝玄关旁侧

日本建筑集成　　综合作例集　京都篇

主室
上＝从次之间看向主室　右＝壁龛和置物柜

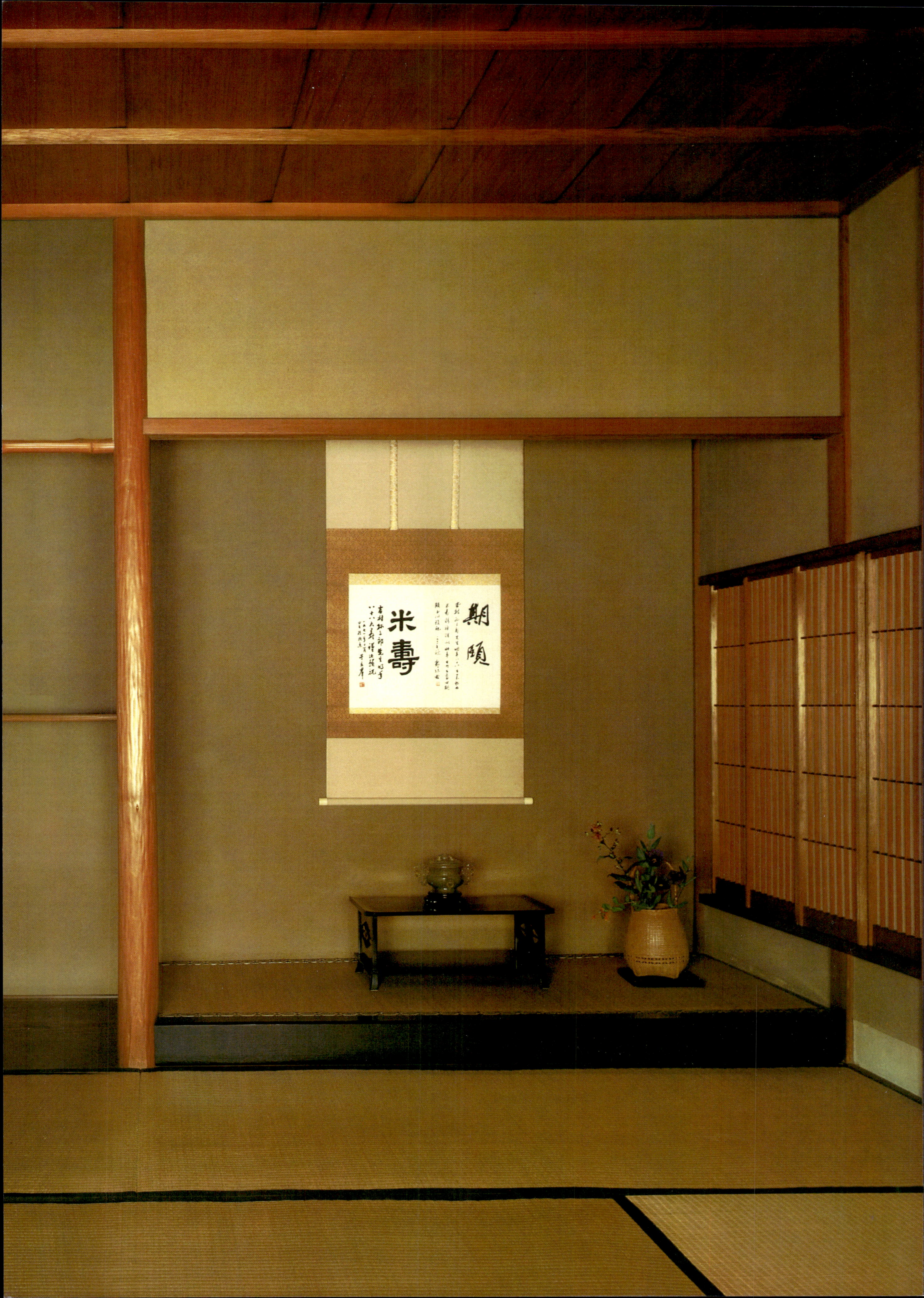
期頤
米壽

座敷
上＝座敷外观

凉亭
上＝凉亭外观　右下＝凉亭天花板

茶室
上＝茶室 壁龕

堀内邸
表门

玄关
上＝外观　右＝从玄关看向前庭

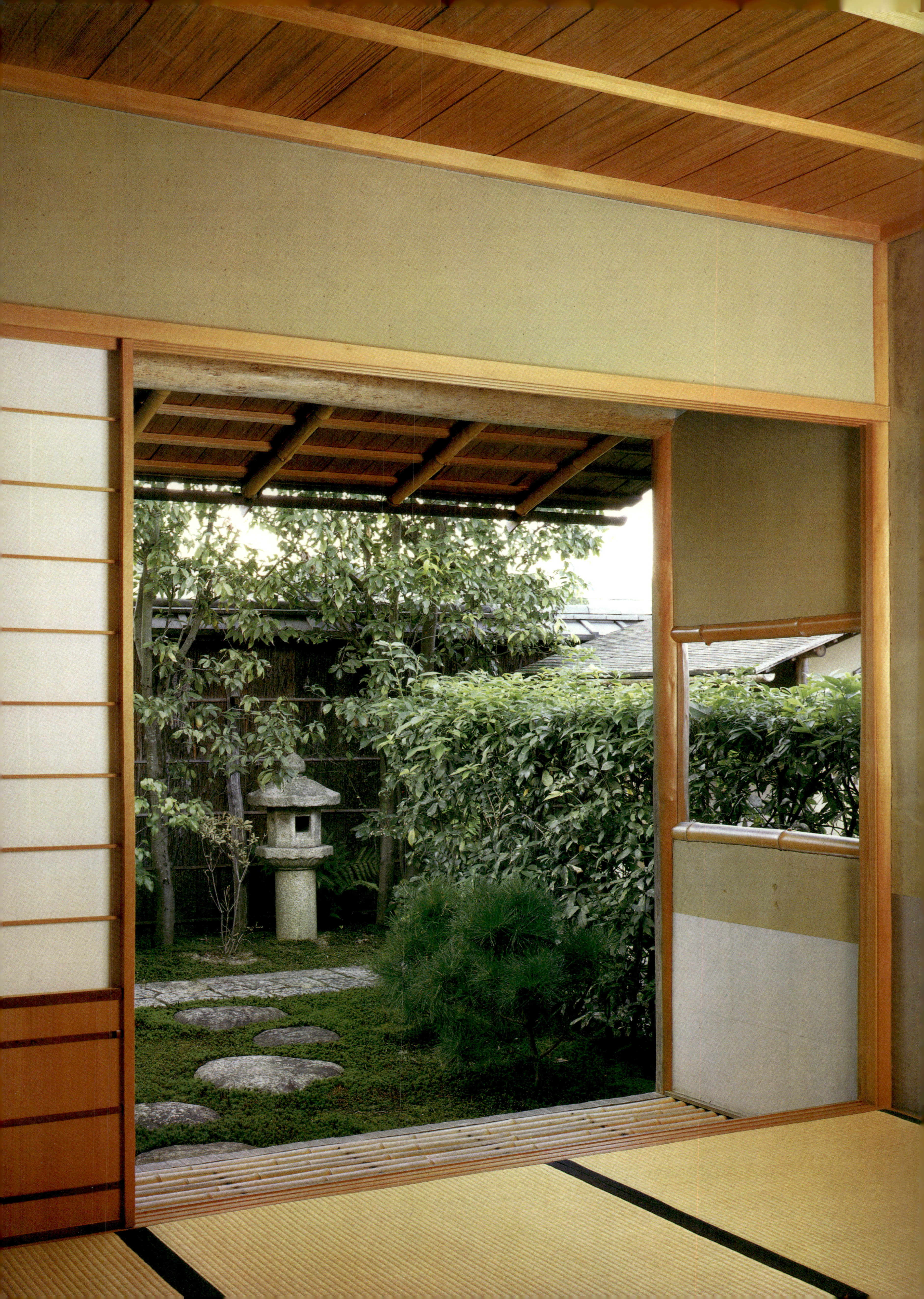

秀岭轩
上＝壁龛和床胁　左下＝从寄付看向秀岭轩

秀岭轩
上＝壁龛　右下＝从回廊看向点前座

中门 从内露地看向中门

中潜门
上＝中潜门附近休息处　下＝中潜门

茶室
上＝茶室附近的内露地　下＝茶室外观　右＝茶室 从茶道口看向点前座和蹑口

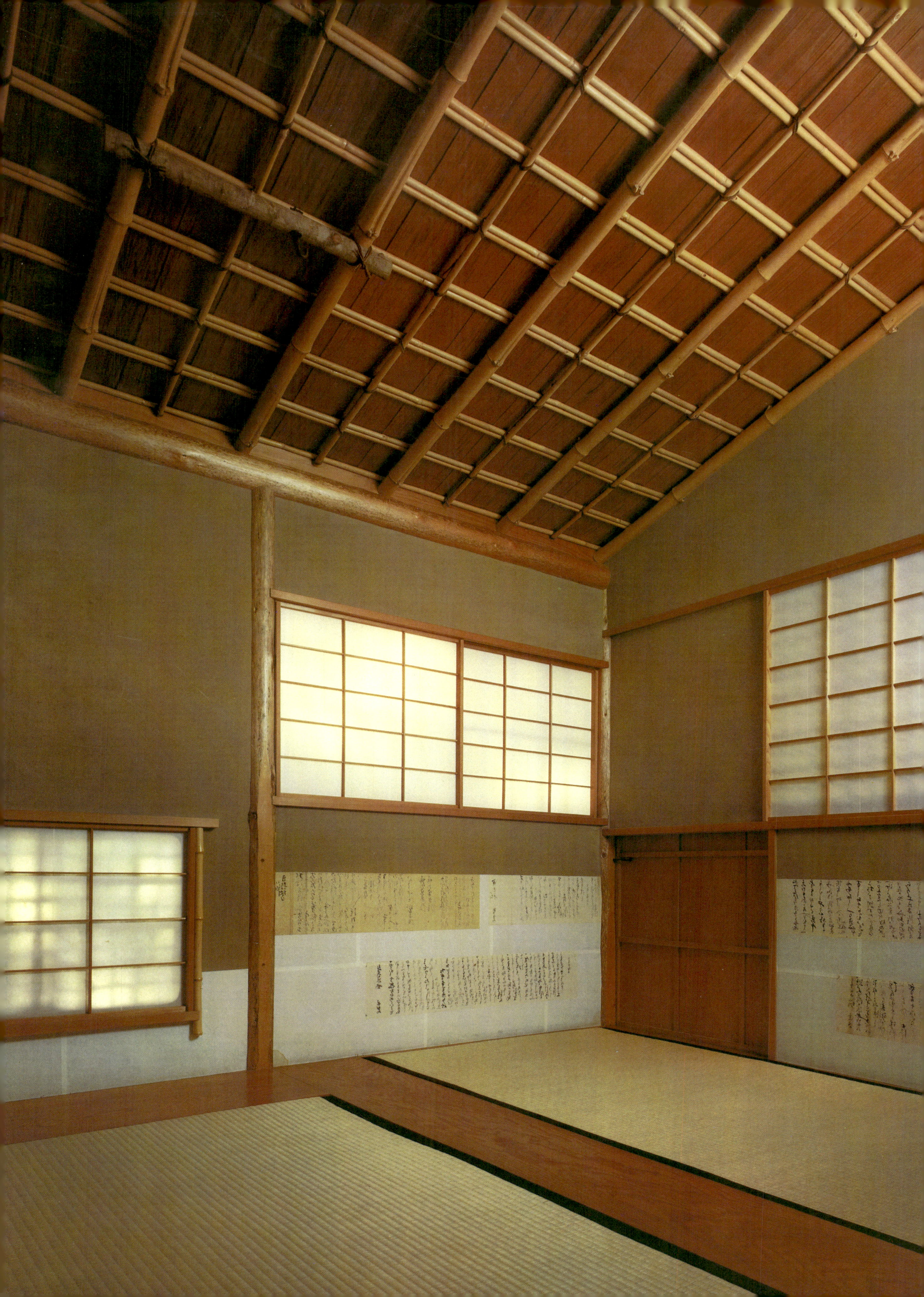

水屋

设计图详解(三)

土桥邸

所有者	土桥治
所在地	京都市北区
建造、作庭时间	1934年
建筑、设计	河井宽次郎、土桥嘉兵卫
施工	内藤源七
庭院设计	驹井新次郎

本建筑是土桥嘉兵卫与其密友河井宽次郎商量后，在柳宗悦等民间艺术巨匠的协助下，于北区玄琢建造的别邸。嘉兵卫热衷于民间艺术形式，曾亲自去参观过高山、丹波等地的民居。他不拘泥于细节，在设计上自由发挥。可以说这座宅邸是柳式民间艺术建筑成熟的重要契机。土桥邸是柳式艺术初期的作品，是非常珍贵的古建筑。

宅邸屋顶的屋檐错落有致，配有小眼格子窗，用于排烟。其外观谋求城乡房屋建筑的融合，从宅邸配备设施等方面也可看出此设计倾向。

从玄关往右走，隔一条走廊便是书院。铺设有十二叠半大小的榻榻米，两侧均设置地板檐廊。角柱（4寸6分）部分安装有长押（正面宽4寸），床柱（松皮）和床框的尺寸偏大，整体由独特的木割工艺构成。出入口处的纸拉门、栏间和付书院的设计与之相配合。据说床胁处贴纸墙壁原本的设计是板壁，隔扇用的是板门。所有用料都涂有颜色，打造出年轮般的岁月感。与传统数寄屋使用的舟底式天花板不同，走廊棚顶是有正梁、横梁和短柱的化妆屋根里式天花板。

茶室位于书院的北面，与之隔一条走廊，朝东而建。嘉兵卫在设计方面下了很多功夫。七叠和室中设置了壁龛，设有付书院，床胁处的一叠榻榻米作为点前座使用，左侧配有违棚。在床胁榻榻米上设置切向炉，违棚下安装洞库，通过增设茶道口和给仕口，巧妙地将屋子转化成茶室，这显然是参照了稻荷神社的茶屋设计。床柱是漂亮的桐木四方柱，选用春庆涂手法的床框与之搭配。在长押上利用钉帽掩盖金属片打造出仙鹤图案的装饰，精巧别致、气派文雅。

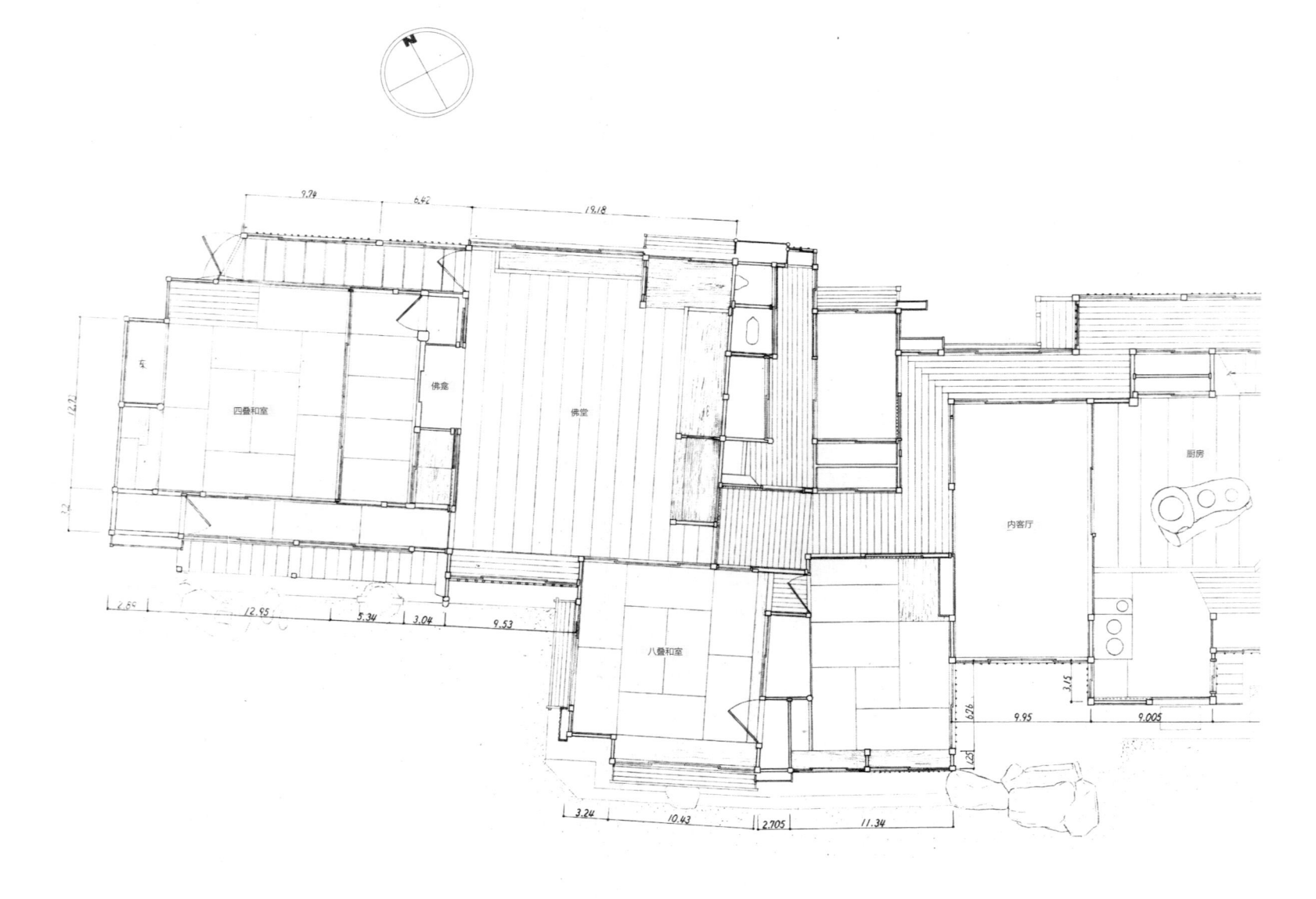

一层平面图　比例尺1:100

土桥邸　实测图

玄关往西有厨房、起居室等房间，一直向西排开，别具民居风格。被称为"佛间"的房间经过改造，貌似现在作为工作室使用。尽管如此，房间内依旧保留着的壁龛、付书院和打磨过的柱子为房间更添一份朴素气质。而浴室里经过打磨的石头浴池，仿佛让人置身于乡土温泉之中，感受其中乐趣。

未足轩 蹲踞附近

玄庵前手水钵

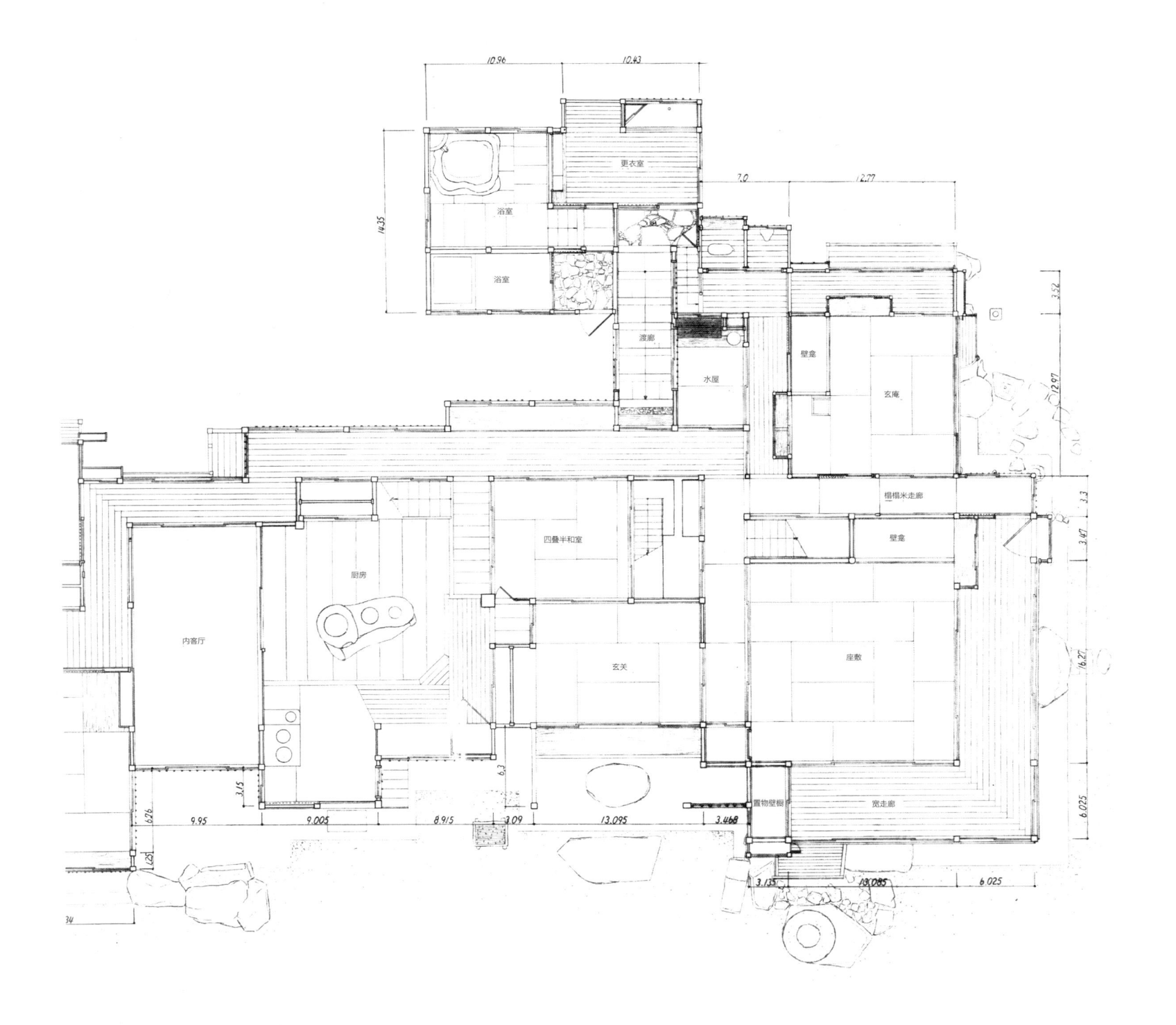

土桥邸 实测图

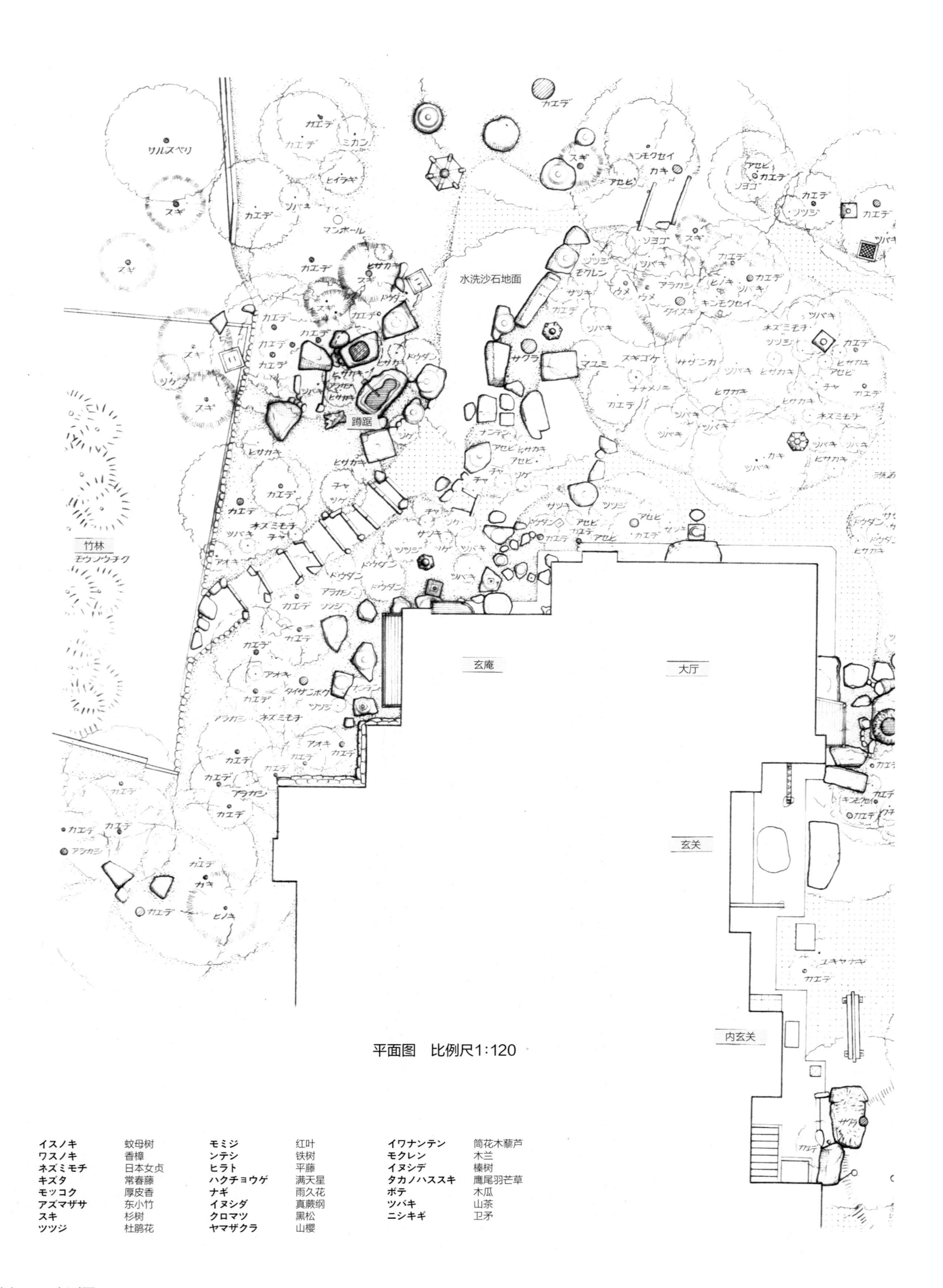

平面图　比例尺1:120

イスノキ	蚊母树	モミジ	红叶	イワナンテン	筒花木藜芦
ワスノキ	香樟	ンテシ	铁树	モクレン	木兰
ネズミモチ	日本女贞	ヒラト	平藤	イヌシデ	榛树
キズタ	常春藤	ハクチョウゲ	满天星	タカノハススキ	鹰尾羽芒草
モッコク	厚皮香	ナギ	雨久花	ボテ	木瓜
アズマザサ	东小竹	イヌシダ	真蕨纲	ツバキ	山茶
スキ	杉树	クロマツ	黑松	ニシキギ	卫矛
ツツジ	杜鹃花	ヤマザクラ	山樱		

土桥邸　实测图

土桥邸　实测图

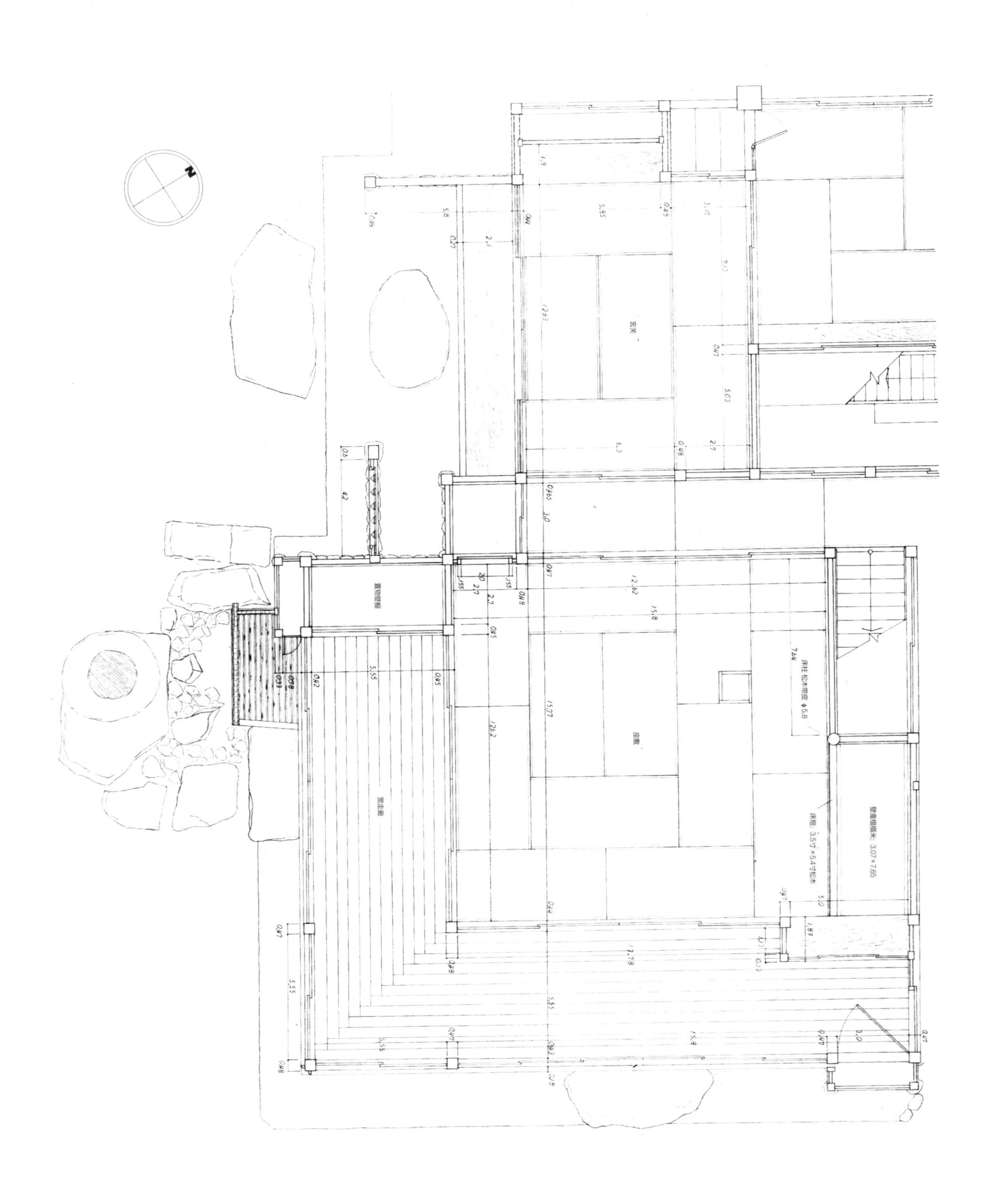

玄关座敷平面图　比例尺1:50

土桥邸　实测图

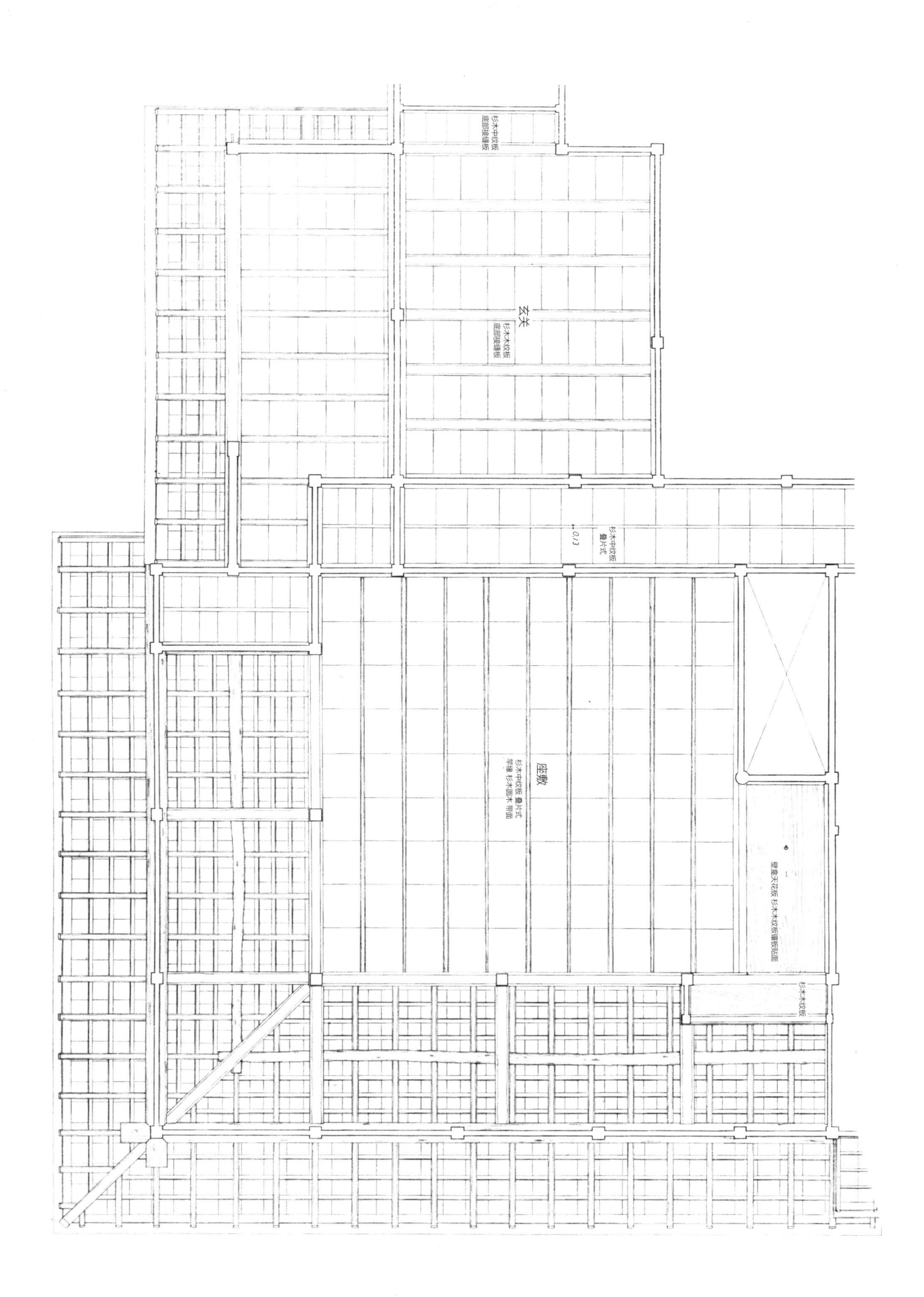

玄关座敷天花板平面图　比例尺1:50

土桥邸　实测图

玄关正面

南侧

北侧

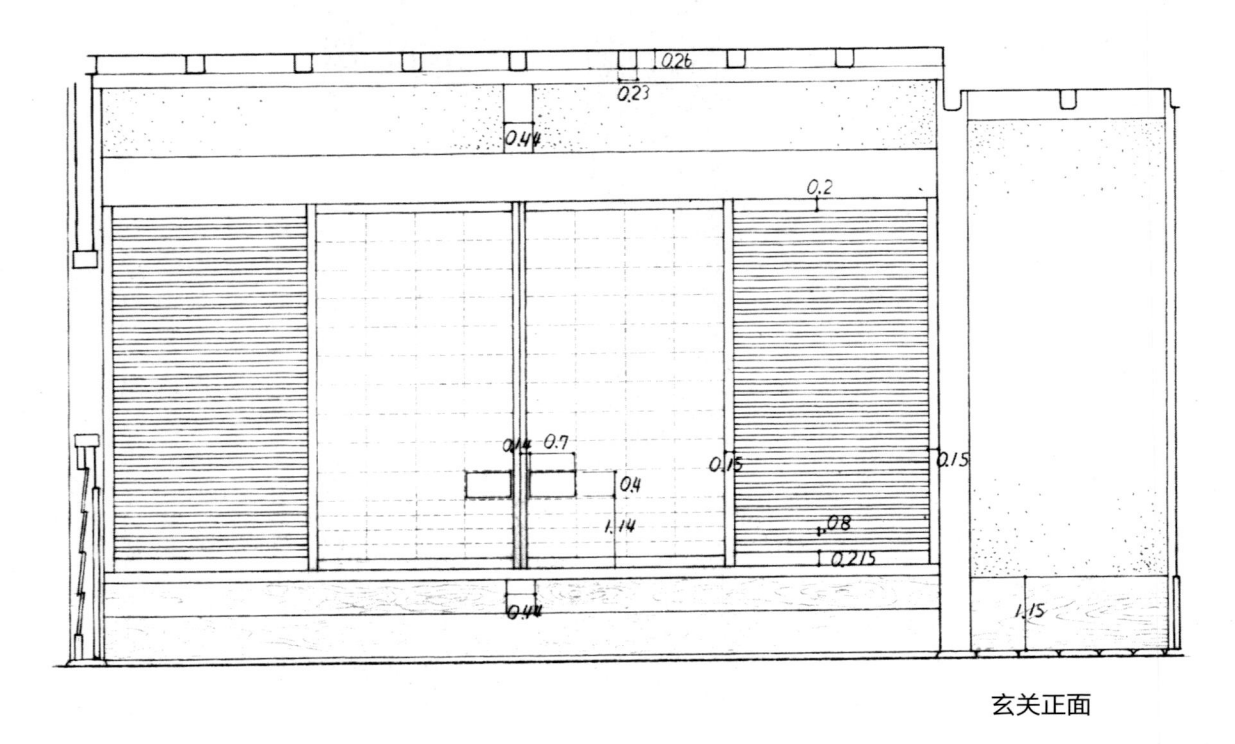

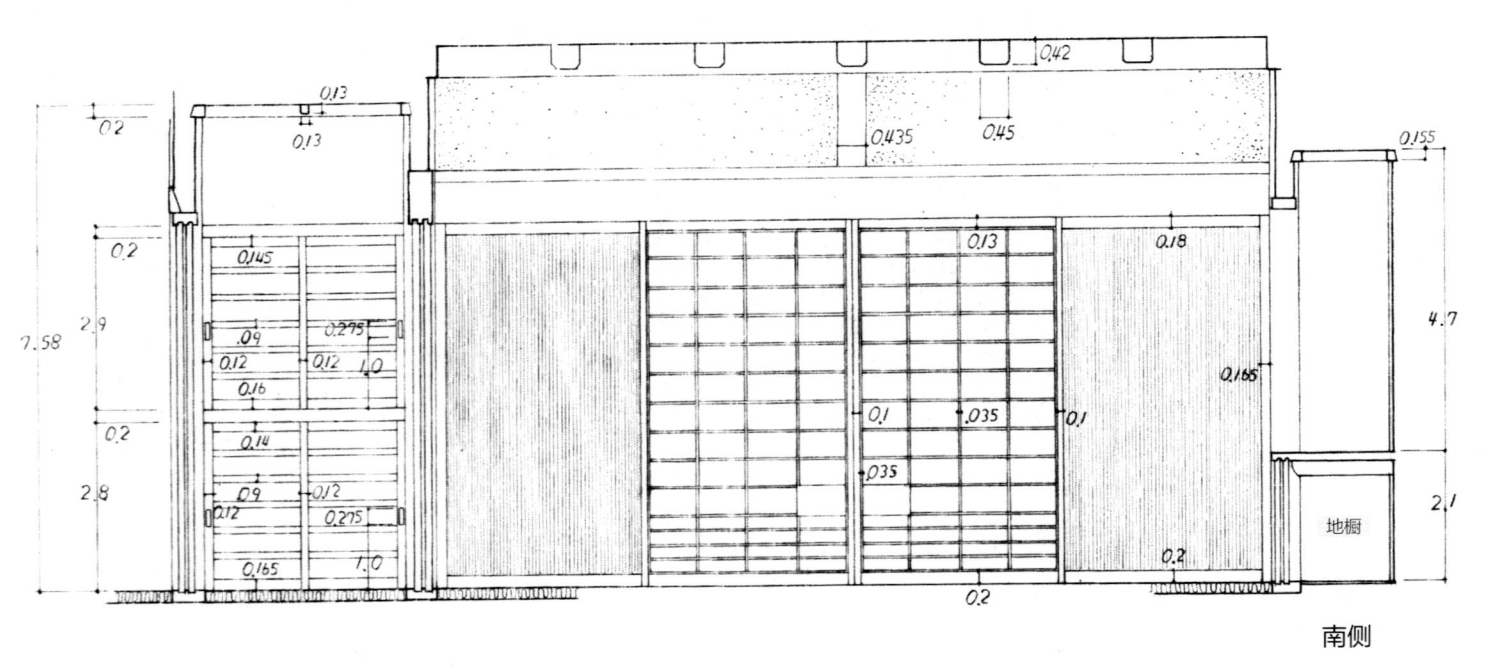

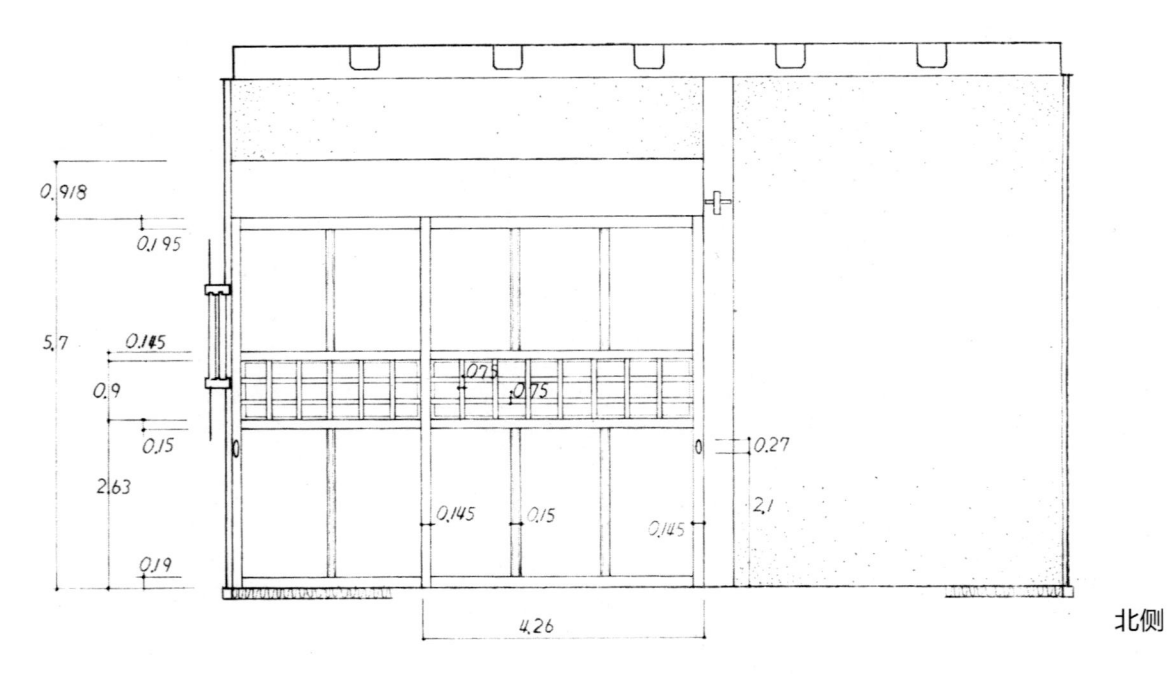

玄关展开图　比例尺1:30

土桥邸　实测图

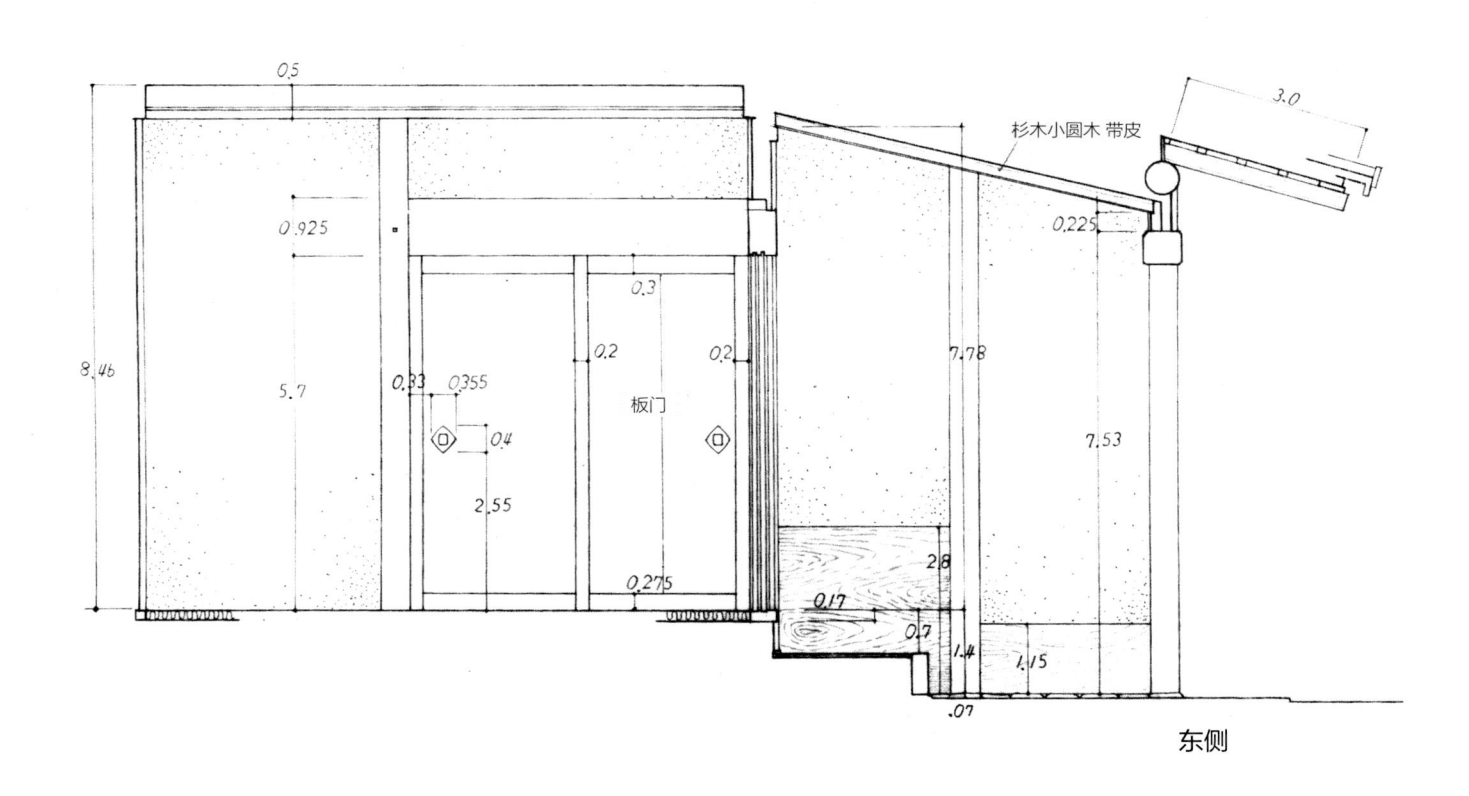

东侧

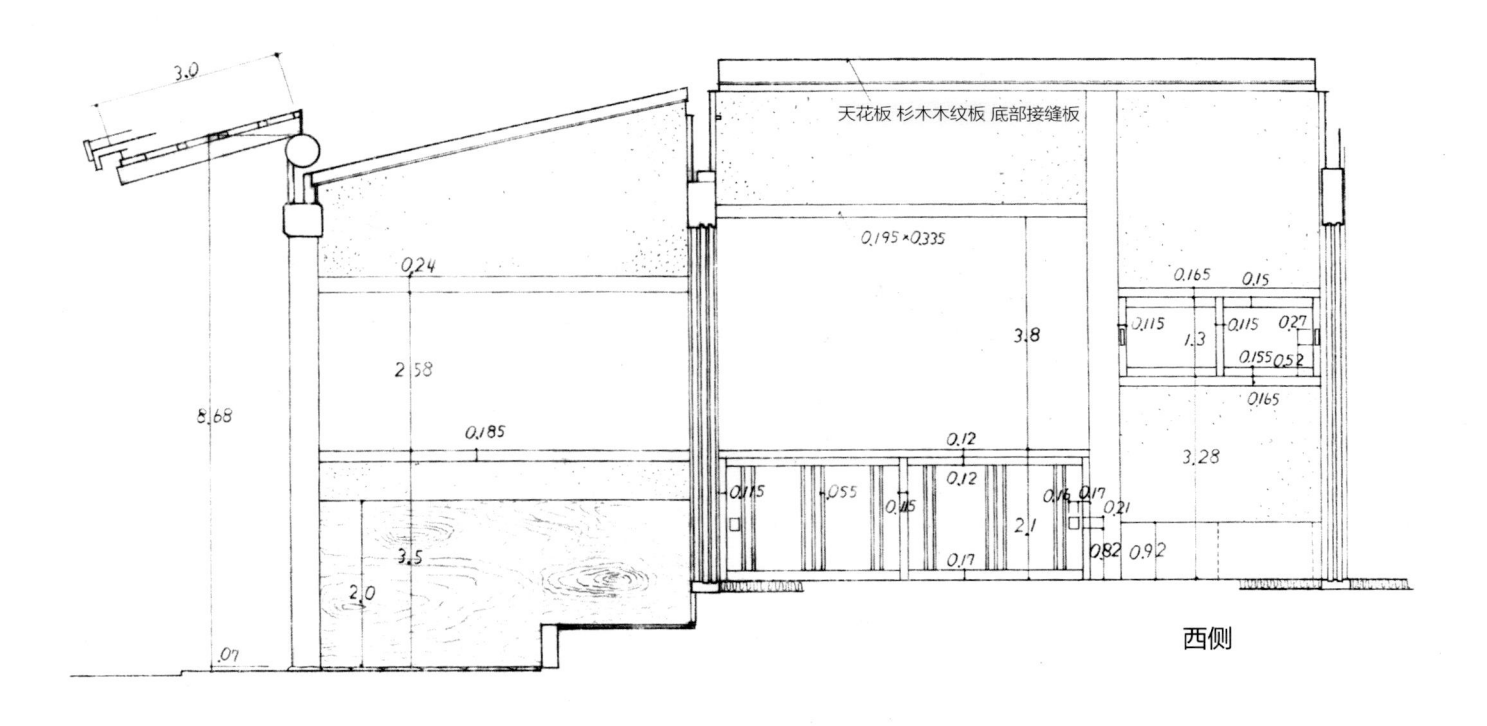

西侧

玄关展开图　比例尺1:30

土桥邸　实测图

广缘东侧

座敷 壁龛视角

座敷 付书院

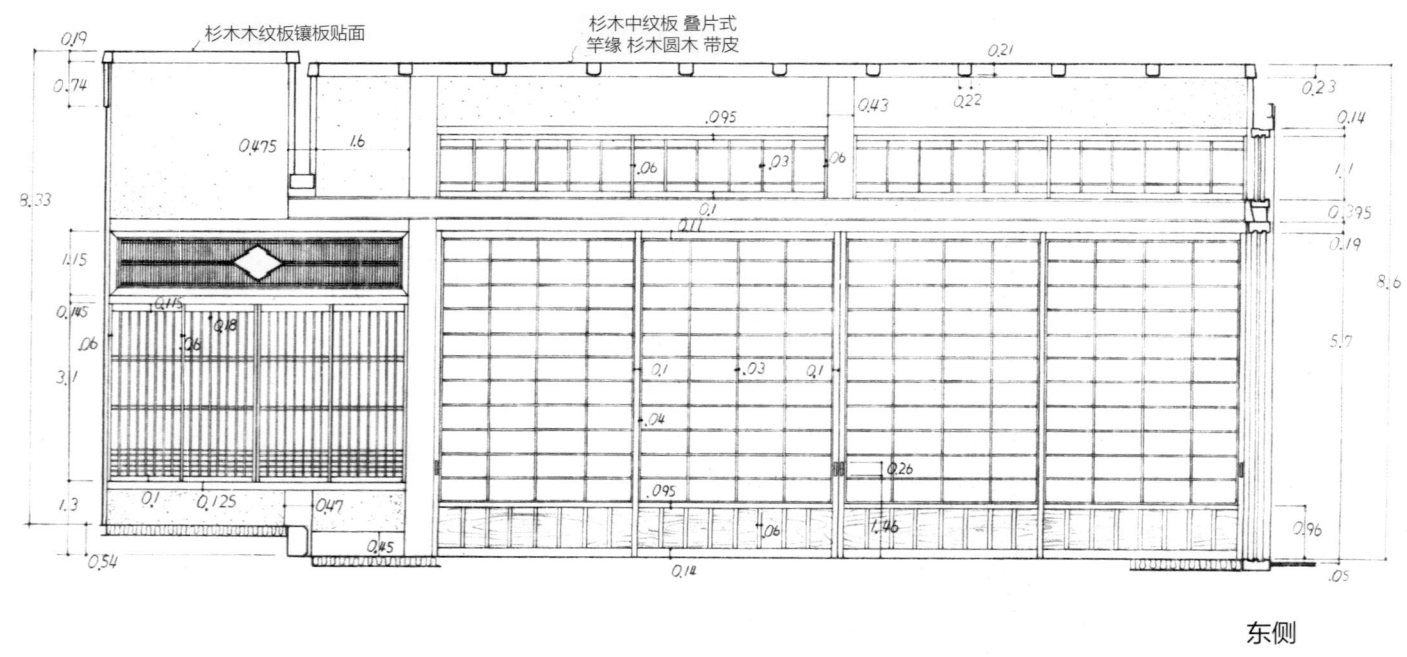

东侧

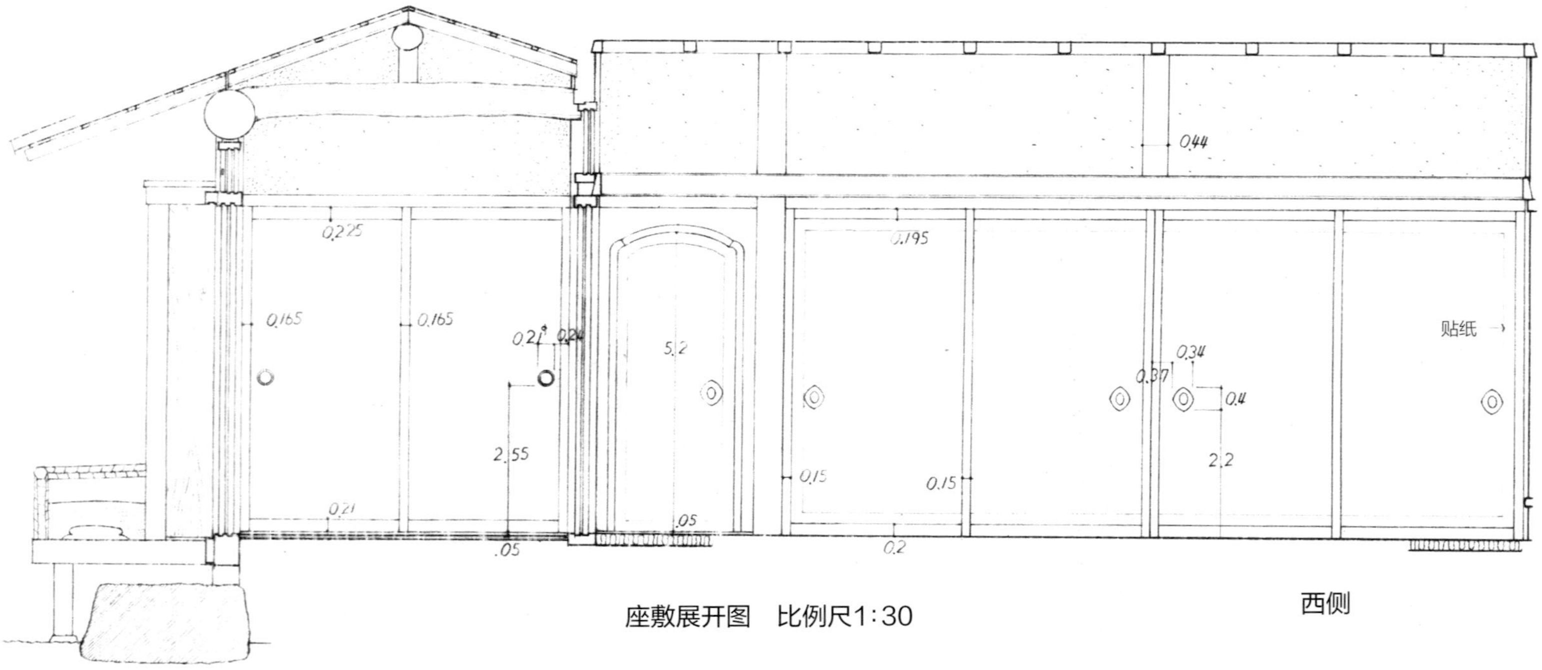

座敷展开图 比例尺1:30

西侧

土桥邸 实测图

照明器具

座敷 钉帽装饰片

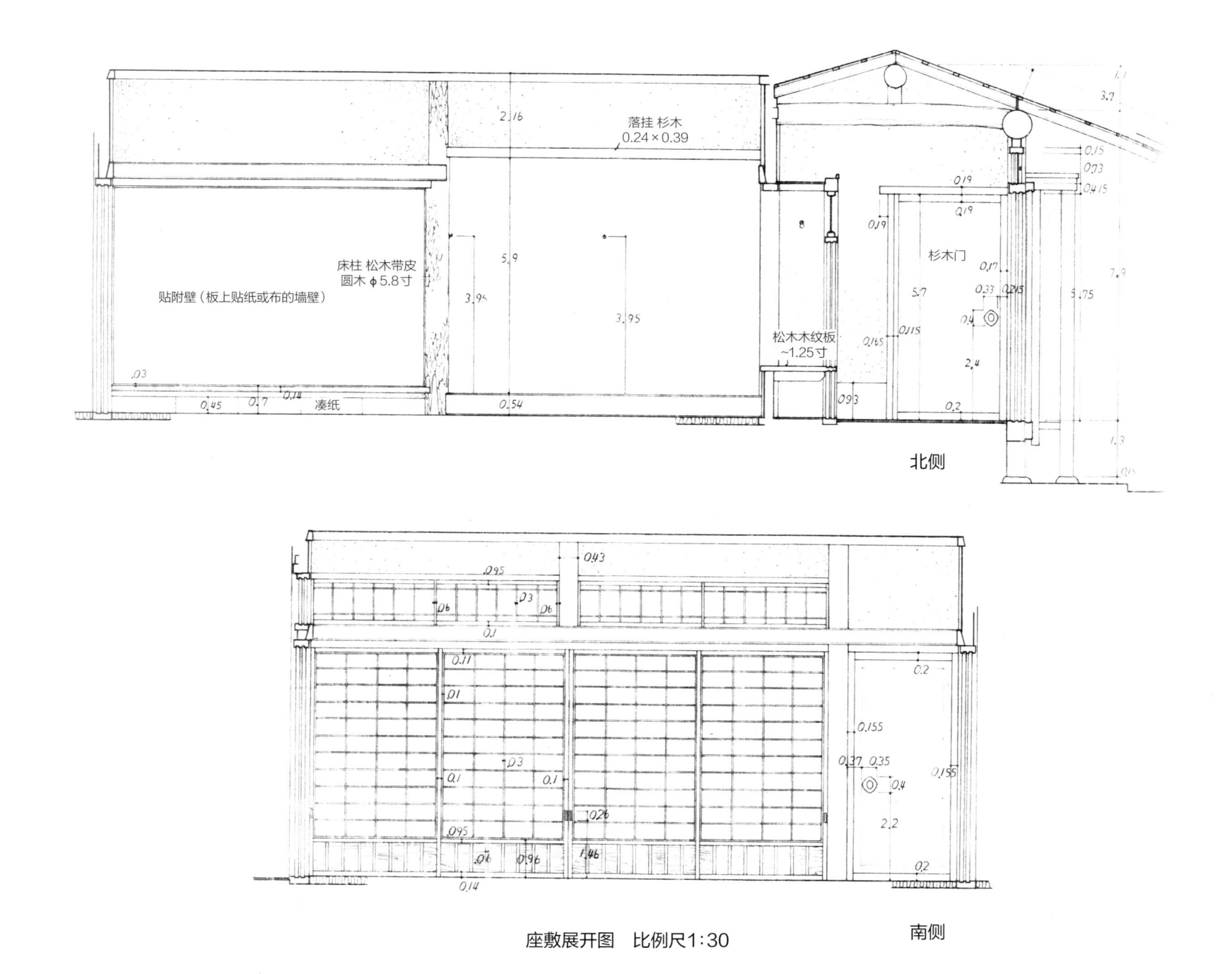

落挂 杉木 0.24×0.39

床柱 松木带皮 圆木 φ5.8寸

贴附壁（板上贴纸或布的墙壁）

松木木纹板 ~1.25寸

杉木门

凑纸

北侧

座敷展开图 比例尺1:30

南侧

土桥邸 实测图

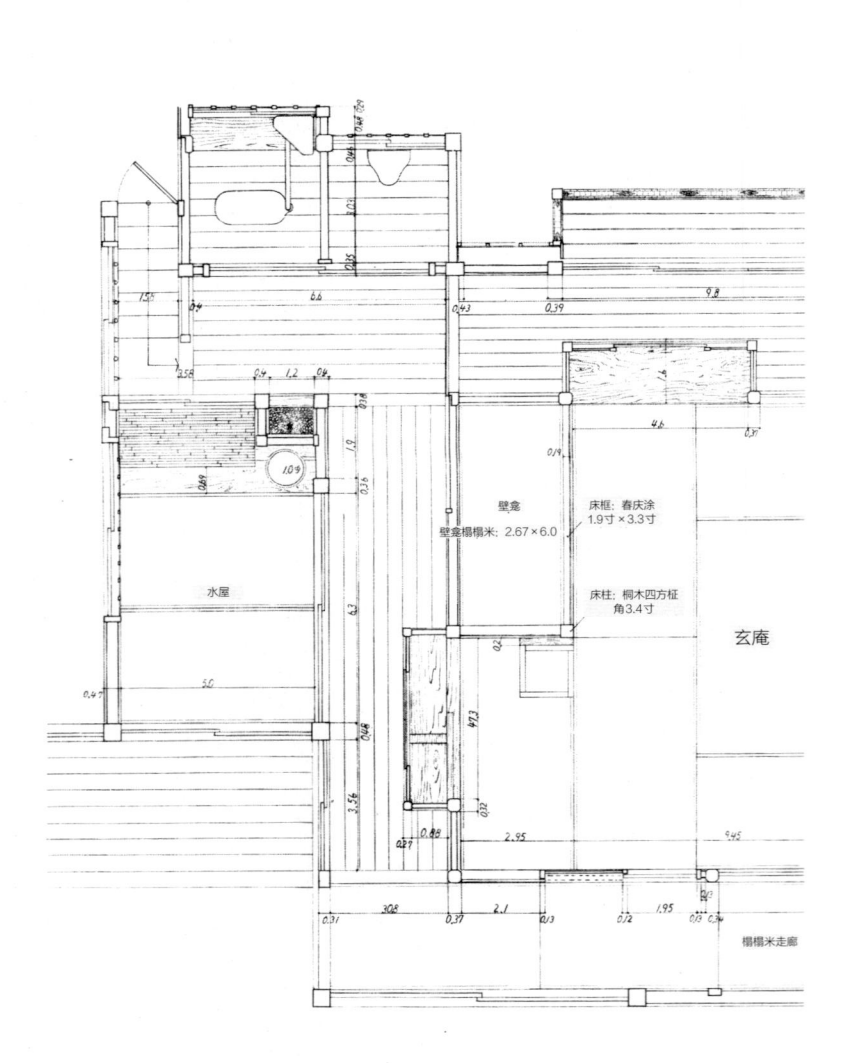

玄庵平面图和展开图　比例尺1∶50

土桥邸　实测图

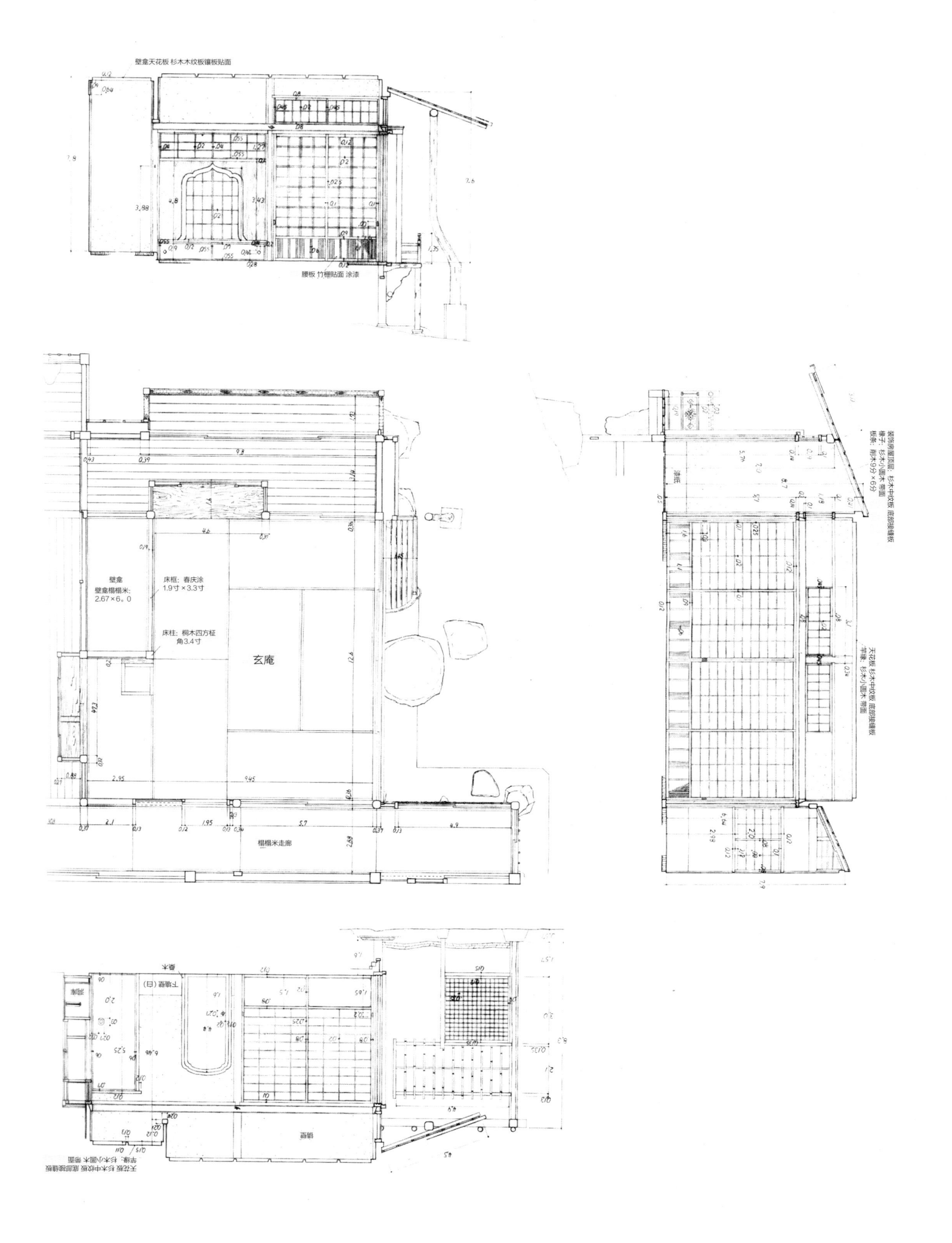

土桥邸　实测图

玄庵 洞库 　　　　　　玄庵 炉 　　　　　　　　　　　玄庵 北侧

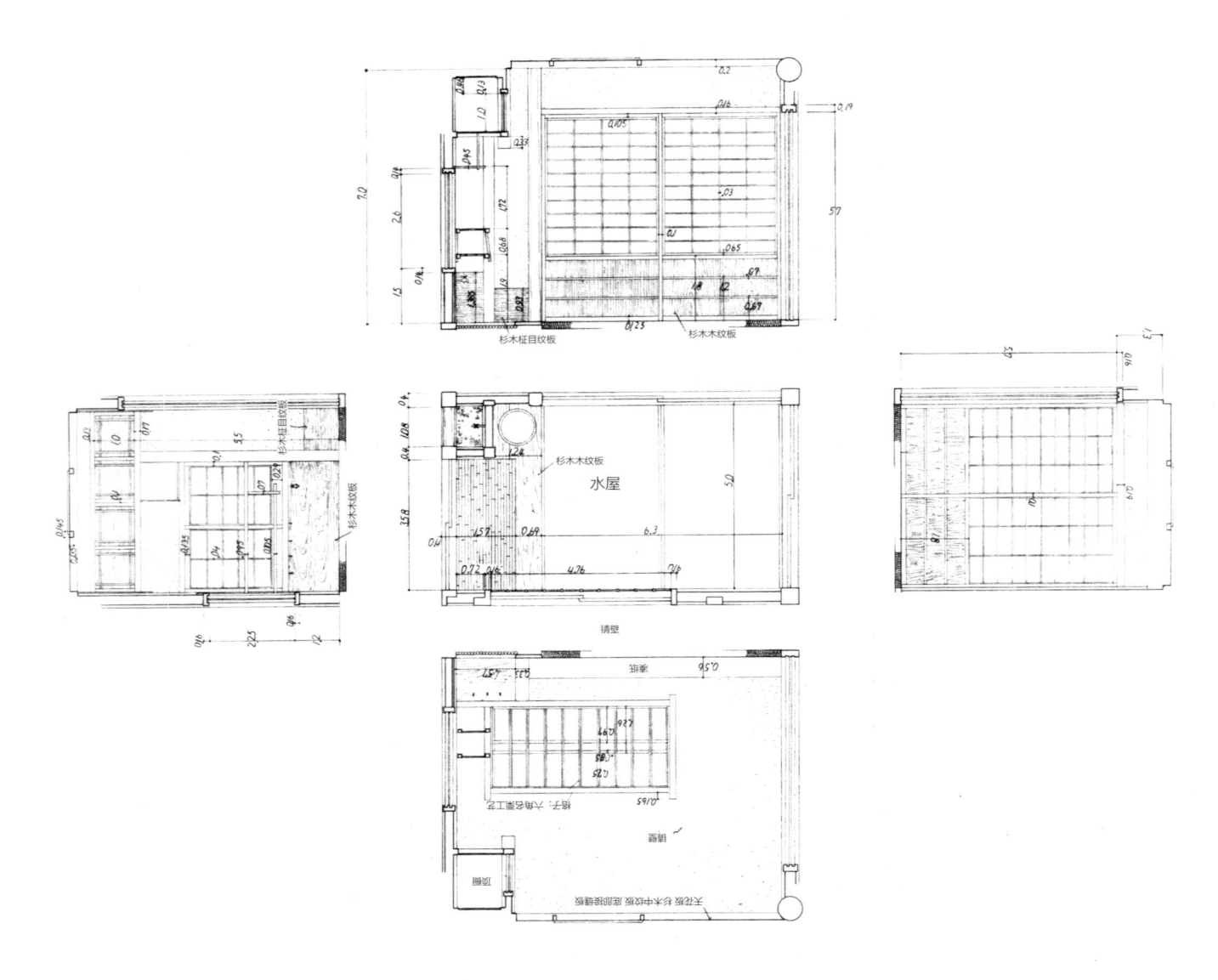

玄庵水屋平面图和展开图　比例尺1:50

土桥邸　实测图

玄庵 东侧外观

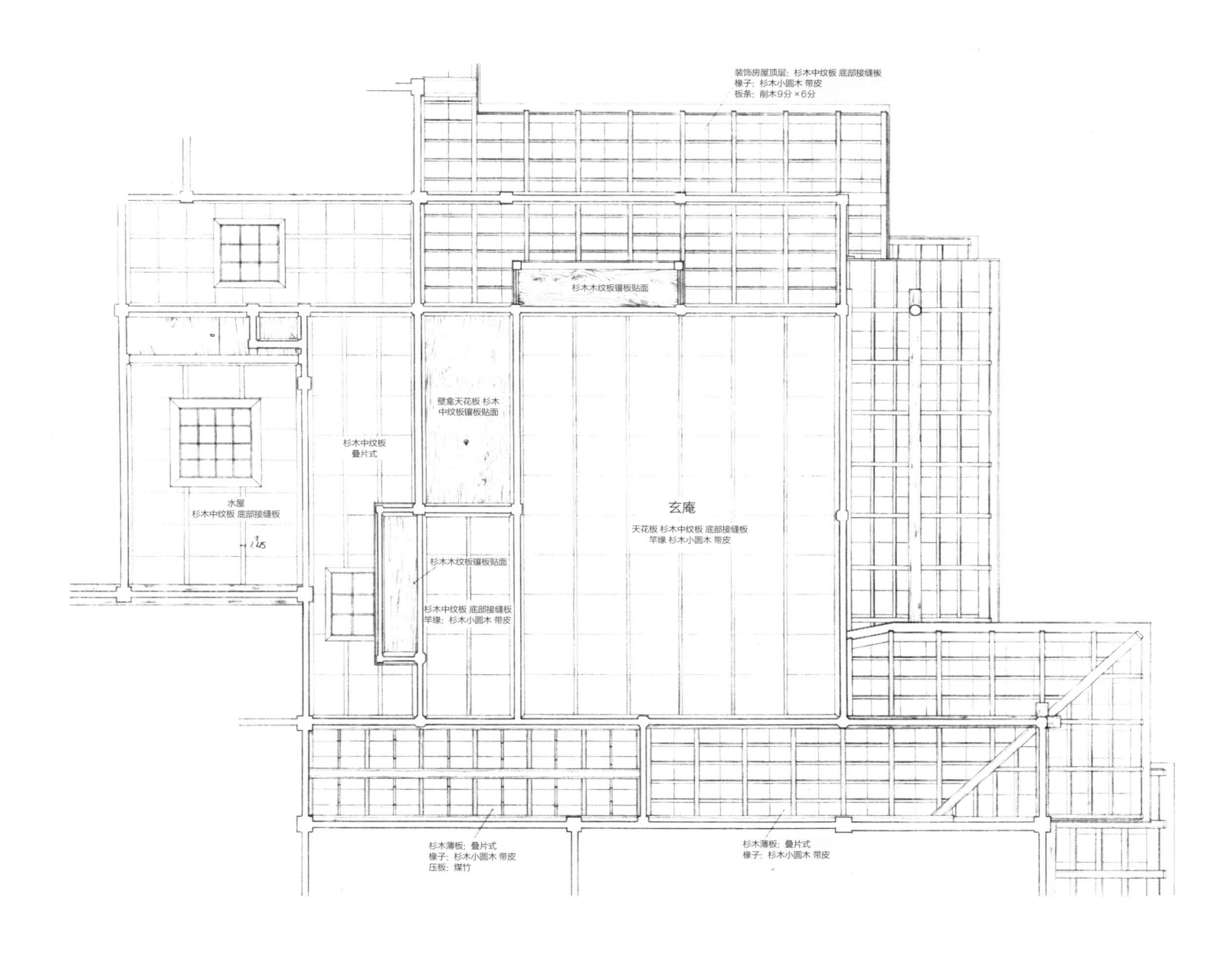

玄庵天花板平面图　比例尺1:50

土桥邸　实测图

佛间、八叠和室平面图　比例尺1:50

土桥邸　实测图

佛间 换气口 　　　　　　　　　　　佛间 付书院

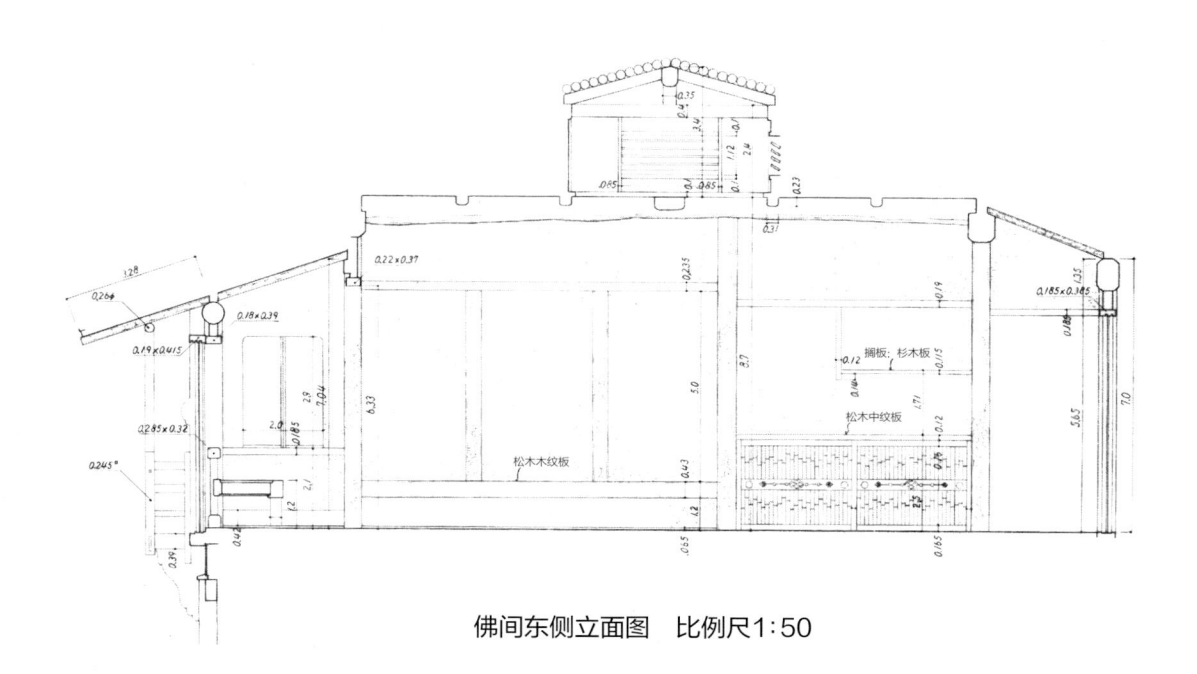

佛间东侧立面图　比例尺1:50

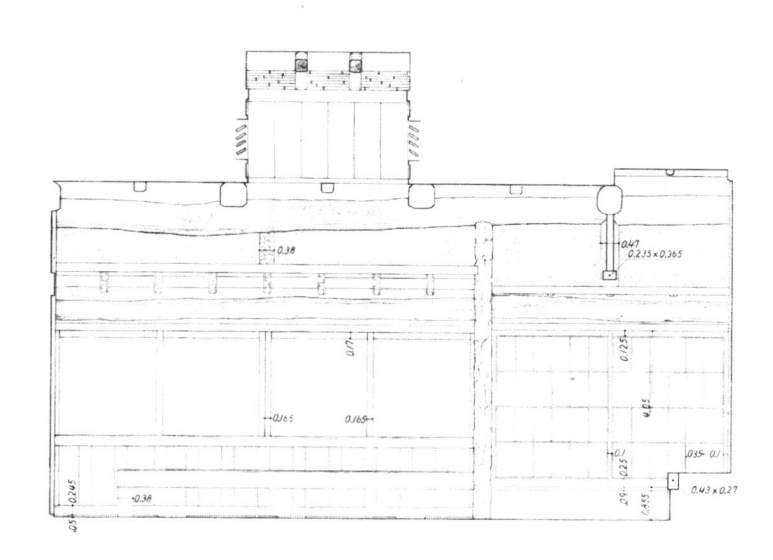

佛间北侧立面图　比例尺1:50

土桥邸　实测图

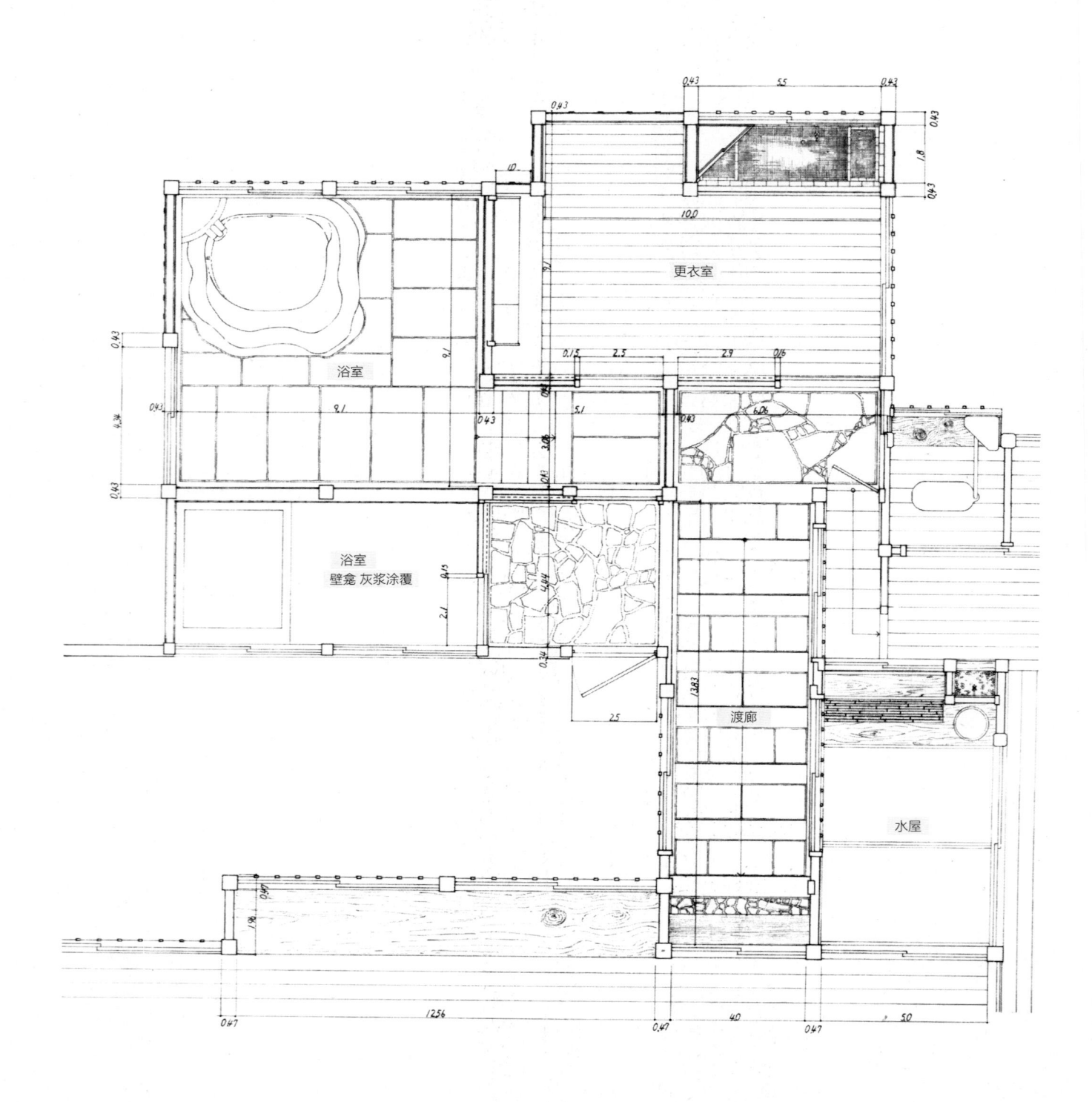

浴室平面图　比例尺1：50

土桥邸　实测图

未足轩 尘穴（装炉灰用）

未足轩 外观

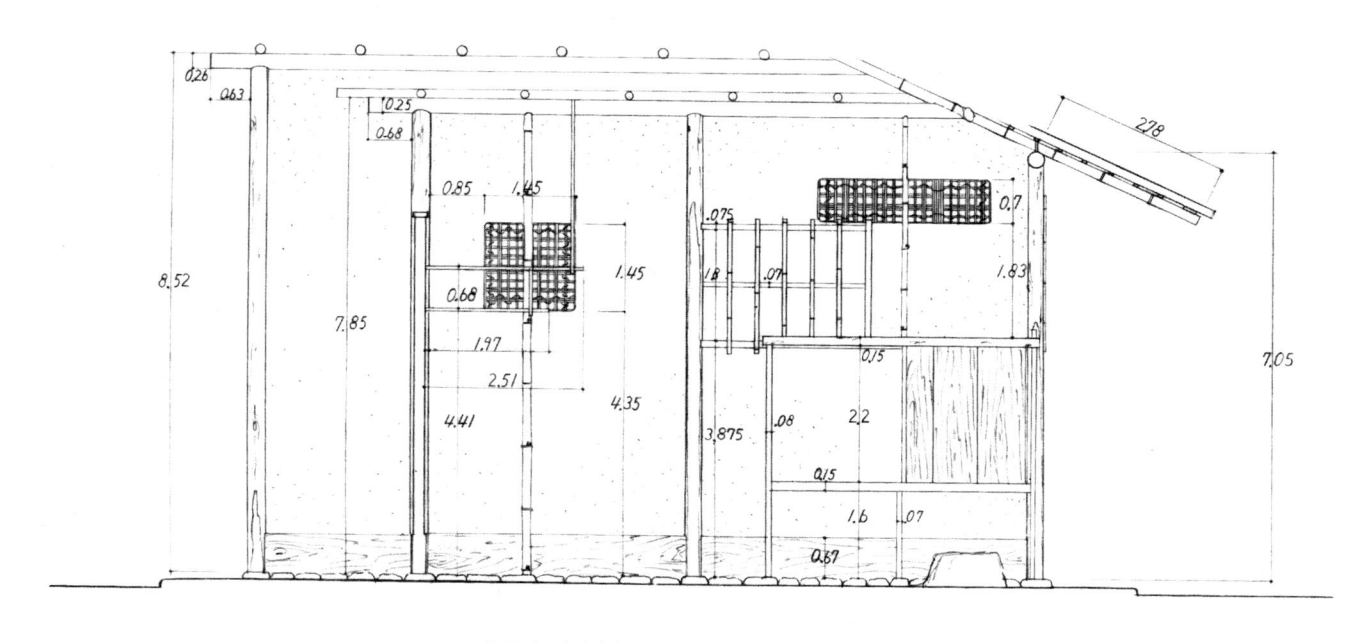

未足轩南侧立面图　比例尺1:30

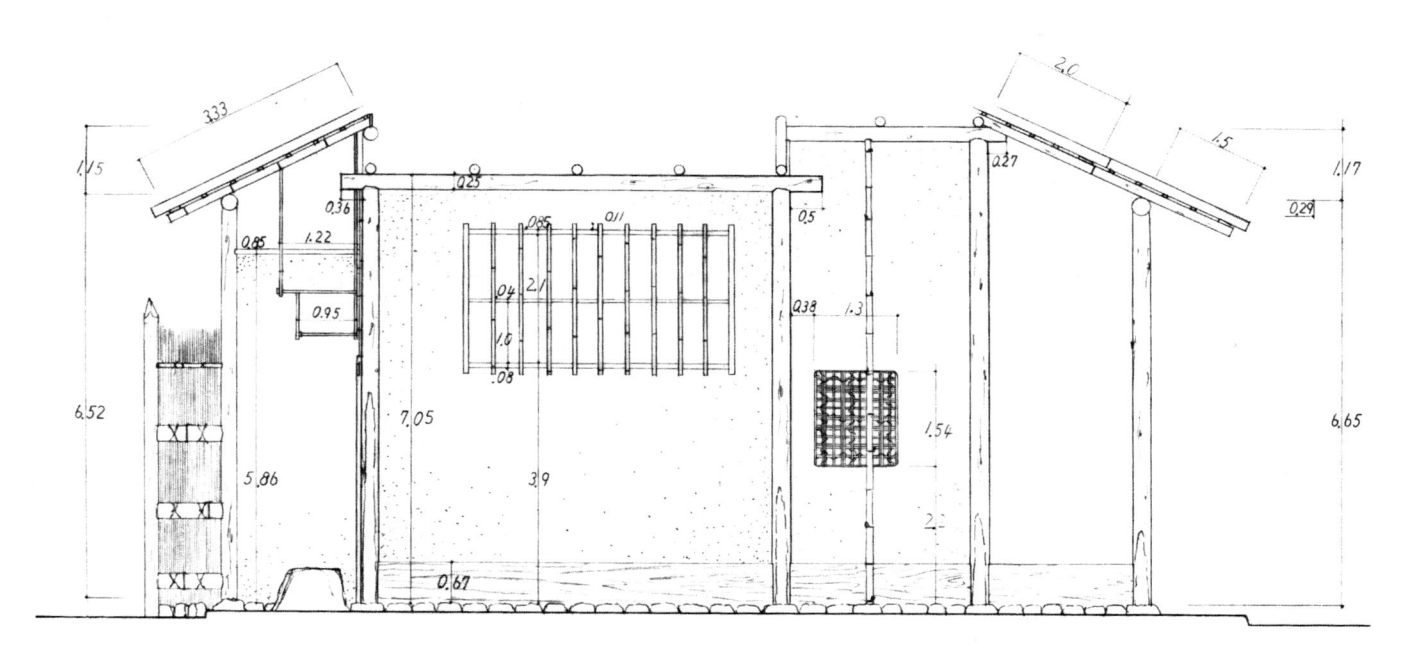

未足轩北侧立面图　比例尺1:30

土桥邸　实测图

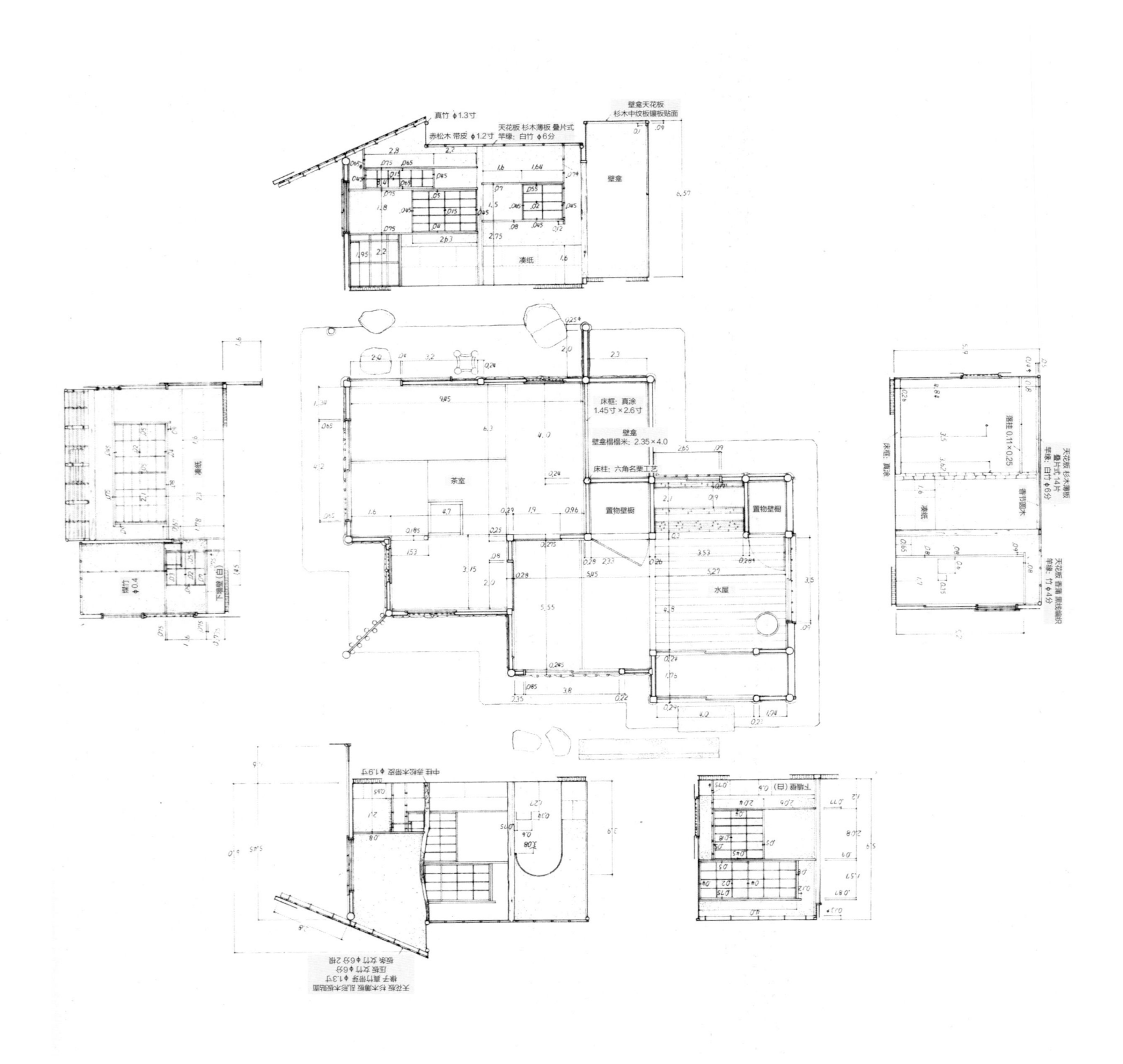

未足轩平面图和展开图　比例尺1:50

土桥邸　实测图

未足轩 天花板

未足轩 点前座

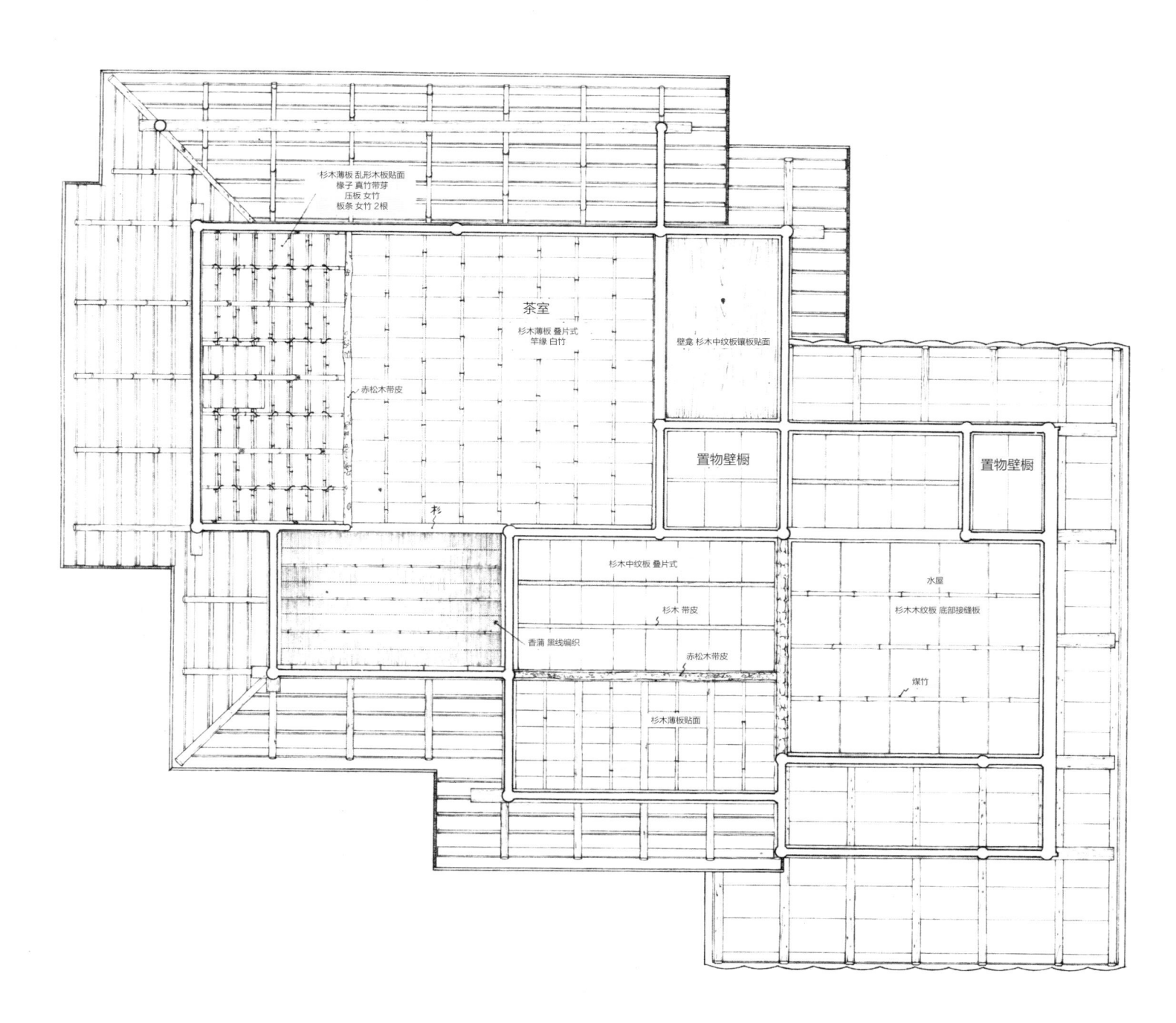

未足轩 天花板平面图　比例尺1:30

土桥邸　实测图

吉村邸

所有者 吉村孙三郎
所在地 京都市山科区
建造、作庭时间 大正时代
设计、施工 不明
庭院设计 植治（小川治兵卫）

这座宅邸位于山科的毗沙门堂附近，建于大正时代（1912—1926年），曾由小川治兵卫经营。据说嘉纳治郎右卫门入手这座宅邸后，增建了一间座敷，才变为我们现在看到的结构。在治兵卫经营的时候，宅邸只有大门到主屋的部分。

据说治兵卫拒绝了桥本关雪的请求而决定将宅邸建于此地。前门是从别的地方直接移建过来的。屋顶坡度平缓、向四周展开，覆盖了房屋的侧边，使得建筑整体显得格外庄严肃穆。顶部整面的天花板搭配优质的栗木正门和便门，使宅邸更显古朴。

从玄关通过一条往右边倾斜的走廊便来到了座敷。座敷入口安装有拉门，从入口进入便是榻榻米走廊，走廊左边是十叠和室，右边并排的两间分别是八叠和室和六叠次之间。三者共同构成座敷的主体。三个房间的三个面外围绕有回廊。十叠和室中设有壁龛和平书院。房间的鸭居高7尺5寸，天花板高8尺，用材均以杉木为主，属于中规中矩的内行建筑风格。主室的床胁设有地橱和一重棚（桐木板）。次之间西面是茶室。玄关旁边被当作露地用。入口处是安装有两扇障子门的贵人口。天花板分为两种风格，一种是固定在小壁上的平天花板，另一种是化妆屋根里式天花板。天花板和出入口的设置都有些高。可以说座敷整体的结构设计不是内行爱好的设计风格。

座敷的北面是一个宽敞的芝庭，西面建了一座亭子，可以看到修剪成圆形的灯台踯躅。灯台踯躅后面种着橡树和枫树等，更远处可以望见毗沙门山、东山等绵延的山峦。东北面，东山翠峦美景尽收眼底。树木间若隐若现的石造层塔展示着动人的美。石塔前的圆柏林也很引人注目。水流从山麓蜿蜒而下，吞没石头流入池子里。真可谓美不胜收，妙不可言！

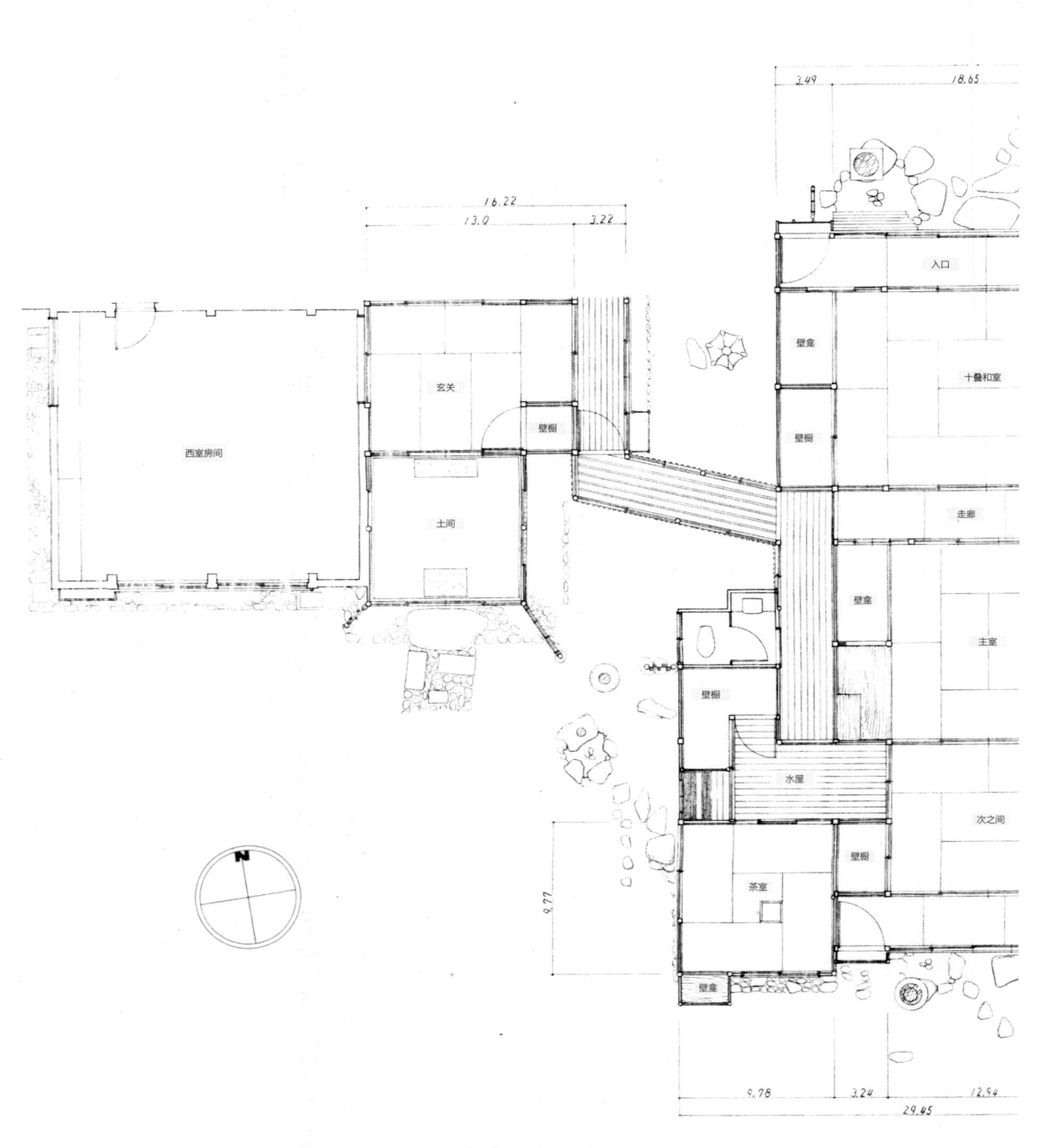

玄关、主室、次之间 茶室平面图　比例尺 1:100

吉村邸　实测图

在座敷的东侧池塘的背面有着茂盛的树丛，随着视线往南，山从视野中消失，只留下枫树连成一片。池子中央有一中岛，中岛对面的树荫下可以看到雪见灯笼。这个灯笼位于整个庭院中重要的位置，与周边景观浑然一体。在中岛的右边，有一块凸出的地面，仿佛与中岛一起在诉说着鹤与龟的故事。

植治设计的庭院保留下来的有很多，但只有他为自己宅邸建造的庭院，才能让人真正深入了解他的设计风格。

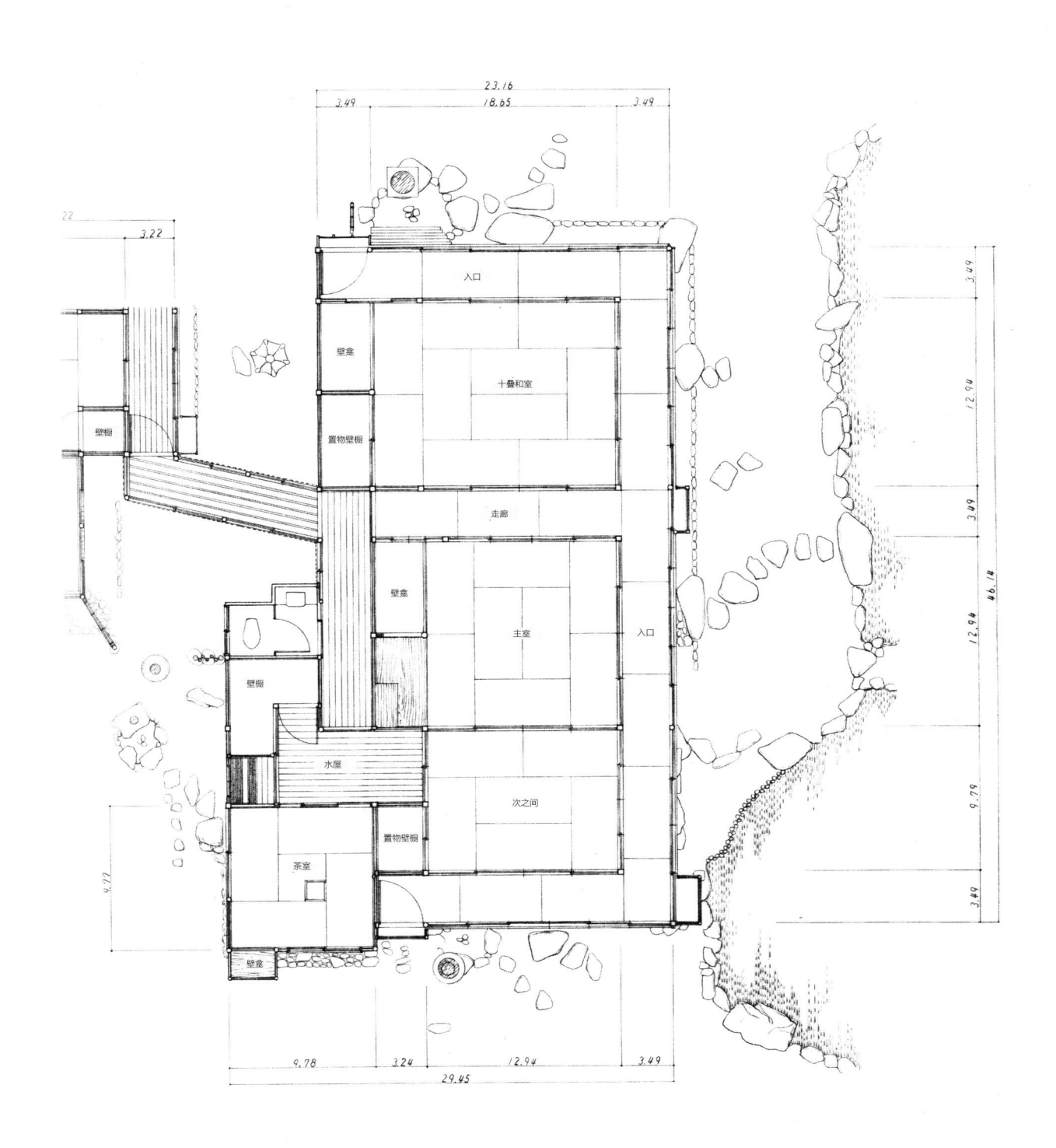

玄关视角　　玄关外观

吉村邸　实测图

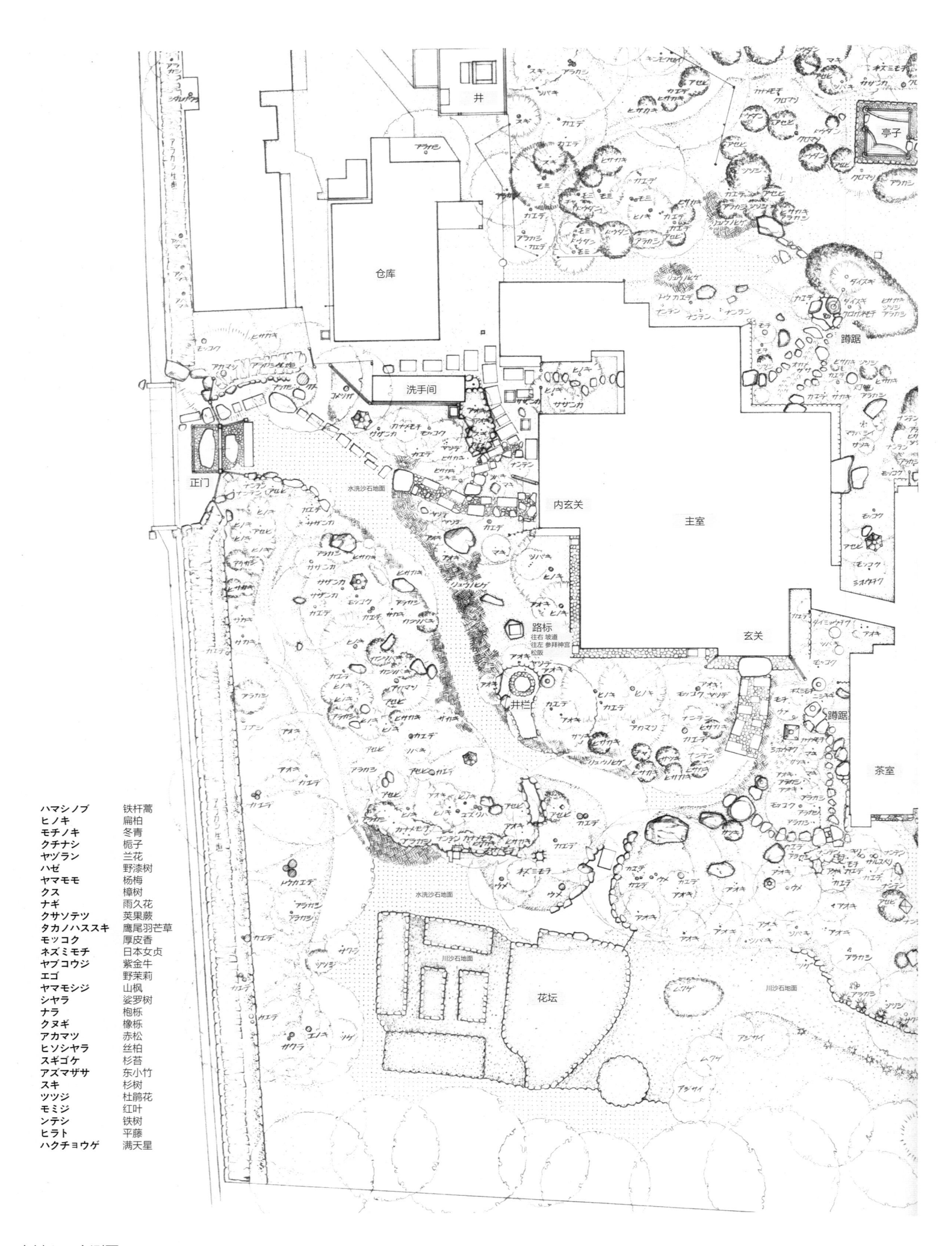

ハマシノブ	铁杆蒿
ヒノキ	扁柏
モチノキ	冬青
クチナシ	栀子
ヤヅラン	兰花
ハゼ	野漆树
ヤマモモ	杨梅
クス	樟树
ナギ	雨久花
クサソテツ	英果蕨
タカノハススキ	鹰尾羽芒草
モッコク	厚皮香
ネズミモチ	日本女贞
ヤブコウジ	紫金牛
エゴ	野茉莉
ヤマモミジ	山枫
シヤラ	娑罗树
ナラ	枹栎
クヌギ	橡栎
アカマツ	赤松
ヒソシヤラ	丝柏
スギゴケ	杉苔
アズマザサ	东小竹
スキ	杉树
ツツジ	杜鹃花
モミジ	红叶
ンテシ	铁树
ヒラト	平藤
ハクチョウゲ	满天星

吉村邸　实测图

渡河石
瀑布
渡河石
流水
桧木林
十三层塔
池泉
座敷
堤坝
池泉
水洗沙石地面
流水
石桥

平面图　比例尺1:150

竹林（孟宗竹）

吉村邸　实测图

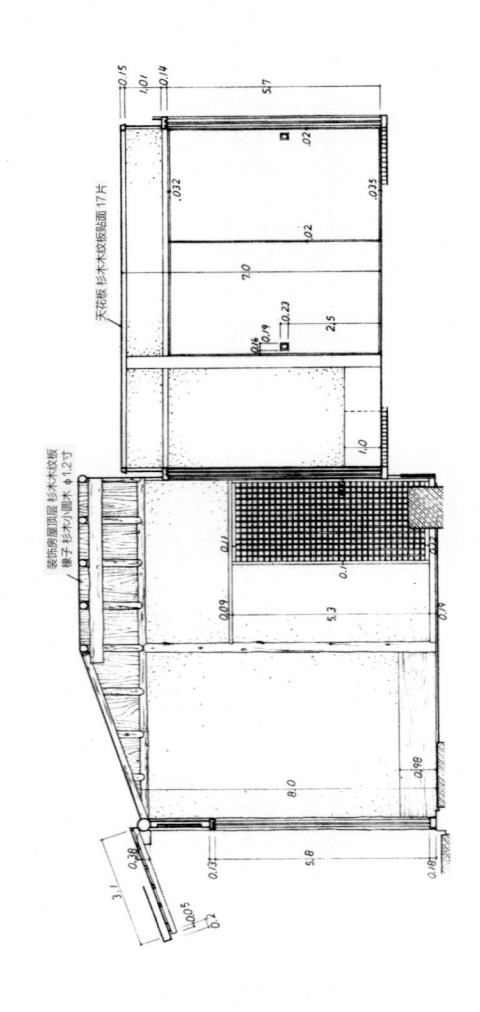

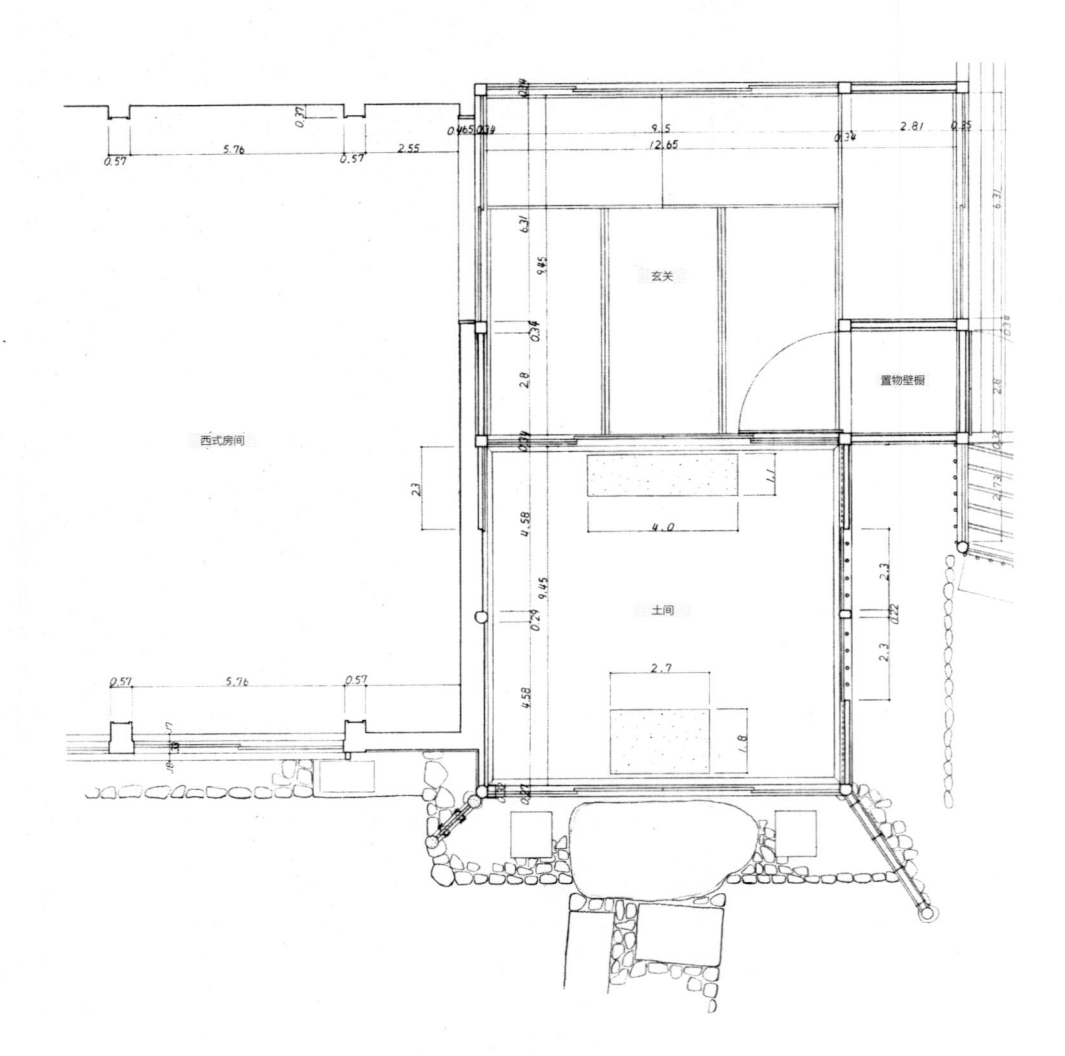

玄关平面图和展开图　比例尺1:50

吉村邸　实测图

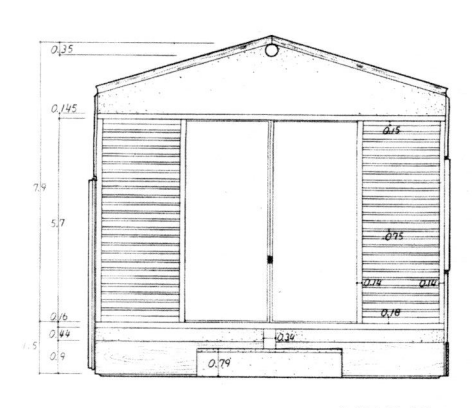

土间北侧

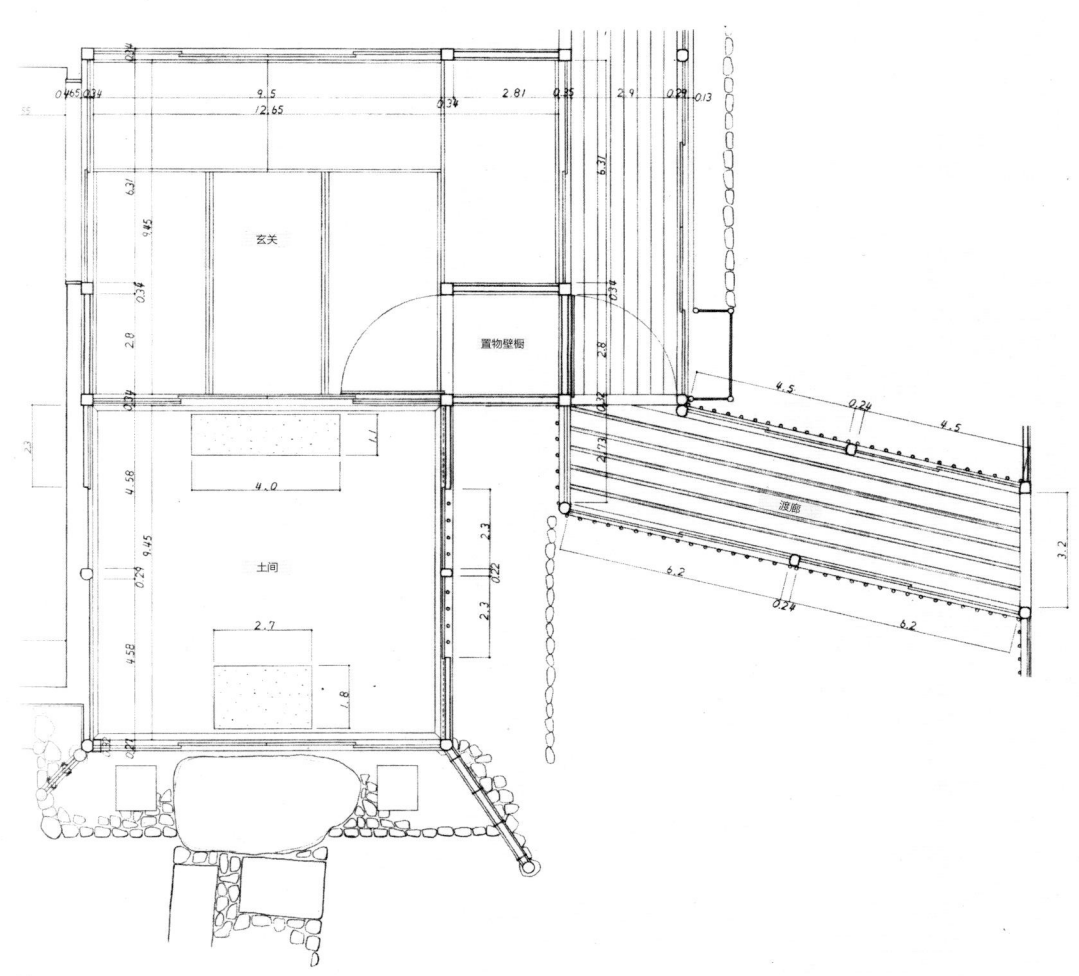

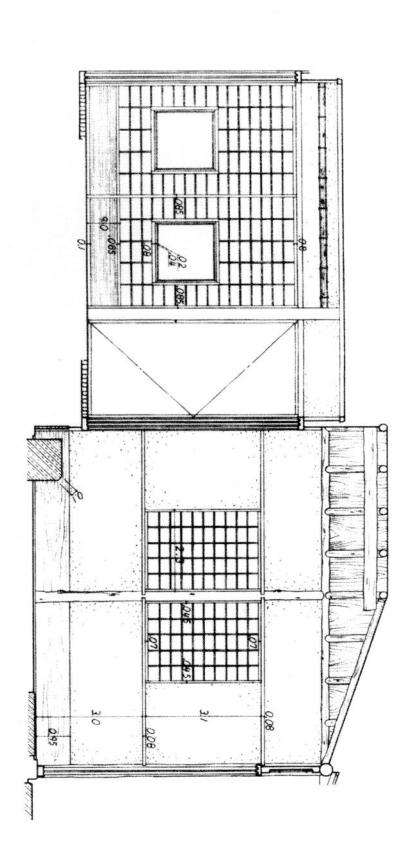

玄关的南侧

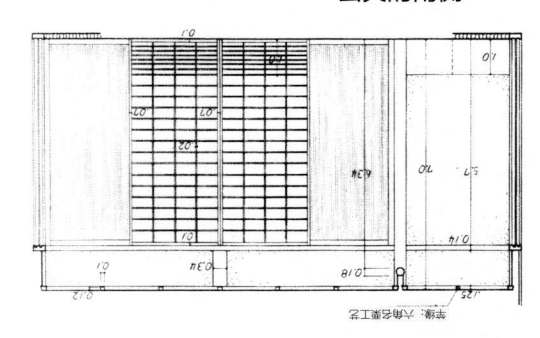

吉村邸　实测图

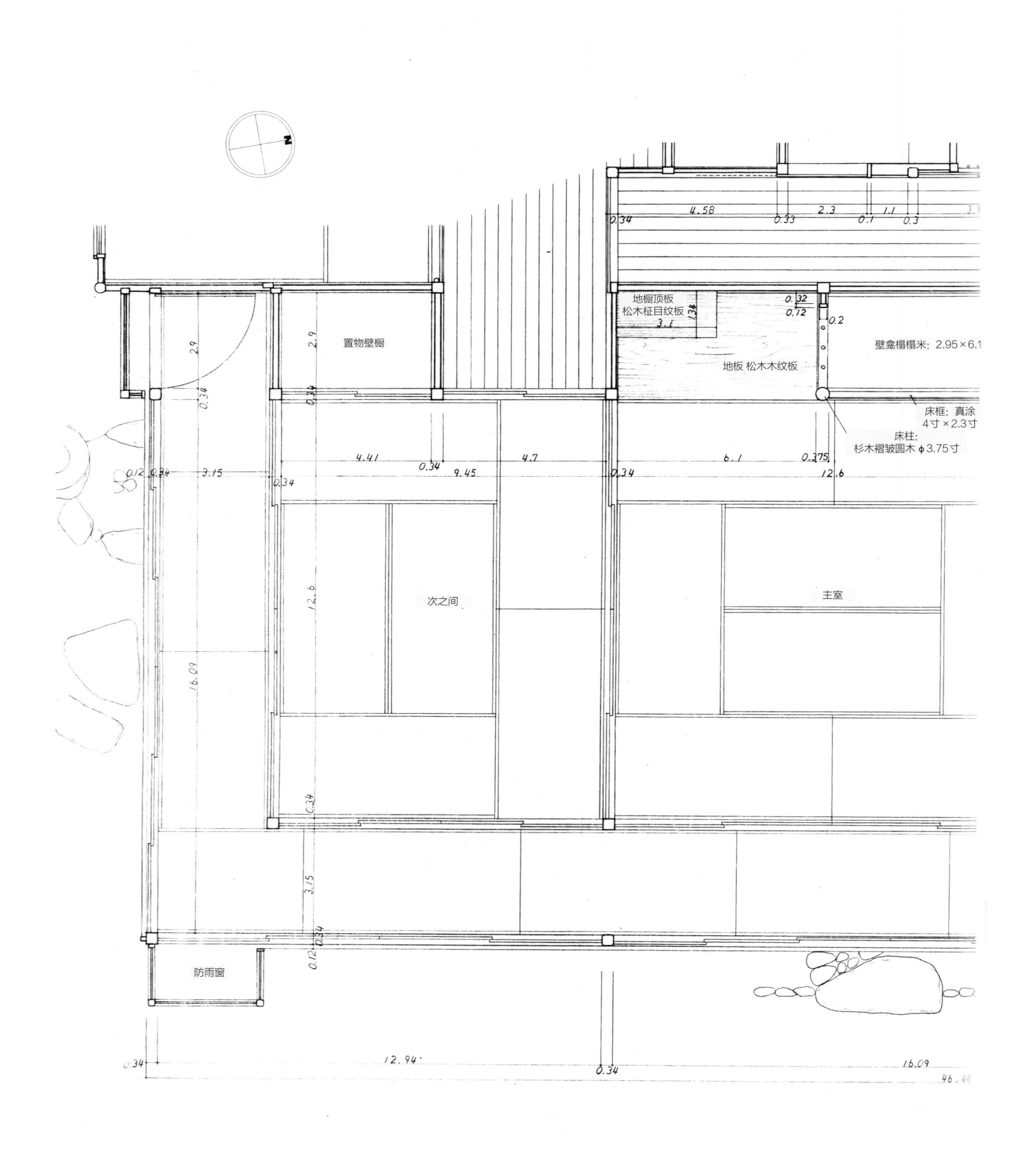

主室、次之间、十叠和室平面图　比例尺1:30

吉村邸　实测图

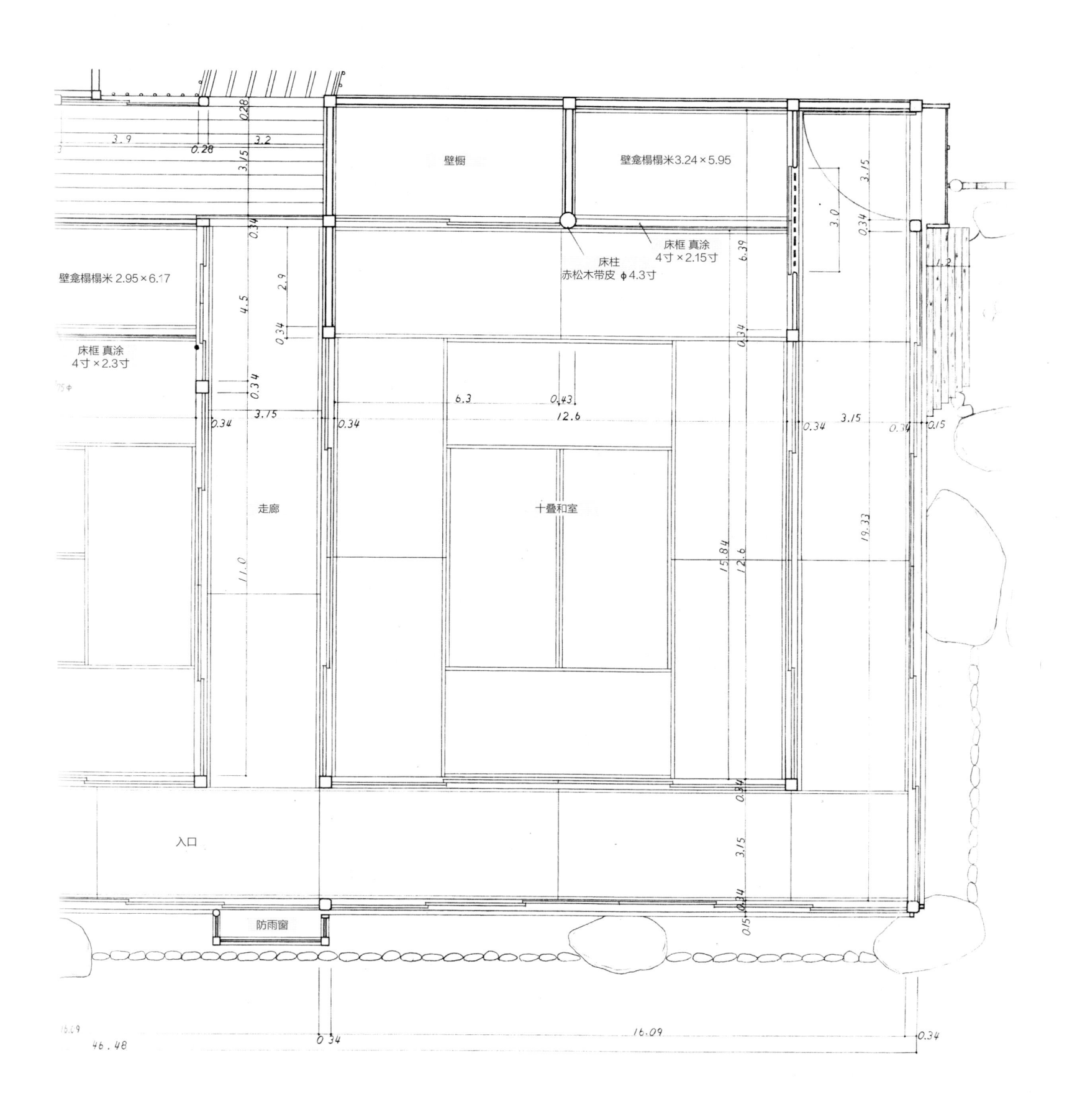

吉村邸 实测图

主室南侧　　　　　床胁断面图

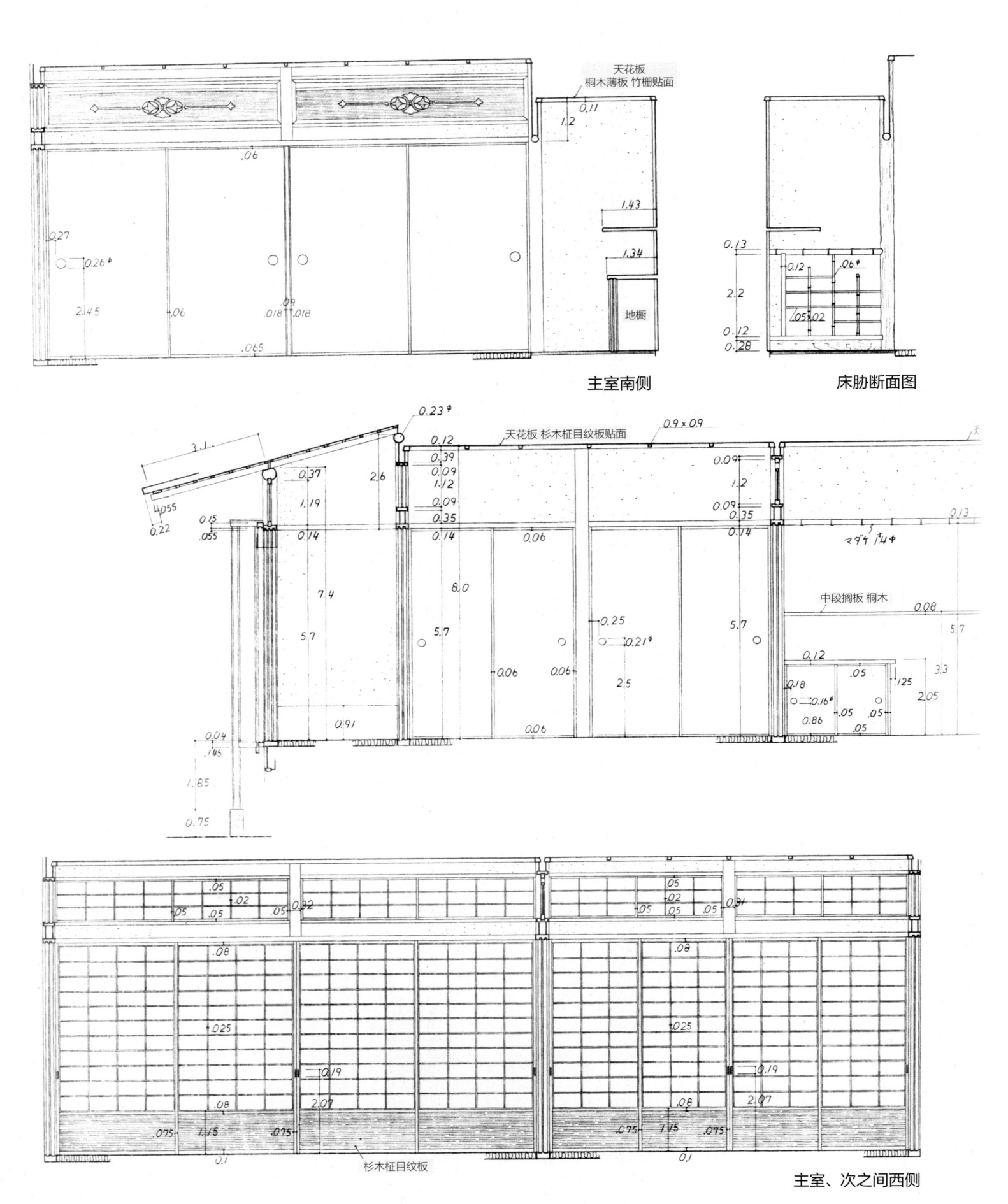

主室、次之间西侧

主室、次之间展开图　比例尺1:30

吉村邸　实测图

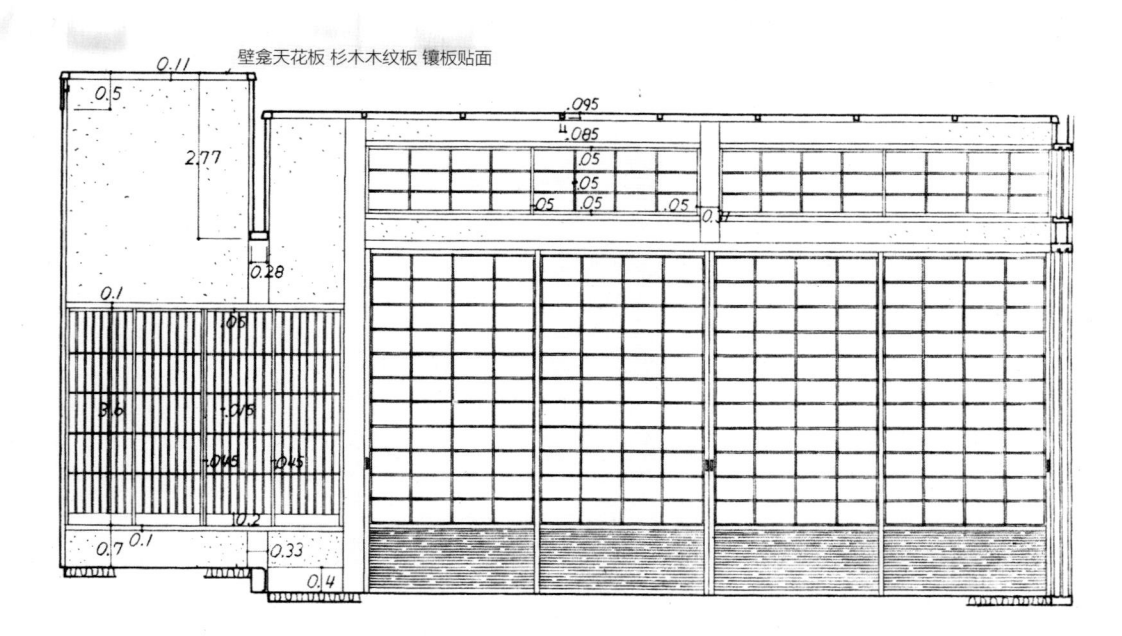

主室北侧

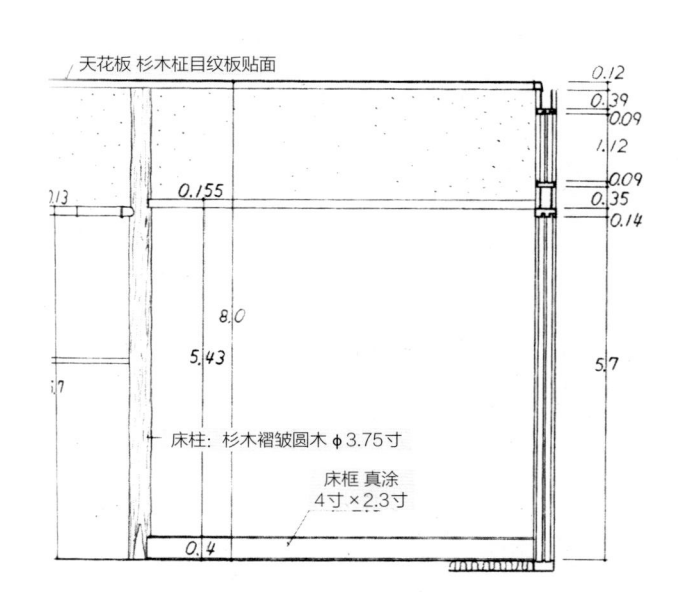

主室、次之间西侧

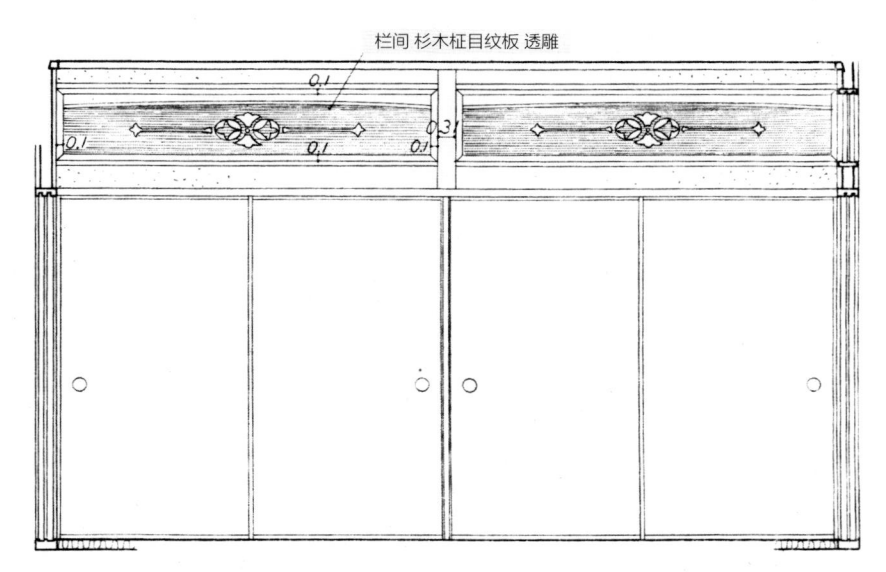

次之间北侧

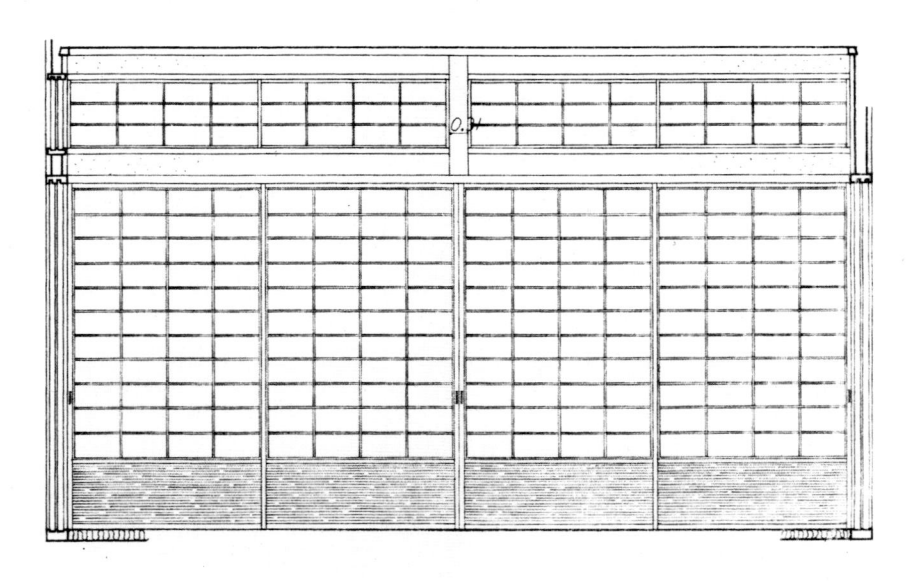

次之间南侧

吉村邸　实测图

日本建筑集成　综合作例集　京都篇　224

座敷 北侧外观

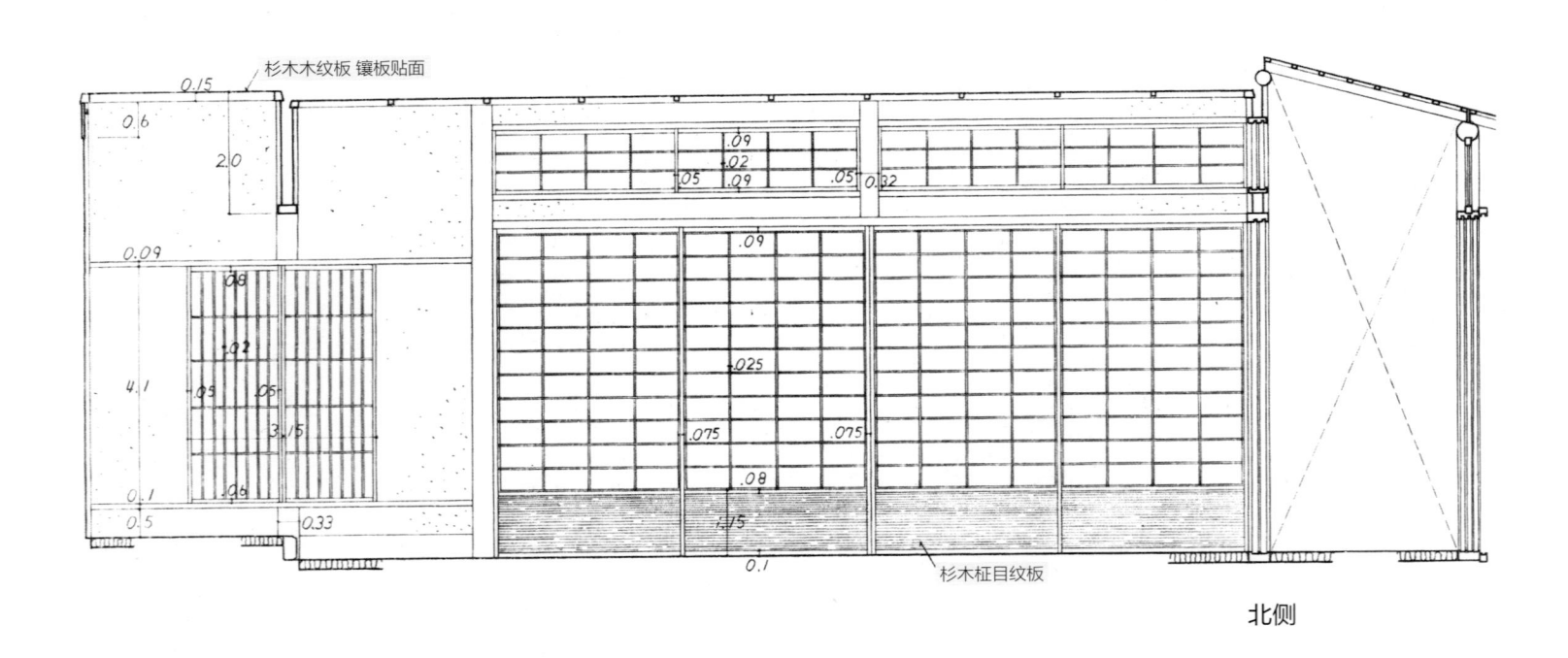

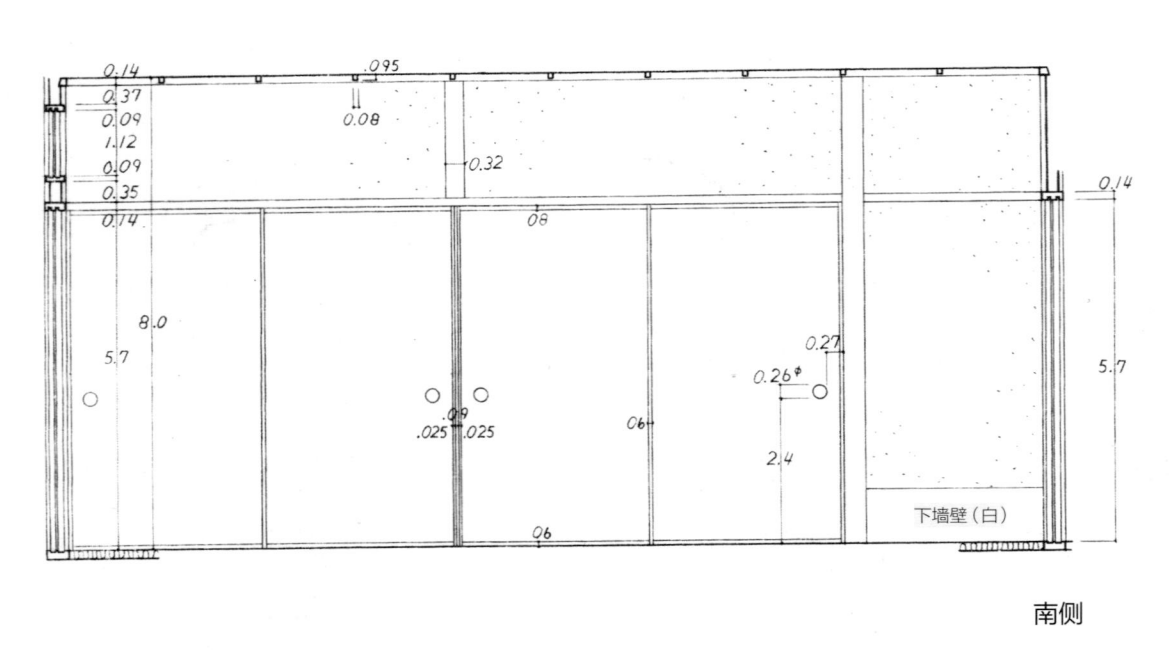

北侧

南侧

座敷展开图　比例尺1:30

吉村邸　实测图

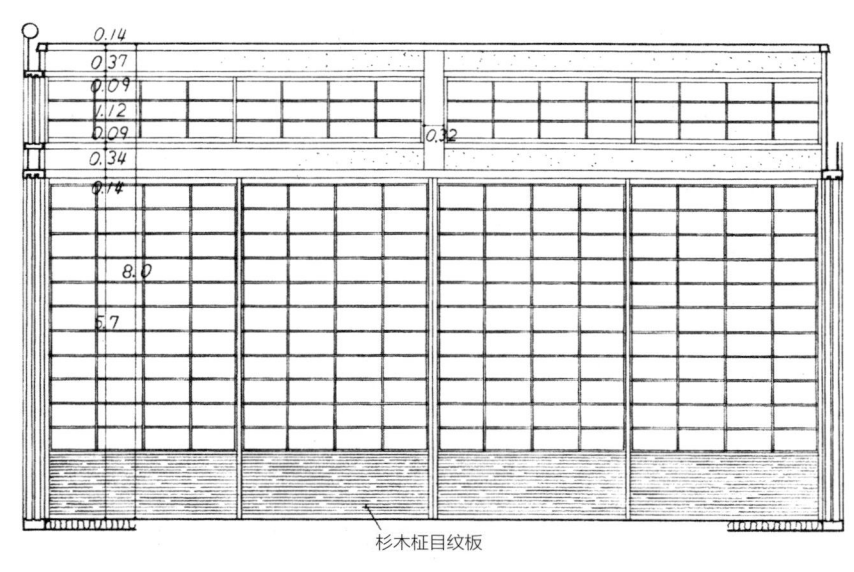

杉木柾目纹板

东侧

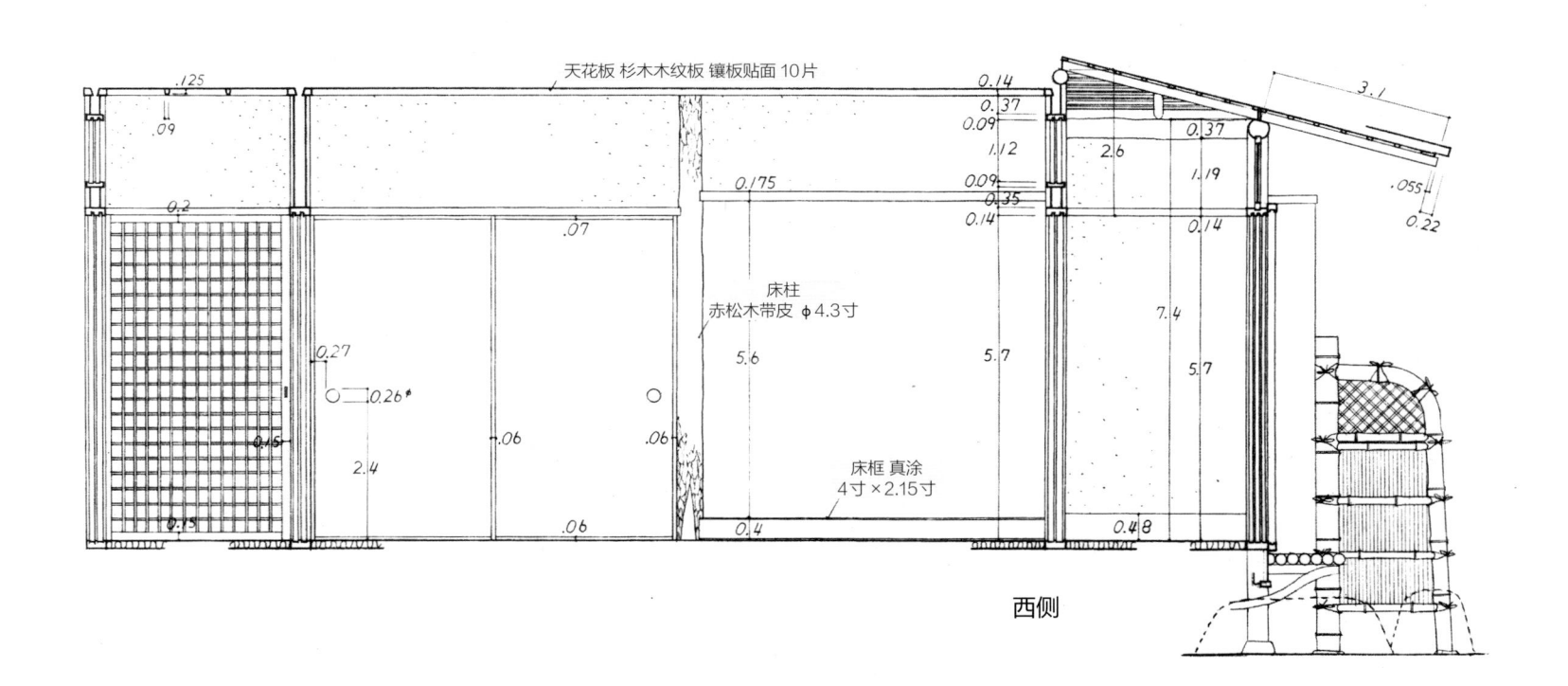

天花板 杉木木纹板 镶板贴面 10 片

床柱
赤松木带皮 φ4.3寸

床框 真涂
4寸×2.15寸

西侧

吉村邸　实测图

回廊拐角上方

室内走廊上方

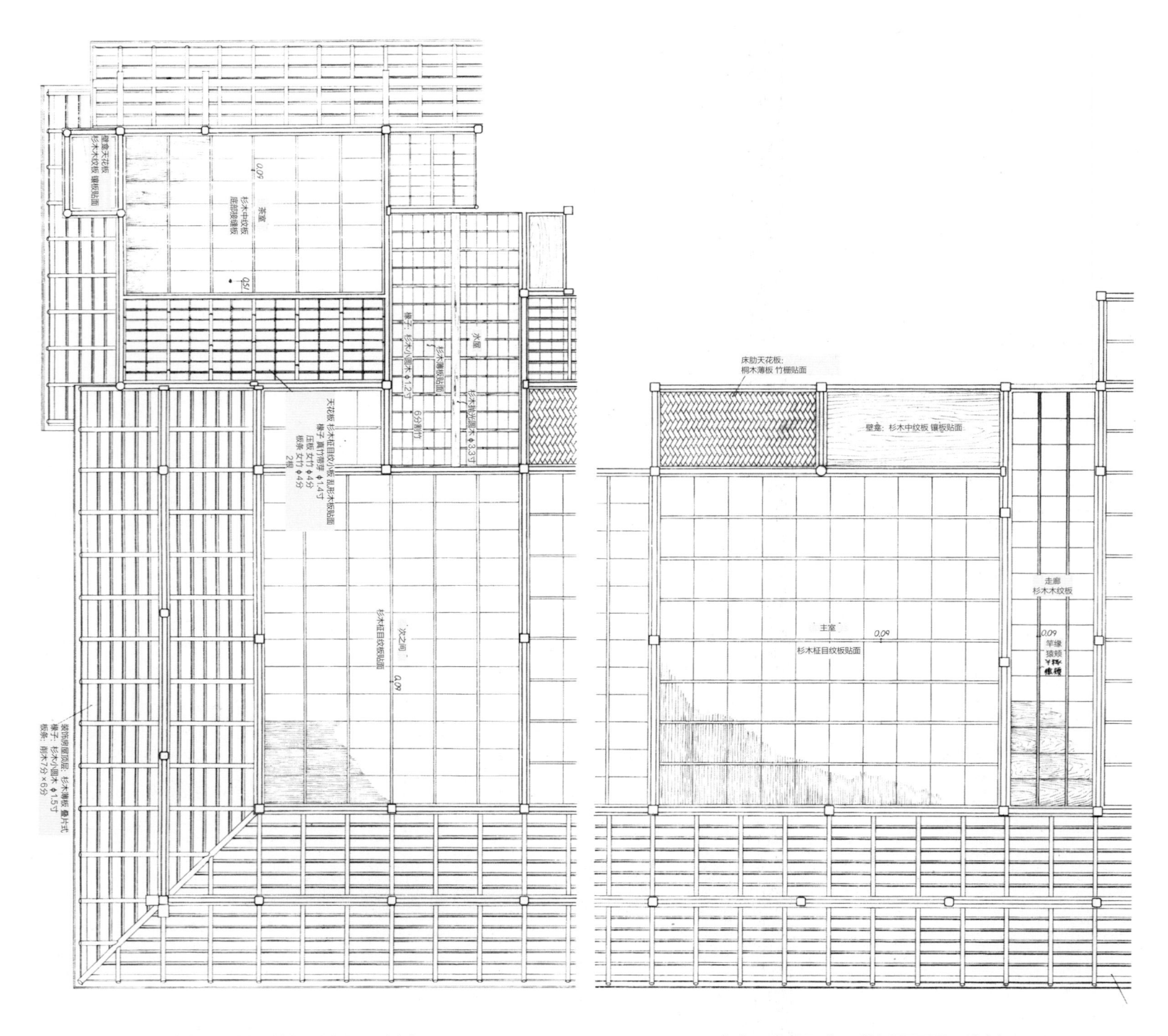

次之间、茶室、水屋天花板平面图　比例尺1:50

主室、十叠和室天花板平面图　比例尺1:50

吉村邸　实测图

茶室 天花板

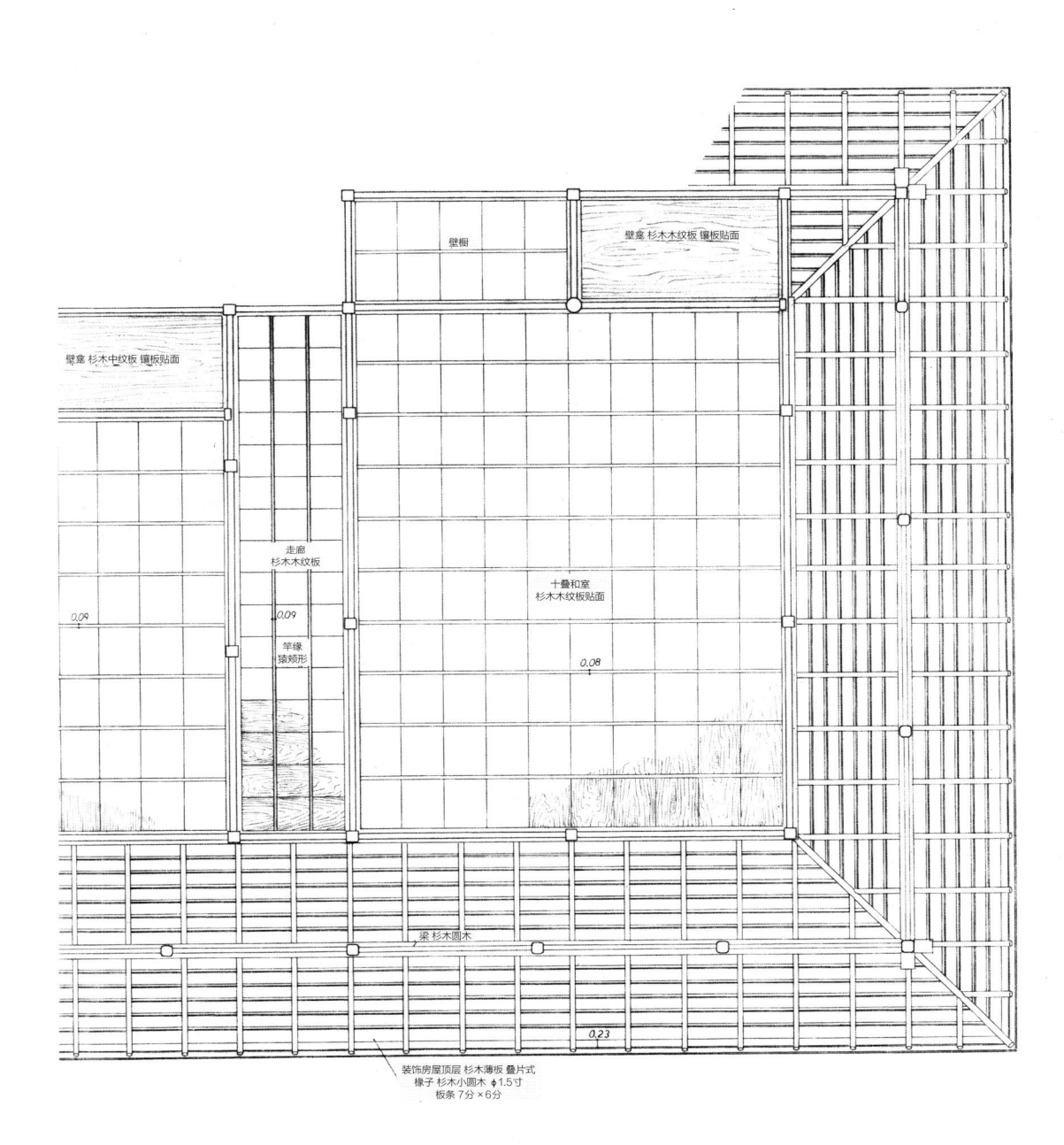

吉村邸 实测图

茶室 茶道口 　　　　　　　　　　　茶室 壁龛

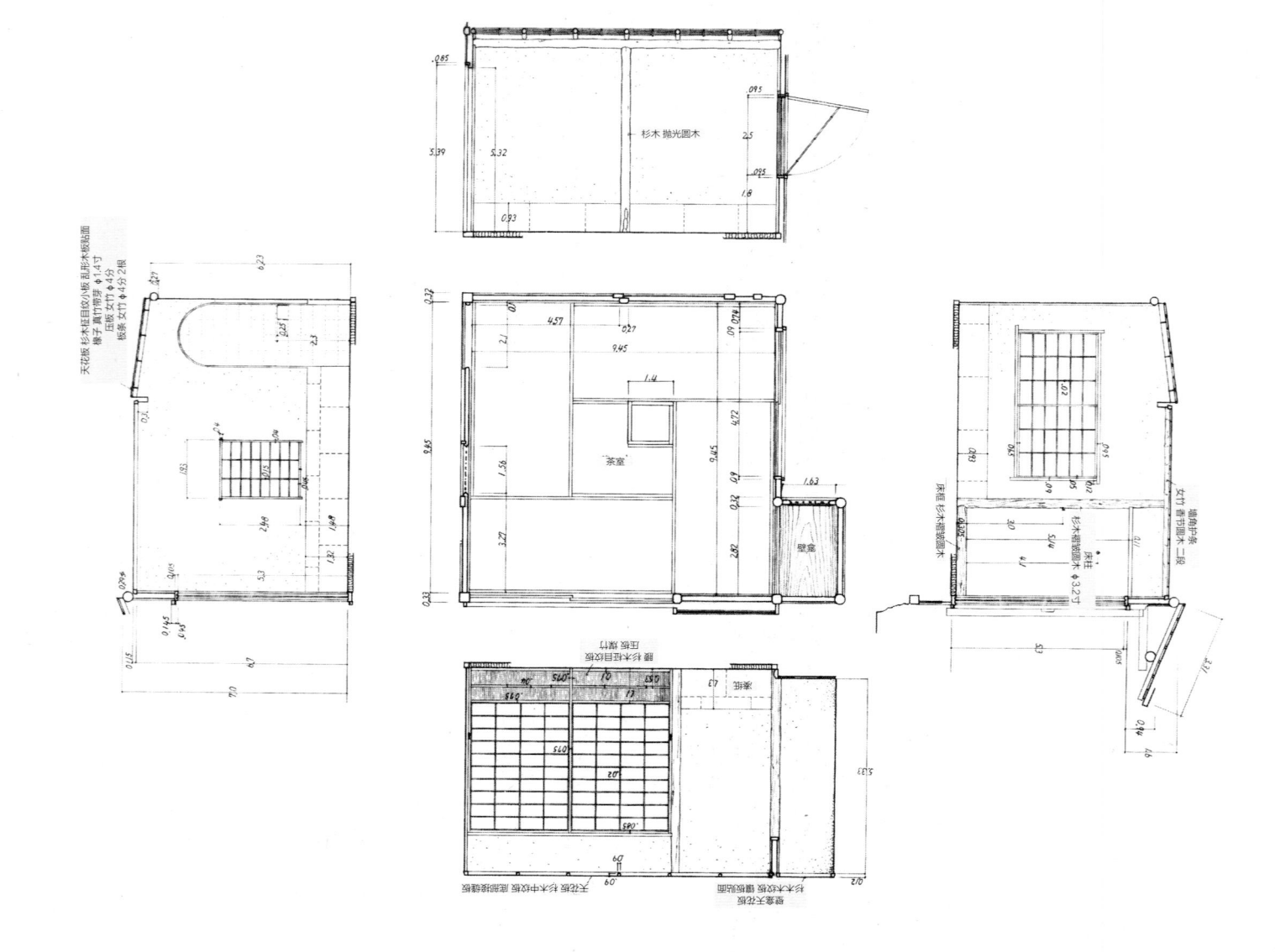

茶室平面图及展开图　比例尺1:50

吉村邸　实测图

堀内邸

所有者	堀内吉彦
所在地	京都市右京区
建造、作庭时间	1975年
建筑设计	堀内吉彦（宗完）
施工	岩崎工务店
庭院设计	铃木造园

原叟门下的逸足仙鹤（1675—1748年）是堀内家初代茶道宗匠，其后代继承了表千家茶道，与久田家一起作为表千家的旁支延续至今。堀内家曾于明治初期重建过宅邸。又在1975年，在落柿舍附近建造了一座新的宅邸。

这座宅邸是按照当时的家主的构想和偏好设计建造的，可以说是家主多年严格修行茶道的成果。

负责施工的工匠凭借自己的本领实现了家主的建筑设想，不愧是著名工匠高木舍次郎的亲戚。

整个宅邸的设计和建造都遵循以茶迎客的茶道理念。正门是京潜门。进门后右手边设有休憩处。延段（石板路）和飞石一直延续到玄关。玄关前面的屋檐向下伸展，入口处的式台设得较低。门口留出空间设置防雨窗，用来收放板窗。入口安装有两扇拉门，构造和釜座的玄关是一样的。

玄关里侧的走廊往南一直通到中部的走廊。以中部走廊为分界线，西侧用于举办茶会，东侧用于居住。

走廊西侧北端有三叠大小的寄付，放置切炉，其北侧铺了一块宽6寸7分的板。寄付的南口，隔着三扇隔扇，有一间名为"秀岭轩"的十一叠的广间。寄付和广间的西侧，设置有回廊。广间正面设有壁龛和付书院。付书院没采用向外凸出的设计，而是利用桌板与床胁里侧相连，小壁则与整根床柱相连。

座敷平面图　比例尺1:100

アセビ	马醉木
キズタ	常春藤
モッコク	厚皮香
アズマザサ	东小竹
スキ	杉木
ツツジ	杜鹃花
モミジ	红叶
ヒサカキ	柃木
ンテシシ	铁树
ヒラト	平藤

堀内邸　实测图

广间的结构和釜座宅邸的广间"无着轩"很相似，但在其基础上增设了两叠榻榻米和床胁，让室内显得更宽敞。从点前座设置在东侧中间的位置、壁龛前榻榻米对面的墙壁开设有开口等设计，可以看出设计者心思周密，考虑到了茶道所有流程。广间既可用于举办七事式茶会、大寄茶会，还可用于平时的茶道练习，在结构设计的创新上可谓是下了很大的功夫。从回廊南侧下来就是瓦敷土间，土间南侧有休息处，西边是中门。中门内侧的休息处也可以使用。

　露地在寄付北边，一直延伸到仓库西面的休息处。休息处前方有中门（梅见门），西侧围墙与广间之间铺设的狭长的苑路向南延伸。广间南侧内露地上的飞石迂回排布，内露地中立有蹲踞，经过蹲踞便可来到茶室的蹐口。

　茶室与室内走廊最南端相连，斜屋面朝北倾斜而下。在客座榻榻米和点前座之间，铺有一块宽8寸7分的木板，内置向切炉。顶部是竹椽竹骨的化妆屋根里式天花板。墙壁上贴着书法作品，点前座的入角处立有一根扬子柱，茶室各处细节无一不在传达"侘寂"的茶道精神。宅邸主人很珍视主客之间的以心传心，在设计上下了很多功夫，这点从点前座前铺设木板等细节便可看出。

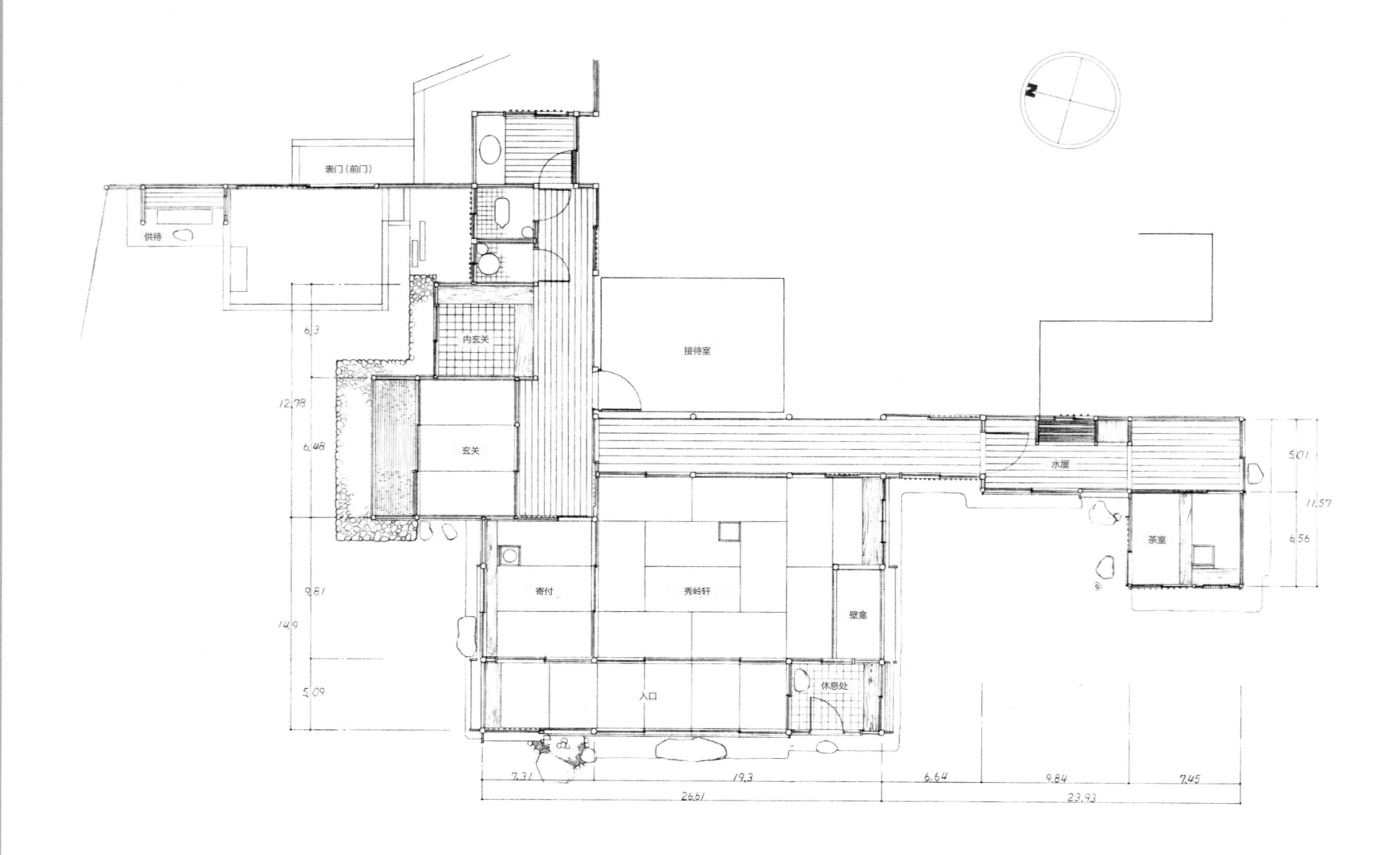

玄关、秀岭轩、茶室平面图　比例尺1:100

堀内邸　实测图

玄关 式台　　　　　　　　表门 里侧视角　　　　　　表门

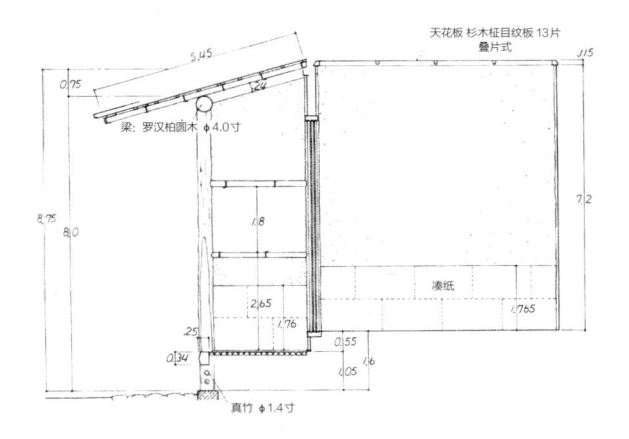

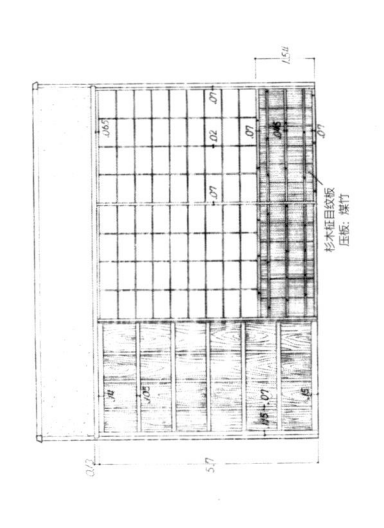

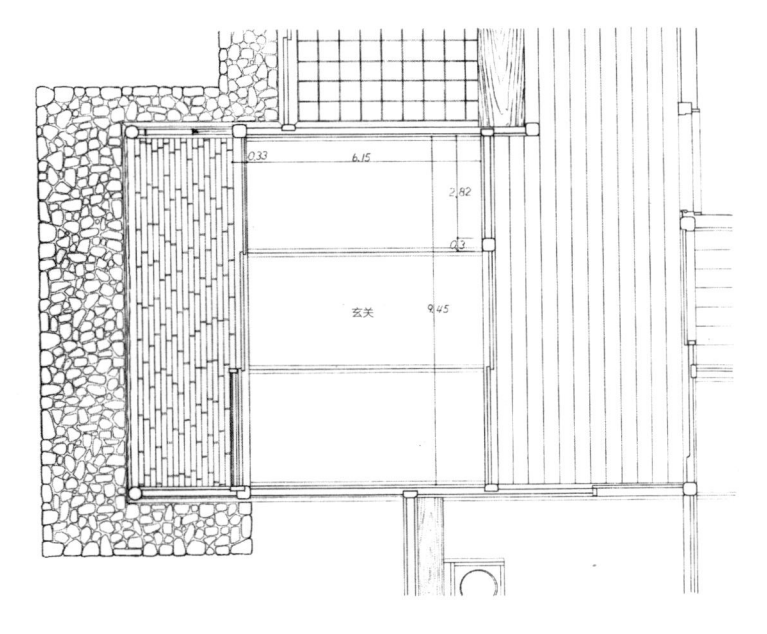

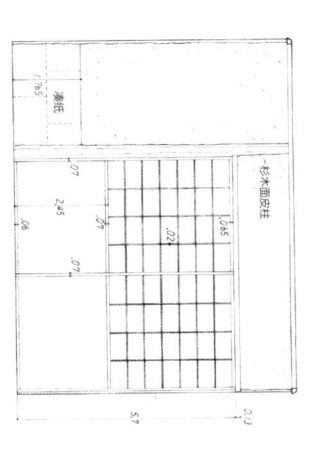

玄关平面图、展开图　比例尺1:50

堀内邸　实测图

杉木柾目纹板 宽度1.8寸

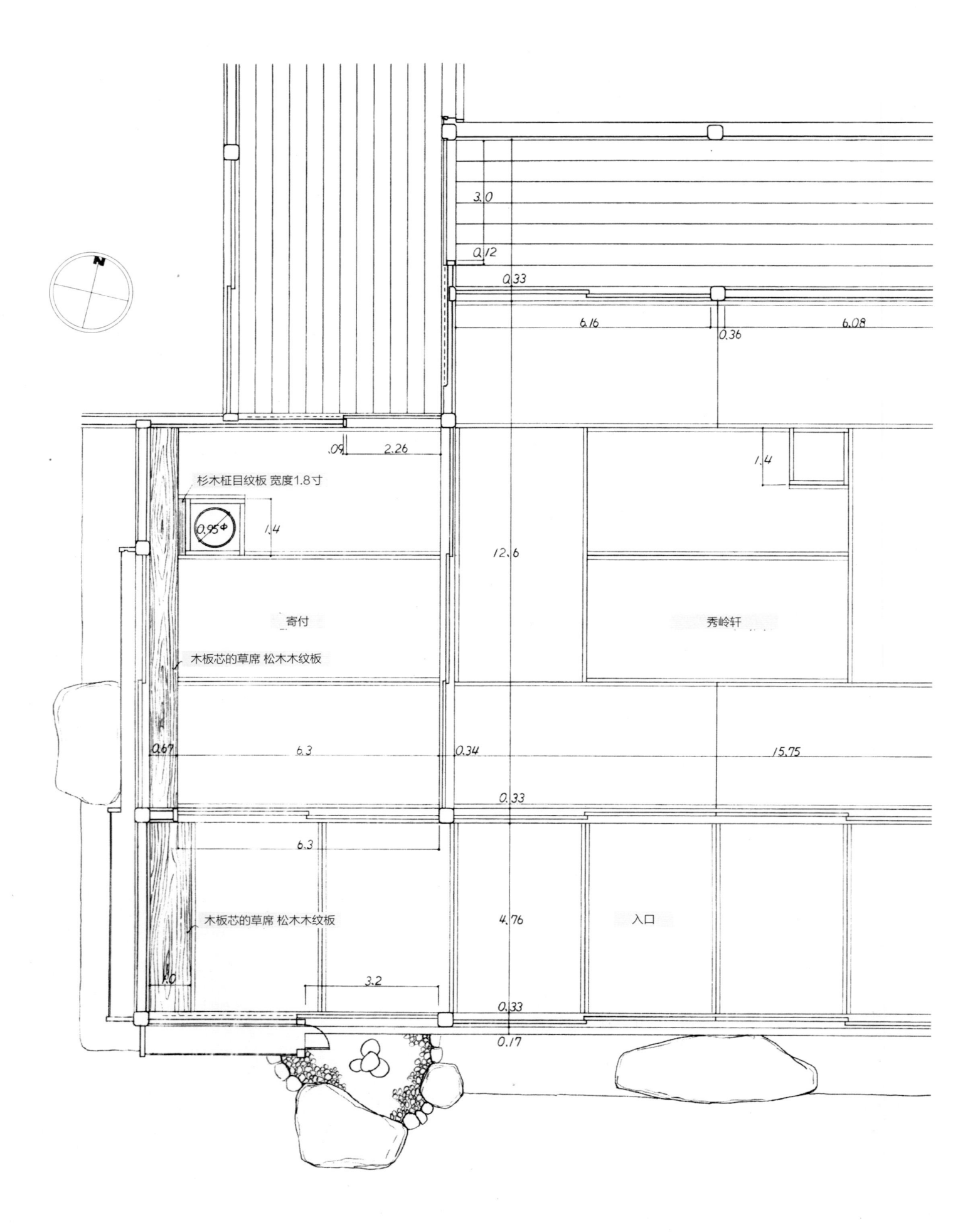

木板芯的草席 松木木纹板

寄付

秀岭轩

木板芯的草席 松木木纹板

入口

秀岭轩、寄付、休息处平面图　比例尺1:30

堀内邸　实测图

秀岭轩

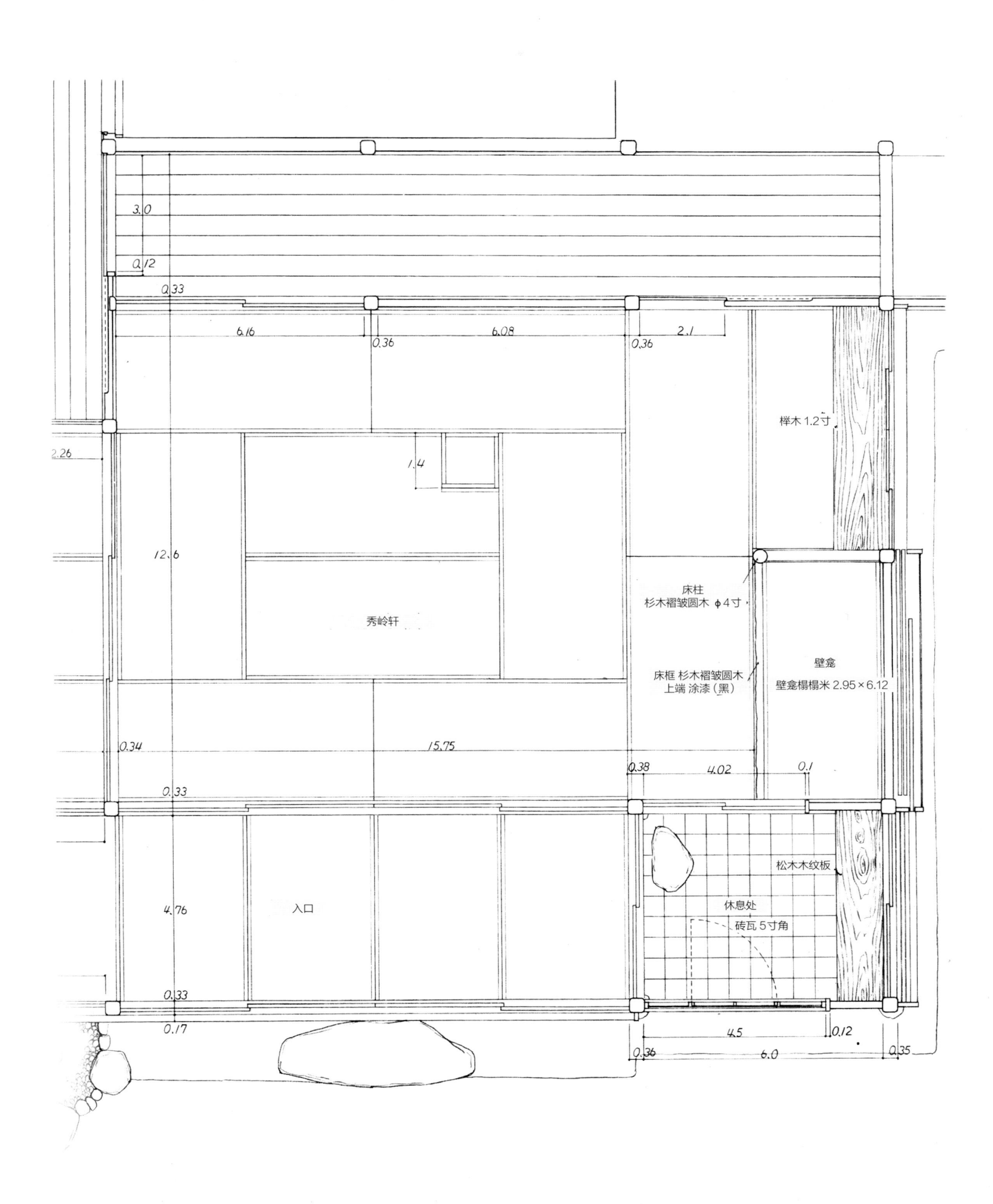

入口

榉木1.2寸

床柱
杉木褶皱圆木 φ4寸

床框 杉木褶皱圆木
上端 涂漆（黑）

壁龛
壁龛榻榻米 2.95×6.12

松木木纹板

休息处
砖瓦 5寸角

堀内邸　实测图

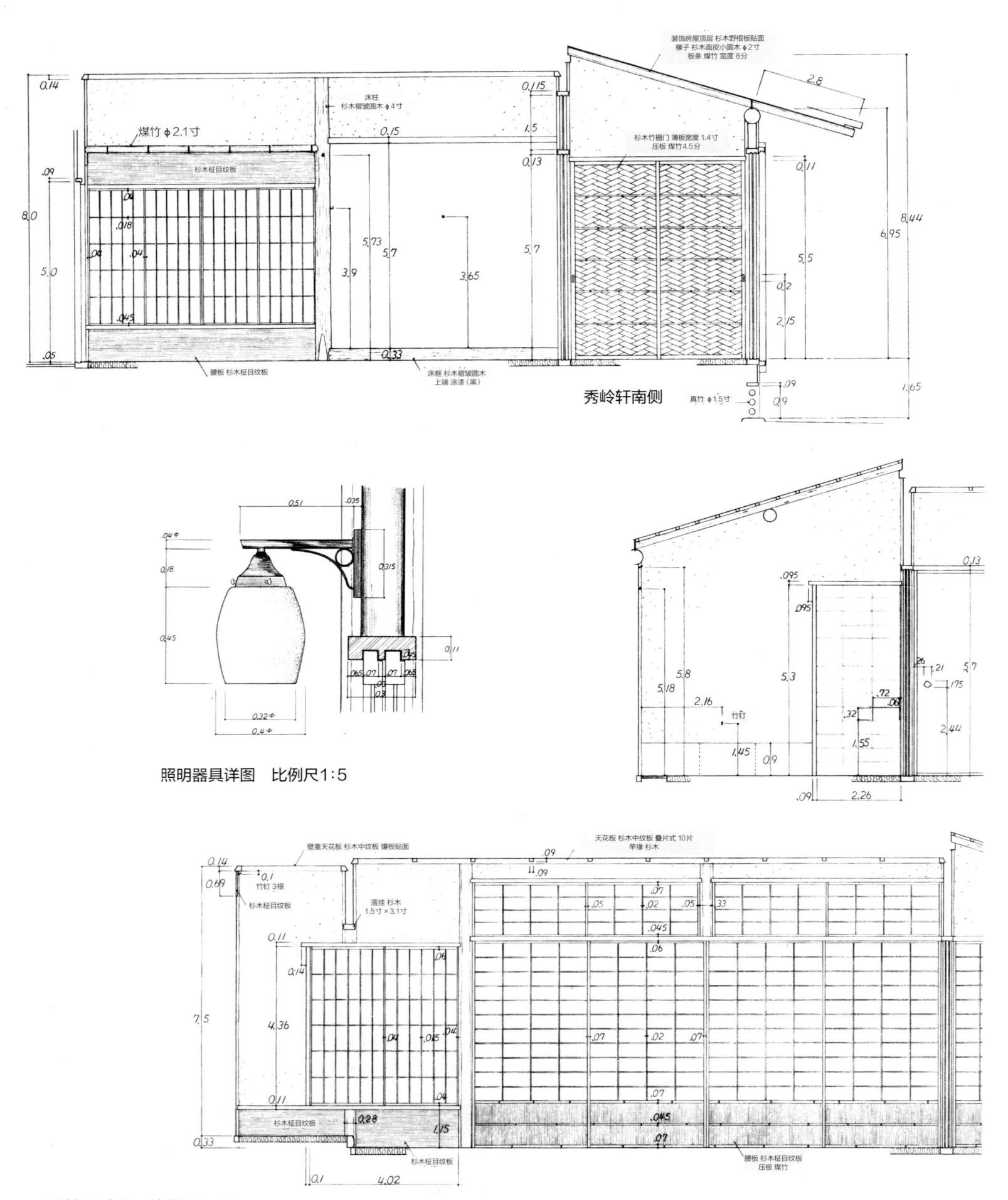

秀岭轩南侧

照明器具详图　比例尺1:5

秀岭轩、寄付　比例尺1:30

堀内邸　实测图

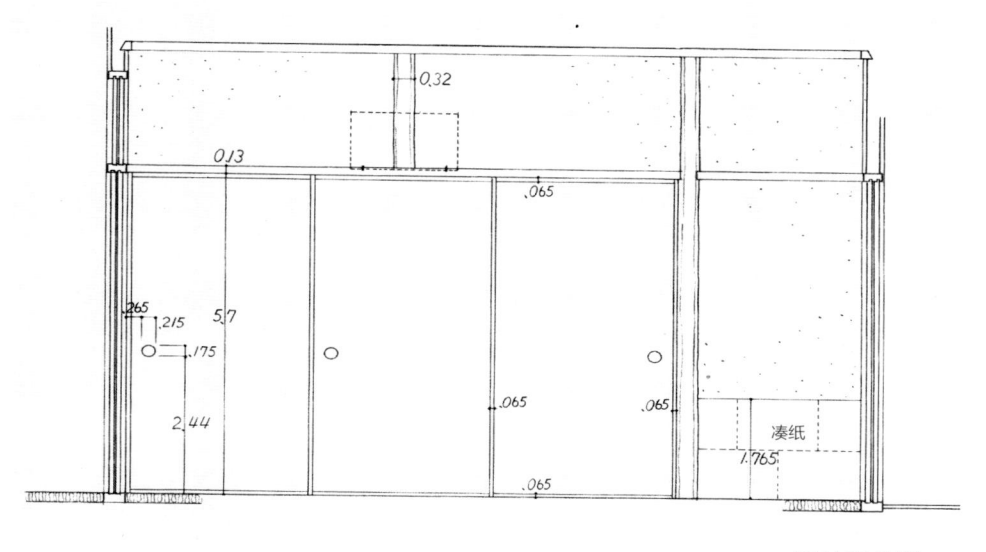

秀岭轩北侧

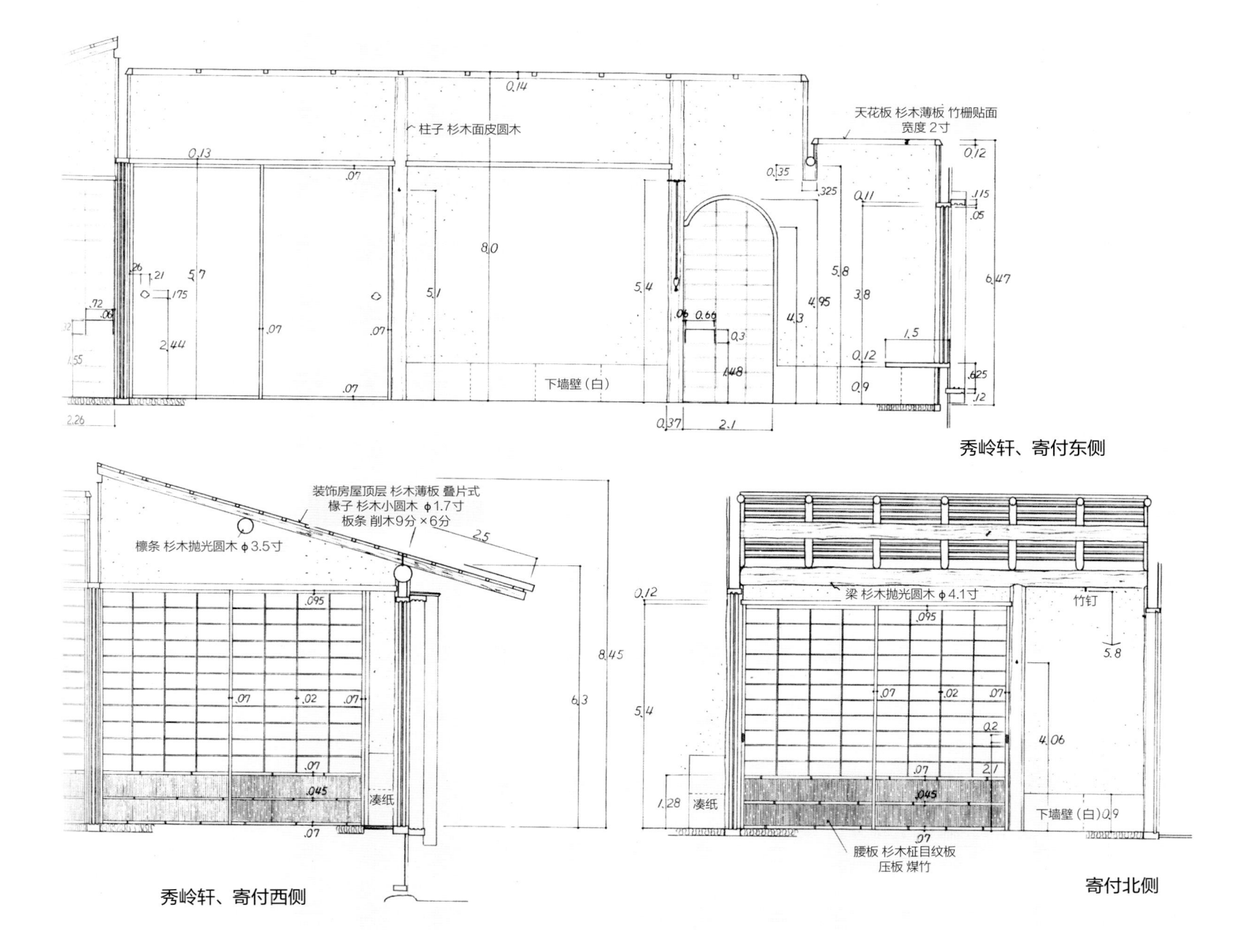

秀岭轩、寄付东侧

秀岭轩、寄付西侧

寄付北侧

堀内邸　实测图

休息处

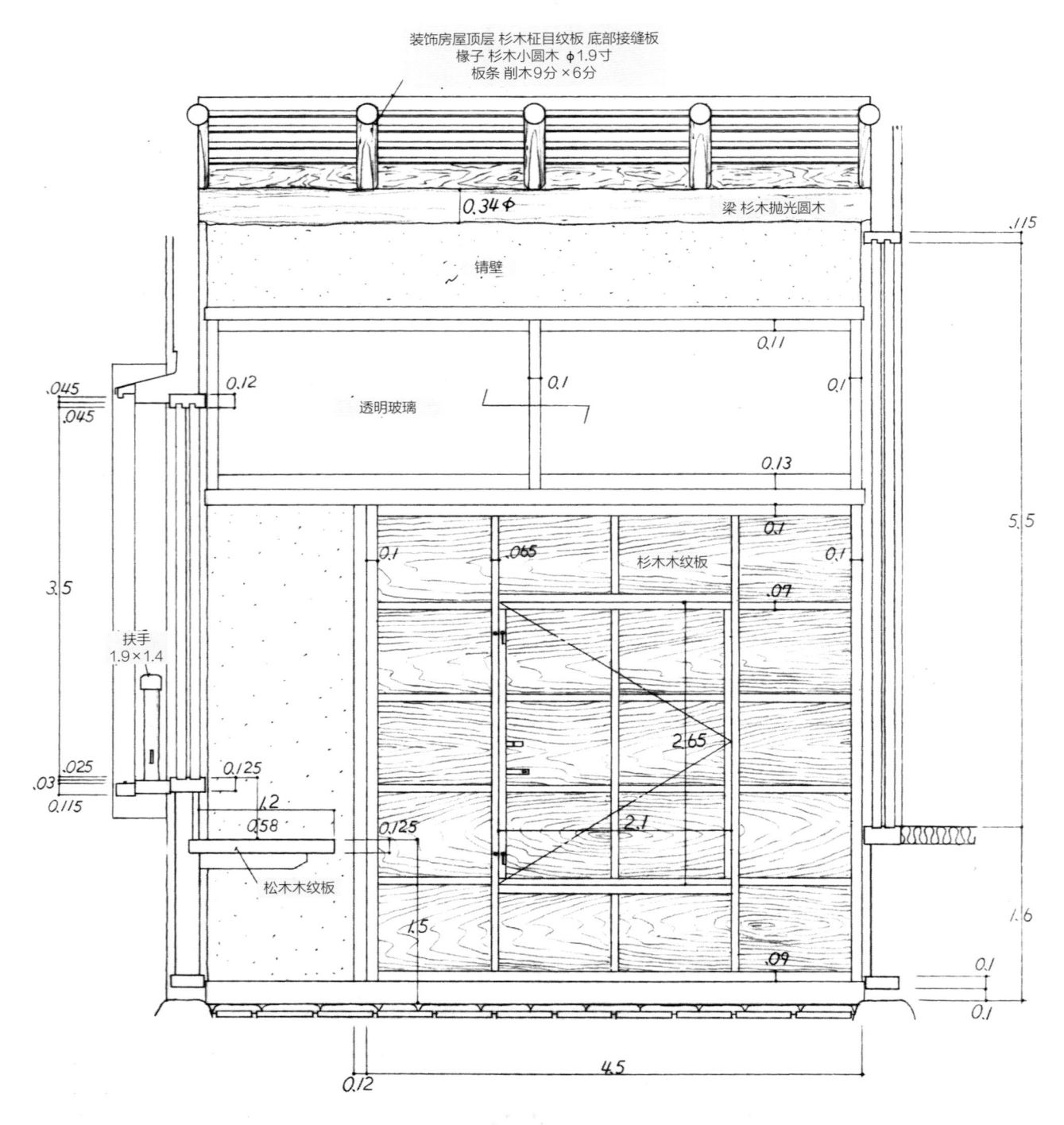

装饰房屋顶层 杉木柾目纹板 底部接缝板
椽子 杉木小圆木 φ1.9寸
板条 削木9分×6分

梁 杉木抛光圆木

锖壁

透明玻璃

扶手 1.9×1.4

杉木木纹板

松木木纹板

休息处西侧立面图　比例尺1∶15

堀内邸　实测图

休息处

休息处

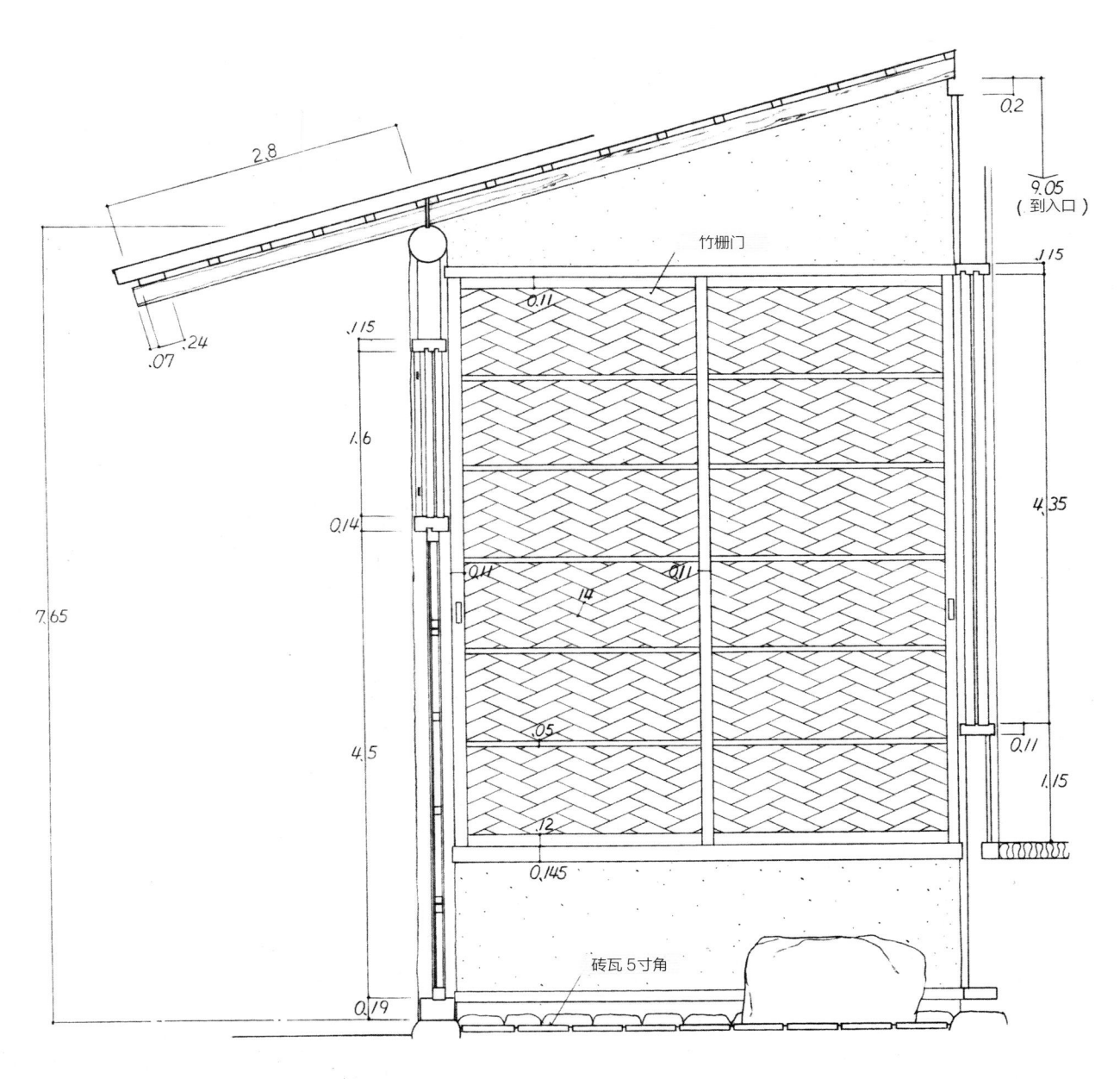

休息处北侧立面图　比例尺1:15

堀内邸　实测图

茶室、水屋平面图及展开图　比例尺1:30

下地窗洋细图　比例尺1:15

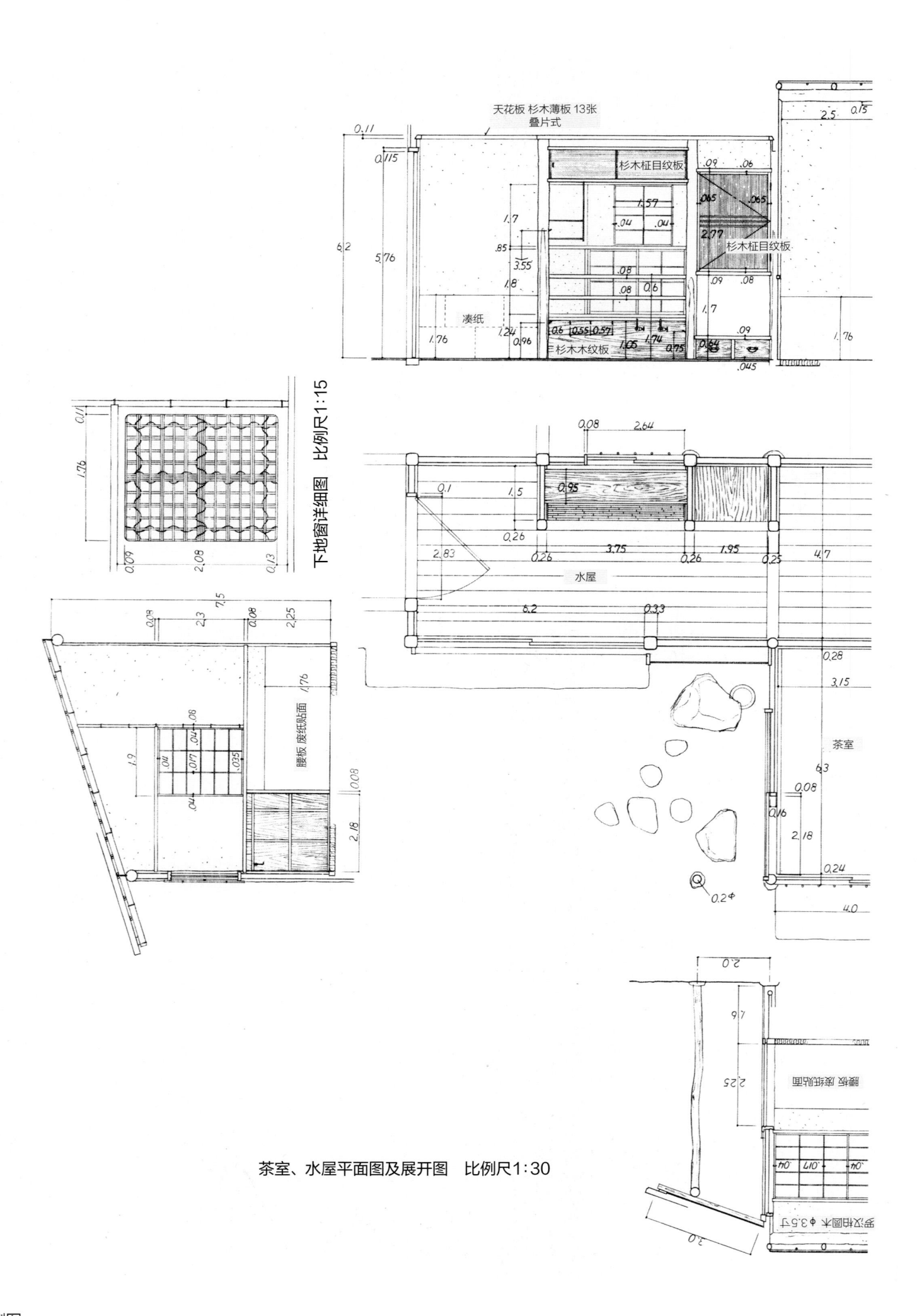

堀内邸　实测图

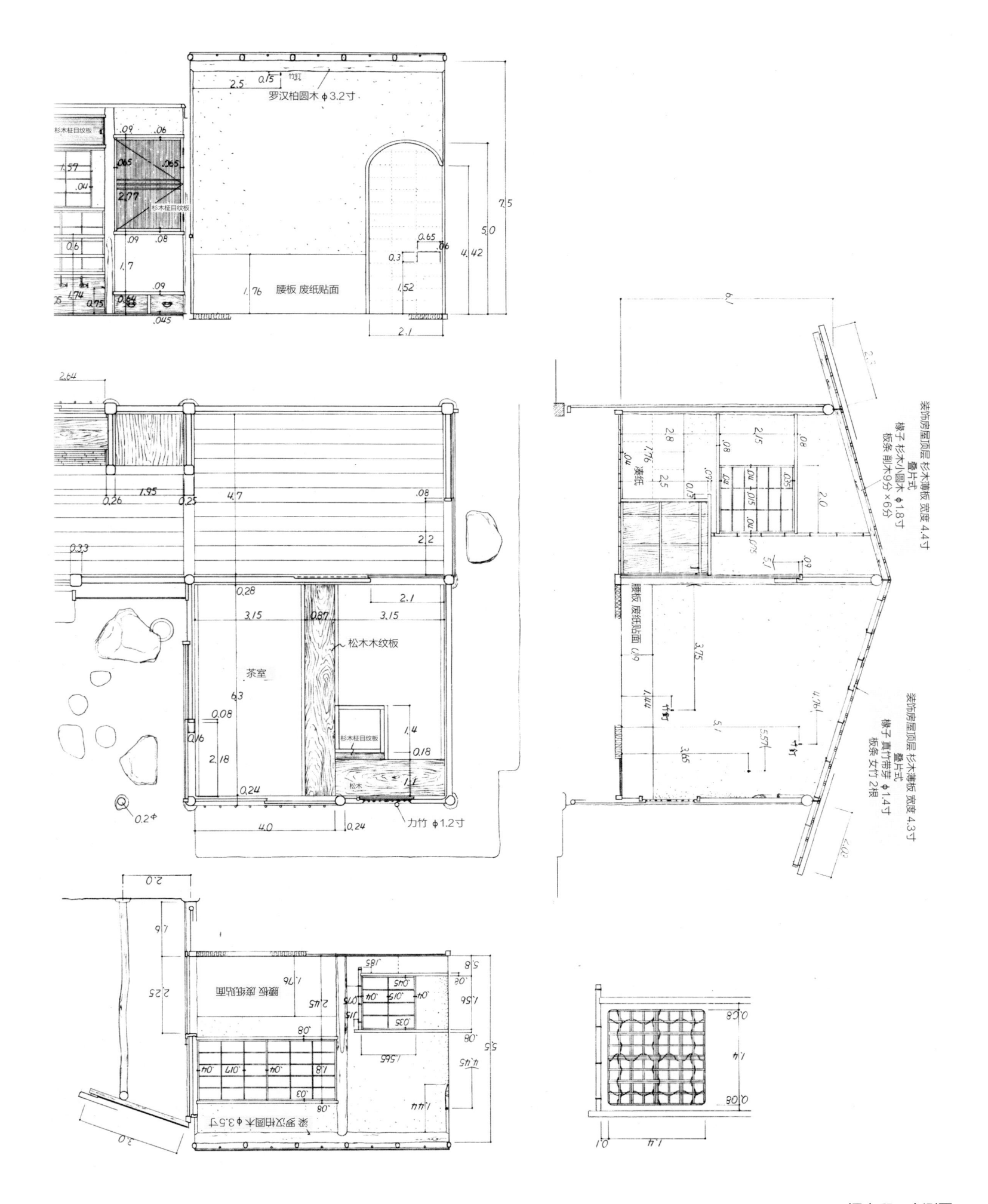

堀内邸　实测图

日本建筑集成　综合作例集　京都篇　240

茶室化妆屋根里式天花板

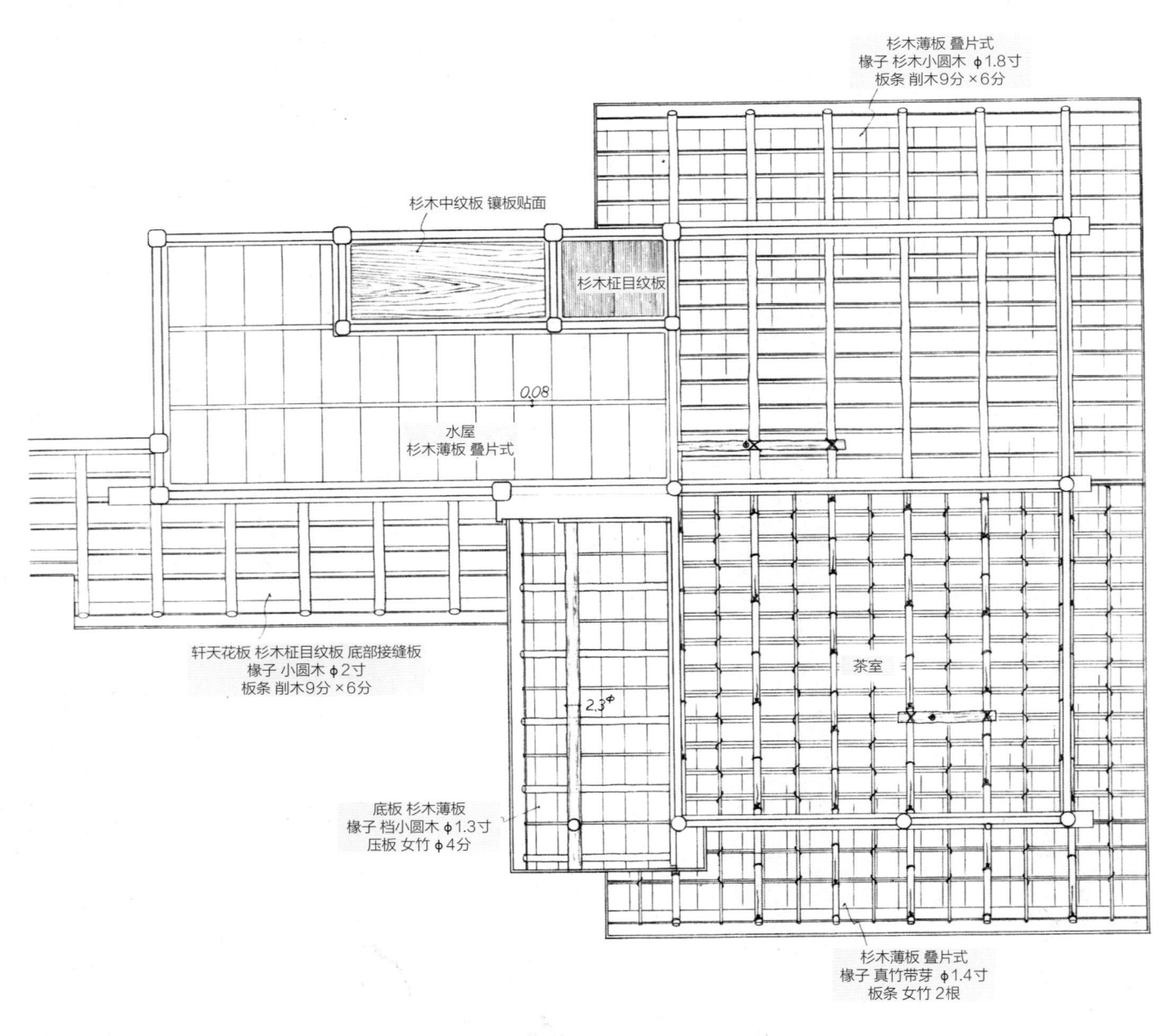

杉木薄板 叠片式
椽子 杉木小圆木 φ1.8寸
板条 削木9分×6分

杉木中纹板 镶板贴面

杉木柾目纹板

水屋
杉木薄板 叠片式

轩天花板 杉木柾目纹板 底部接缝板
椽子 小圆木 φ2寸
板条 削木9分×6分

底板 杉木薄板
椽子 档小圆木 φ1.3寸
压板 女竹 φ4分

茶室

杉木薄板 叠片式
椽子 真竹带芽 φ1.4寸
板条 女竹 2根

茶室、水屋天花板俯视图　比例尺1:30

堀内邸　实测图

总论

数寄屋建筑

立体纸模型

茶道中常常会提到"偏好"这一词汇。可以说这是茶道独有的用法。在茶道里说起"偏好"这个词的时候，其含义和建筑师所说的"设计"一词类似。但这个词并不涉及建筑技术、结构和细枝末节的设计，所以不能完全等同于建筑师所说的"设计"一词。"偏好"一词只适用于茶匠。茶匠对某种茶室或者某种书院的"偏好"，指的是他喜欢某种设计风格和倾向。

茶匠们的"偏好"不仅限于建筑，还包括各种茶器。茶匠和设计师决定了设计风格，具体施工工作都由工人来做，当然也有茶匠和设计师亲自参与施工的情况。但大多数情况下，设计师和茶匠是不参与实际施工的。

从今天的建筑技术和设计角度来看，以前的茶匠在建筑方面的设计有很多不足之处，但他们对设计风格的传达准确到位，数寄屋建筑本身的存在就是最好的证明。而茶匠们为了展示他们的创意，常常会用到一种非常便捷的制图工具，那就是"立体纸模型"。

便捷的制图方式

说起立体纸模型，现在可能有很多人不知道它是什么。虽说最开始使用立体纸模型的是精通茶道的人，但现在不知道立体纸模型的茶道相关人员也不少见。可以看出，立体纸模型正逐渐退出历史的舞台。

总体来说，立体纸模型是建筑制图法的一种，即在平面图的底稿上粘贴各个墙面的图纸，然后将其垂直竖起来并进行拼接，在平面图上打造立体空间。还可以进行折叠，折叠后的状态接近于一张纸，便于保管和携带。平面图上不仅可以粘贴墙壁，也可以添加天花板和屋顶，组装后可以代替模型使用。可以说是组装式的简易纸模型。

将平面图、立面图和剖面图在脑中进行组装，想象立体空间图像的这种方式属于专业技术范围。除了上述方法，还有透视图和等角投影图等制图法，也可以实现快速掌握立体空间的构成。但这些方法还是有局限性的，只能展现局部，不能展现空间全貌。总之，由于是二维图，没有模型所具有的展现力和说服力。

平面图周围配有立面展开图，这样的图纸对于内行来说很容易理解，但对于外行来说，看图想象立体结构还是有些困难的。把展开图做成折叠式，距离立体纸模型就近了一步。若将各壁面的展开图竖起来，就可以原地组装成立体图。如果将墙面图纸放平，空间就会立刻消失，又恢复到平面图状态。这种做法可以说在一定程度上弥补了展开图和透视图的缺陷，在设计图上添加了示范功能，真可谓是便捷的制图法。

立体纸模型和真正的模型相比还是略显粗糙，但具有可随时随地进行组装、携带便捷、易操作等特点，其中蕴含的乐趣是其他模型所无法提供的。立体纸模型使相关人员在参与建筑构建的同时，能够更好地理解内部空间设计。对于专家和外行来说，立体纸模型都是一个重要法宝。

那么，立体纸模型的使用是从什么时候开始的呢？我不知道保留下来的最古老的立体纸模型是哪个时代的。我至今为止看到的立体纸模型都是江户时代以后的。其中也有寺院建筑和书院造建筑的，但大多数还是茶室的立体纸模型。由此我推测，立体纸模型是随着茶室的建立而发展起来的。至少可以说，立体纸模型在茶室建造中起到了很大的作用。

从保留下来的寺院伽蓝的旧图纸中经常能看到主要建筑物

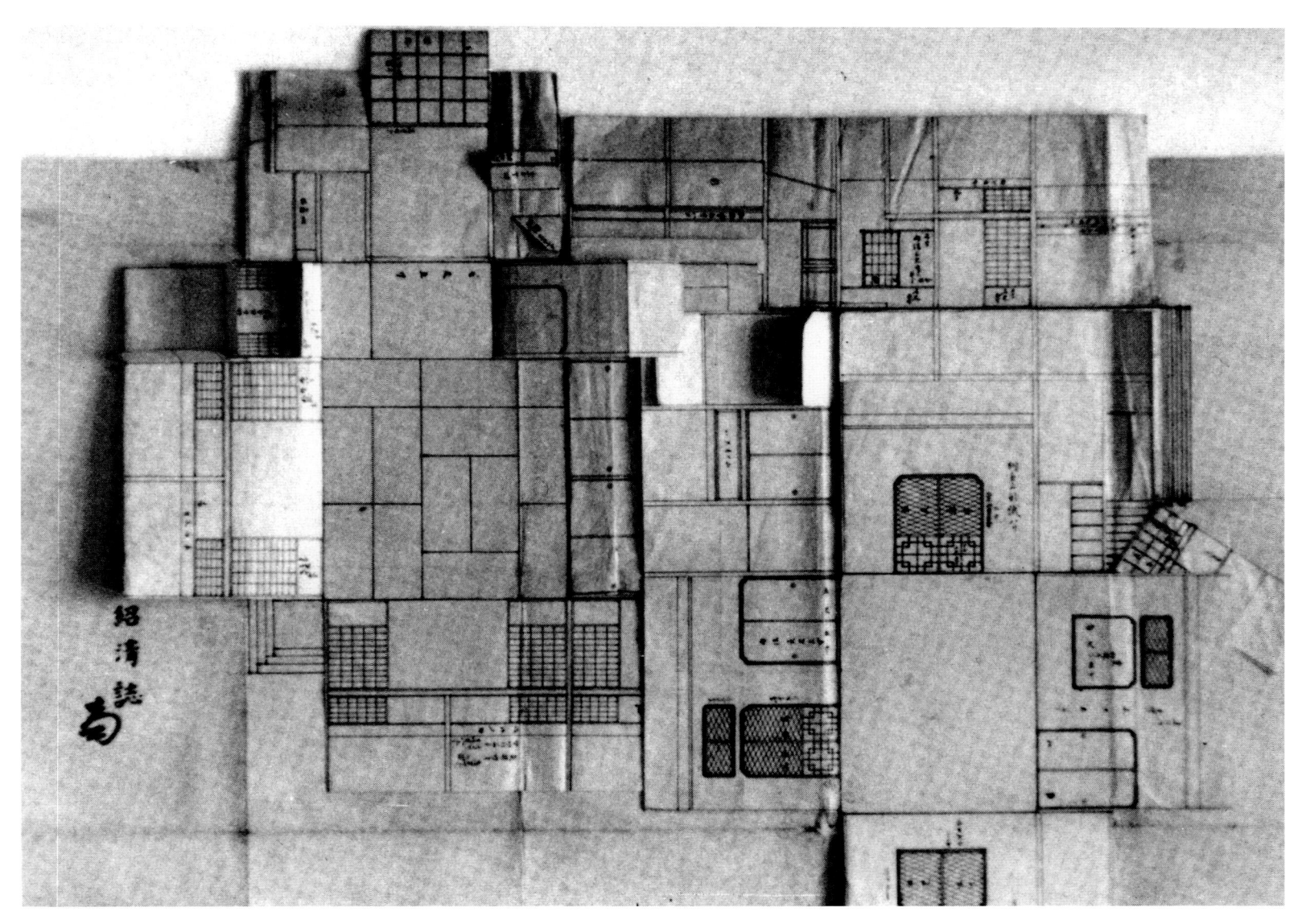

立体纸模型

使用了立面图。我觉得这是立体纸模型的萌芽期。在保留下来的庭院图纸中，我们可以看到建筑物、飞石等画的是平面图，门、墙、灯笼等画出了具体形状。由此可以推断，进一步的发展便是把立面图画在另一张纸上，贴在平面图上。所谓的"立体纸模型"应该是在这样不断尝试的过程中发展起来的吧。事实上，保留下来的大部分图纸还是平面图，只有某些部分做成了立体纸模型，比如门、休息处等庭院设施和座敷的部分设施等。

大仙院图纸便是其中一例，建筑物是平面图，庭院中的石头和树木则画出了实体形态，横穿庭院的桥廊使用了立体纸模型。这可以说是平面图中引入绘画，再发展到立体纸模型的一个实例。

从立体纸模型的发展，我们也可以感受到日本人自古以来在图纸方面的思考与创意。

我至今看过的立体纸模型中，最古老的是阳明文库里保留下来的。这是一个用薄纸制作的非常简单的茶室立体纸模型。这份图纸是由谁所制作，我不能下定论。绘图纸的手法是近乎草书般的素描，普遍认为这一时期茶匠偏好风格的茶室已经开始形成。虽然不清楚具体是哪个时代，但我认为应该是在江户时代初期。另外，京都大德寺院内的孤篷庵是小堀远州于宽永末年（1643年）建造的，但在宽政五年（1793年）被烧毁了。不过焚烧前的孤篷庵的立体纸模型被保留了下来。这确实是宽政五年前的建筑，但是能不能追溯到远州时期就不清楚了。可以

待庵 床框

确定的是这一整幅立体纸模型图属于古图。另外还有年代清楚的图纸，正德五年（1715年），吉田道作绘制的违州茶室的立体纸模型图（堀口博士藏），也属于较古老的图纸。这样的绘图实例就算是相对古老的了。目前发现的立体纸模型大多都是江户初期的作品，桃山时代（1573—1603年）以前的我觉得应该很难见到了吧。

茶匠与立体纸模型

茶室的立体纸模型运用如此之多，我推测是茶匠起了很大的推动作用。流传下来的珠光、绍鸥、利休茶室的立体纸模型，并不是他们自己制作的，而是后人制作的。但并不意味着他们本身不会制作立体纸模型。利休开创了草庵茶室风格，在茶道方面也展现了其独创性，尤其是在建筑创意方面贡献显著，我觉得这其中少不了立体纸模型的功劳。如果他在现代，可以称其为建筑师。后来的古田织部、小堀远州、片桐石州也很有名，但和利休相比，他们作为建筑师都不能出其右。然而，利休是茶匠、工艺家，不懂建筑技术，作为建筑师他其实并非内行。所以对他而言，在建筑结构设计和创新的过程中，没有比立体纸模型更有用的武器了。我不认为具有敏锐判断力的利休在创作建筑的时候，会忽视掉立体纸模型图。即使利休自己不知道立体纸模型，他周围肯定也有知道的人，说不定会使用立体纸模型。如果是这样的话，利休也理所当然会采纳这种图纸绘制方法吧。

绍鸥时代的茶室对立体纸模型的运用还不多。然而，茶室发展到草庵风格茶室，内部结构越发复杂，仅仅通过平面图，在脑中想象实际空间构成就很困难。草庵茶室中，通常至少设置有平天花板和化妆屋根里式天花板的组合棚顶，立有中柱，若是再加上台目结构，室内的设计就更复杂了。并且，为了使各部分尺寸配合完美，达到理想的平衡状态，需要事先进行确认，检查各部分是否按照设想那样组装。我认为茶室的这种特殊需求，直接影响了立体纸模型的使用。

设计者通过运用立体纸模型实现设计的同时，还能利用它将自己的建筑构想传达给建筑委托人，也能使与施工工匠的沟通变得更加顺畅。可以说立体纸模型是设计者、建筑委托人和工匠通用的图纸。换言之，这种图纸无论是外行还是内行都能轻松读懂。

立体纸模型仿佛成为茶匠的专用图纸一样在圈内被广泛使用，可用于茶室的设计和记录。立体纸模型的制作甚至成了茶匠的一种技能。设计茶室时为了更好地展示茶道礼法，越来越多的人开始制作立体纸模型。据说在京都中井家，有很多有名的茶室都使用了立体纸模型制图法，并且被很多人复制下来。也许是出于这个原因，才有很多人认为立体纸模型不是设计专用图纸，而是茶道专用图纸，这是一个很大的误解。近代以后，手绘住宅和茶室设计图时，茶匠们使用立体纸模型制图法的例子也不少。现在，从事茶室设计的茶匠不怎么手绘图纸了，而茶匠绘制立体纸模型图的情况也就少见了吧。

是从什么时候开始把这种图纸叫作"立体纸模型"的？我没有进行调查，但是在江户时代"建绘图"这种叫法比较普遍。可能"立体纸模型"这种叫法是沿袭了茶人的称呼习惯吧。

精湛的技术

建筑中，组装圆木与组装角材不同，有特定的技巧。圆木不同于角材，在表面打磨上不需要太花心思，但是为了发挥其自然特性，或者使削皮部分与带皮部分相互协调，需要在上色等方面下很大功夫，最大程度挖掘木料的自然之美。与角材相比，组装圆木的难度在于将不统一的圆木和圆木协调统一地组装在一起。只是用绳子将圆木捆绑在一起的原始方法不存在我所说的技巧问题。同角材组装方法一样，圆木和圆木紧密结合的部分也需要加工，但使用的是组装圆木独有的建筑技巧。

圆木和人工打磨过的角材不同，是自然的产物，截面不是标准的圆形，有头细根粗的，也有带弧度的。使用这种非标准材料，需要先找到一条直线。木匠先找到圆木中心，再以通过中心的一条直线为基准进行下一步工作。可以说和角材的使用方法还是有差别的。

举个例子，将两根圆木进行T字形组装时，连接处必须处理得当，需要在垂直圆木上挖出相应的凹槽。如果有一面或两面都使用带皮的圆木材料的话，在保证组装部位连接自然的同时，要预防起皮或者磨损。这就需要根据圆木的质量、粗细来进行合理的加工调整，这是相当耗时耗力的。加工技术的优劣和工匠的用心程度，直接决定了建筑物的美观程度。有人认为这样的技术是随着数寄屋建筑的发展而逐渐精进的，所以在早期的茶室建筑中都比较随意。我不能认同这种说法，妙喜庵的待庵的床框就是一个很好的例子。据说待庵可能是利休开创"侘寂茶"而建造的第一个茶室。如果真是这样的话，可以从中看出茶室的建造技术仍处于最早期的阶段。但仍能感受到工匠在利休的指示下，展示出的凝聚创意的圆木加工技巧。

待庵的床框用的是桐材圆木。从外观可以看到这根圆木有三个节子。床框高2寸5分，厚1寸3分，上面3分，从中间到上端的弧度自然消失，刚好呈现了圆木切割后的样子。可以说用料大胆、独具创意。这绝对不是随便安装的。仔细看其与床柱连接的部分，做成了与床框匹配的圆面。从打磨的自然圆面可以看出，工匠们技艺高超，可谓将材料运用到了极致。光是从这个床框的制作方法，便可知道早期的圆木处理技术已经很高超了。

圆木加工的妙趣

在用到圆木的建筑中，制作柱子是最基本的工作之一。很多人认为圆木的理想状态是一根笔直的圆柱，立起来就可以直接当柱子用。现在也经常能看到这种处理方法。

如果圆木从上到下都是圆的，不做任何处理的话，其作为建筑部件使用时会出现不匹配的情况。比如将其嵌在墙上，或者用来安装隔扇，又或者作为床框、壁挂、鸭居等使用时，圆木都需要进行加工，表面做好相应的处理。根据需要加工处理过的圆木，摇身一变成为建筑用材。建筑过程中，用哪块木材，

西芳寺湘南亭 配有照明器具的壁龛

了加工处理。在利休流的小壁龛里，床柱选用的是较粗的柱子，将超出床框、压在榻榻米上的柱子下方的部分削掉，这种加工方法叫作"笋面"。现在床柱的加工基本上都采用这种方法，已经形成了一种惯例。但是，在设计极具个性的茶室作品中，床柱的加工方法也呈现了多样化，如何充分发挥圆木的特性，如何使其与其他部分保持协调也是要下很大功夫的。

圆木柱子的加工制作，绝对不是简单的工作，需要工匠具备几何知识、雕塑审美和造型能力。并不是说只要把位置和形状定好就万事大吉了。在为圆木打造造型时，直接切削成圆形或者平滑状，呈现的效果会不够自然。首先要用斧头进行粗加工，再用刨子一点一点地精心切削，在这个过程中需要一种难以言喻的直觉和手感。可以说和茶道的理念是相通的。

将其放在什么位置，是事先决定好的，由于圆木需要进行必要的加工，所以不能和其他建材随意进行替换。

加工处理后的圆木结合自身原本的形状、凹凸、弯曲、粗细等特点所呈现的形态不同。像上文提到过的那样，圆木的加工要根据构造要求，除此之外，还要思考加工对圆木形态带来的影响，这也是设计时要考虑的要素。加工的形状和位置的高低都影响圆木所呈现的特点，或是粗壮有力，或者纤细精巧。如果圆木本来展现出的特质是庄重感，加工后也可能丧失美感。相反，即使是不好用的圆木也可以通过巧妙的加工变成独具特点的建材。说是加工方法执掌了圆木的生杀大权也不为过。

织部曾说过"柱上加工处处有惊喜"。没经过加工的圆木作为建材是不完整的。从古建筑便可以发现所有柱子都经过

凝结创意

可以说数寄屋建筑是"草"的艺术作品。它如同草书一般，通过洒脱的造型实现自由的张力。用我的话说，茶室设计实现了"草体化"，抹掉了规范性所营造出的严肃感和距离感。草体化打破了规范性带来的氛围，但保留了原有建筑的外形轮廓。草体化时而抽象，时而极简，时而精雕细琢，设计风格变化多端，锻炼了茶匠们敏锐的感知力。

我觉得四叠半大小的茶室是书院造建筑草体化的一种体现。茶匠们吸纳了佛教的设计理念，比如火灯窗和格狭间。西芳寺湘南亭的书院壁龛处的火灯窗就是一个很好的例子。禅宗建筑特有的火灯窗顶部是由复杂曲线构成的尖形轮廓。但是，湘南亭的火灯窗不仅顶部是圆的，整体轮廓都带有圆润感，可参考茶室火灯口的圆润度。桂离宫新御殿的付书院中也能看到与此相似的轮廓，但湘南亭的更圆润，脱离了中国唐朝样式的

火灯形状，打造出"茶道专属"的新式样，缔造出茶匠的专属风格。茶道的"草体化"自由洒脱，看似没有固定形态，但也逐渐发展出了自己的规则。

围绕茶道理念展开的建筑设计自由多变，想在建筑上实现这一理念就需要工匠花时间打磨自己的技术。以往的建筑技巧不能实现设计理念的情况时有出现，为了实现一种新的设计理念，工匠就需要创造出与之相适应的建筑技巧，这就是数寄屋建筑的妙趣所在。不愿意为这种创意下功夫的工匠，不适合建造数寄屋建筑。同一设计的实现方法因人而异，因此工匠们发展出了各自专属的建筑技术。

无论是茶室还是座敷，茶室风格的设计都围绕营造轻快的氛围展开。拒绝高处不胜寒，偏好平和亲近的风格。因此，设计建造时屋顶倾向于平缓的结构，同时，房檐多延伸出来的部分也要营造轻快感。这样的设计用语言和图纸体现比较容易，但是实际去塑造却很难。支撑宽大的房檐需要用到支柱，但是为了不破坏营造轻快氛围的设计理念，须改变建筑策略，在房檐内侧增加支撑木以分担屋檐的重量。屋檐坡度越平缓，屋檐内侧安装支撑木的空间越有限，就需要工匠在技术上斟酌。为了实现营造轻快洒脱氛围的设计理念，像这样在很多建筑细节上多下功夫的事例还有很多。

修缮建筑

想要高度实现建筑的设计理念，就需要建筑委托人、设计者和技术人员（数寄屋工匠）三方心意相通。数寄屋建筑的成熟和技术的完善大约是在明治（1868—1912年）到大正（1912—1926年）、昭和（1926—1989年）前期这段时间。这一时期的建筑委托人、设计者、工匠在数寄屋建筑方面具备了比较专业的知识和技术。

有很多业余的建筑爱好者，在数寄屋建筑方面，爱好者主要还是茶道家和业余茶道爱好者。对建筑感兴趣的业余茶道爱好者中，有很多人对茶道具有很高深的见解，醉心于收集茶具。茶道已经不再是单纯的爱好，而成了他们生活的支柱。对专业茶匠和工匠而言，与这些业余爱好者的交流真可谓是棋逢对手，畅快淋漓。

不仅是茶道，这些业余茶道爱好者在建筑和庭院方面也有很深的造诣。特别是拥有丰富建筑经验的人，从材料到加工都很了解，甚至还有人作为工头来指导木匠工作。经验匮乏又不上进的木匠难以与之匹敌。他们真的爱建筑。甚至有人每天不听到锤子的声音就会感到寂寞。还有特意带便当，和工匠一起在施工现场工作的人。他们对建筑的爱好和执着让人感同身受。堀口舍己博士分享了他年轻时候的经历。曾经有个委托人讽刺他说："不知道拉门安装的方法，能做好住宅设计吗？"以此为契机，堀口舍己开始致力于和风建筑的历史研究。我认为正是因为有这样专业的委托人，才使数寄屋建筑水平得到了进一步的提高和发展。

数寄屋建筑的委托人大多是懂得"侘寂"理念的茶人。和挥金如土的富人们的建筑兴趣完全不同，建筑不是炫耀自己财力的资本。具备茶道和建筑素养的委托人，才是真正推动数寄屋建筑发展的中坚力量。

中村昌生

京都风格数寄屋建筑

建筑委托人

可以说建筑的开端是建筑委托人，有委托才有建筑。如果是老客户委托设计，由于相处的时间比较长，比较容易理解对方的建筑需求，但更多的委托人是新客户，接触时间较短，完成委托人的要求难度会增加。

从我的立场出发，不论是木建筑还是混凝土大楼，我认为建筑最难的地方在于建筑委托人和建筑使用者是同一人，并且房屋使用度越高，建筑的难度越大。数寄屋建筑更是如此，屋主经常要开茶会招待客人，建筑使用率极高，建筑的建造难度也极大。并且茶室作为建筑的一部分，多少都会对委托人的生活习惯和生活节奏产生影响。

有很多退休之后新建住宅的高龄委托人，出现过委托人早逝的情况，这也是困难之一，可能是生活节奏突然发生改变引起的吧。年轻的委托人一般不会出现这种情况，主要是中老年委托人，特别是高龄委托人，我们需要格外注意。

建筑的另一个难点在于建筑风格因人而异。建筑风格一般分为华丽和朴素两大类。但每位委托人的偏好不同，应该更好地理解和把握委托人的建筑风格需求，不能简单地进行分类。好在数寄屋建筑是围绕茶道展开的，风格不能脱离茶道理念，所以只要把握好这点，数寄屋建筑风格的难点也就迎刃而解了。

下一个难点在于委托人对建筑的想法和意见。当然不仅是对建筑，每个人都有自己的价值观，体现在工作生活的方方面面。有追求空间规划合理的，也有追求实用性高的，委托人对建筑的要求多种多样，我们应对其有充分理解。数寄屋建筑需要"留白"，需要营造轻松氛围让人们从现实生活中抽离出来，所以在把握委托人想法的同时，还要考虑到数寄屋建筑的这一特点。

委托人对建筑知识的掌握和理解不同，委托方式也不同。有的委托人可以明确说出要求，有的委托人不清楚自己的需求，有的委托人采用问答式，可谓是方式繁多。不论哪种形式，都需要我们认真对待，耐心询问，引导委托人说出需求，不放过话语中流露出的每个细节，做到不反复问同样的问题。

在掌握了委托人的生活习惯、偏好的建筑风格、对建筑的想法和意见、委托方式、社会地位和经济财力等方方面面的细节之后，才能开始建筑的设计。所以与委托人接触时间长短对建筑师来说是很重要的。

按照流程，建筑的设计在开始建造之前就已经完成了，但图纸和式样书并不能完全反映出委托人的诉求。所以必须努力做到和委托人心灵相通。

茶室结构

茶室的建造必须配合茶道礼法，所以对尺寸的要求极严格，这也是自古以来茶室尺寸非常受重视的原因。从广间到小间，房间的空间逐渐缩小，空间小且内部结构复杂，协调各部件使之调和很困难，所以对尺寸的重视度变高。

有的书院造建筑运用的是日本传统的木造建筑法，尺寸有固定要求。而数寄屋建筑的尺寸虽不固定，也有大致的标准。然后就是要依据建筑师的经验感觉了。也就是说靠建筑师的"眼力"。

有些尺寸是传承下来且必须遵守的。比如炉子的尺寸固定是1尺4寸角，榻榻米尺寸是3尺5寸乘6尺3寸。茶室面积大小由榻榻米使用的叠数决定。一间半配9尺4寸5分的柱子是建筑核心，也是榻榻米建筑的基准。

至于榻榻米的尺寸是怎么得来的，目前还没有定论。我们的研究所也对其进行过研究，但当时比较盛行的说法是"那是矩尺被发明出来以前的问题了"。

和风建筑标准之一的"京间尺寸"，即3尺5寸乘6尺3寸是最好用的尺寸，用麦秆或兰草丈量的尺寸用人类工学设计的尺子测量后便得到了3尺5寸乘6尺3寸这个具体数值。

数寄屋建筑材料中有很多可以目测，比如圆木、竹子等。"这么粗的圆木，目测是3寸或者2寸8分吧"，像这种凭直觉目测的情况时有出现。和机器计算得到的尺寸相比，我更倾向于通过经验和直觉决定茶室的尺寸，也可以说直觉先行是数寄屋建筑的一大特色。

茶道礼法约束了主人和客人的举止行为，为了与之相配，躏口、茶道口、给仕口等尺寸的制定也需要花费心思。这种尺寸制定的原理和特性也同样适用于广间和玄关，我认为这是数寄屋建造的基本原理。

茶室构成需要流程和节奏，要与阴阳的原理相吻合。

无论是晴天、阴天还是下雨天，茶室都必须配合天气营造出不同的氛围。直射光线透过树木和屋檐后，阳光会变得柔和。像这样，过滤后的柔和光线使茶室和露地结构展现出阴与阳结合的美感。随着现在照明技术的不断提高，带来便利的同时也带来了很多弊端。比如说，长袖和服的着色会参照酒店的照明，为了使绘画呈现最好的效果，绘画颜色的选择要参考美术馆或者工作室的照明。可见我们的生活方式逐渐发生了改变，不再仅依赖自然光照。但茶事始终依赖太阳的自然光照，茶室内部的照明设计也是以此为基准的。所以茶室照明设计应该注意不能影响自然光照的效果。

前些日子我在西本愿寺的白书院"紫明间"喝过茶，当时用来照明的是摆放在榻榻米上的短檠（一种小灯）。司空见惯的吊棚上贴着的金箔闪闪发光，起到了间接照明的作用。着实让我惊讶不已。这种在榻榻米上放置照明灯的方法值得称赞，茶室也可以模仿这种方法放置灯，但位置很关键。

茶室照明最应该注意的是壁龛的照明。从躏口进入茶室的客人最先看到的就是壁龛。只给壁龛增设照明，使之与周围形成明暗对比，照明亮度把控很关键，亮度适中便于客人欣赏壁龛摆放的装饰物。

在新茶室开放的前一天，我曾给这个刚竣工的茶室调整过照明。茶室的壁龛处挂有挂轴，给挂轴打光的时候，既要考虑突显挂轴的横绫金箔，又要使挂轴字迹清晰可见，我需要一边寻找光照平衡点一边调整行灯的位置。这还算是比较简单的。作为一名建筑师，建造数寄屋时要认真思考用什么道具，如何使用道具调节室内的照明，营造出委托人要求的茶道气氛，如果不做到这些是无法回应委托人的期望的。

西川丰司

仰木鲁堂先生和我

简介

仰木鲁堂先生在数寄屋和茶室建筑上颇有建树,在明治末期到昭和时代的前十年这段时期内留下了很多作品。战后随着茶的普及推广,茶道流派也发生了很大变化,知道仰木先生成就的人越来越少。仰木先生作为茶人被人所熟知,但在建筑界有很长一段时间没有受到重视和认可。

作为他的最后一代弟子,按捺不住想把先生的工作风姿展现给世人的心,我开始着手收集总结老师的事迹。底稿完成后,有幸获得了出版的机会,于1930年9月出版了拙著《草居庵记》。

仰木先生

仰木鲁堂先生出生于文久三年(1864年),系福冈县远贺郡长津村人(现在的福冈县中间市),名敬一郎。他的弟弟仰木政斋先生是有名的雕刻家,曾荣获帝室技艺员表彰称号。

作为数寄屋建筑师和茶人,仰木先生直到40岁才闻名于世。而先生40岁之前的事迹我并不知晓。有幸的是与先生相识的旧友还健在,但大家都表示对先生的过去不是很了解,很遗憾不能填补先生40岁以前的这段空白。

仰木先生在数寄屋建筑方面获得成就的基础在于茶道。先生深谙茶道,经过磨砺,洗练出他对茶道敏锐的感知力,在实现茶道理念与茶室、庭院建筑的融合方面颇有心得。仰木先生的庭院及建筑设计理念是从茶道的审美意识中抽离出来的。茶道是衡量数寄屋建筑和茶室建筑的标尺,这种看似理所当然的道理很多时候被轻易遗忘,但仰木先生始终秉承着这一点。

仰木先生把数寄屋建筑比喻成茶具的容器,在设计方面始终坚持"赏心悦目"这一铁则。建筑的美不能抢风头,但也不能为了追求整体美而弱化建筑和庭院的设计。无论多么高级的古董艺术品和茶具,都不能让建筑的美退而求其次。先生认为,追求美的同时还要保证整体的和谐,数寄屋建筑必须承担调和美的重任。

明治中期到昭和前十年这段时间可以说是茶道的复兴时期,茶道迎来了鼎盛时期。人们不断探索新形式的茶道体验。政商两界的数寄者们为茶道形式的拓展贡献了一份力量。除"侘茶""数寄茶"的茶道形式,茶室装饰引入了大量的美术品供茶客观赏,特别是密教美术等的引入促使数寄屋建筑也发生很多改变。乡间茶道的流行,也体现了人们对茶室或数寄屋艺术品鉴赏的不满足,以及对突破传统茶道礼制的渴望。有些建筑委托人谋求乡间茶舍和住宅的融合。无论是何种形式,仰木先生尽心尽力地回应了委托人们的需求。

说起明治时代著名的数寄屋建筑师,不得不提的一位便是柏木货一郎先生,先生号探古斋,出生于幕府时代的建筑名门。在明治初期,柏木先生在数寄屋建筑方面具有指导性地位。先生在传统茶道礼法的基础上迎合建筑变化的需求,设计建造了很多著名的数寄屋建筑。他既是数寄屋建筑师也是有名的茶人,收藏了很多国宝、名作,比如:

隆能本《源氏物语画卷》
《地狱草纸》
《病草纸残缺鸟目图》
《青瓷下芜花生》
莳绘作品《蓬莱山》《雷纹香合》等。

除了在茶道上见解深刻,先生在茶具鉴赏方面也独具慧眼,完全不输益田钝翁。据说柏木先生是益田先生在茶道路上的引路人之一，也是京都数寄屋建筑师木村清兵卫（初代）在东京的伯乐。柏木先生参与建造的主要建筑有：

涩泽邸及无心庵

御殿山 益田邸及茶室

星星冈茶寮 利休庵

有乐町 三井集会所等。

柏木货一郎先生和仰木先生有很多共同点，两人都具备超高的茶具鉴赏能力。在茶席的使用上，两人也都是以名品茶具尺寸为基准进行选择。茶室设计的出发点不同，建筑呈现的效果和趣味也不同。有的茶室设计围绕建筑结构展开，有的围绕使用之人展开，有的是围绕茶具展开的。我觉得仰木先生围绕茶具展开设计的理念多多少少受到了柏木先生的影响。

我与仰木先生的缘分，是从我父辈开始的。1905年的时候，我的父亲藤井茂吉在东京京桥区北槙町（现在的八重洲口）经营一家木工店，主要从事数寄屋建筑和茶室的建造。当时在东京，像这样的木工店除了我家也就还剩下一家。

印象中父亲是一个很爱孩子的人，小时候给我们几个买了一台风琴，那个年代风琴并不多见。家里雇了七八个工匠，父亲不必亲自参与施工，主要工作是做指挥。他对水屋建造、茶室蹲口和贵人口的定法非常熟悉。至今我也不知道父亲是在哪里学的。

仰木先生与父亲的缘分，要从先生搬来京桥区南梢町（现在的中央区室町）之后说起。仰木建筑事务所正式成立于1907年，但其实在1902年的时候事务所已经有了雏形。我父亲茂吉与数寄屋建筑工头大甚先生和铃木甚三先生认识，同一圈内自然而然地便与仰木先生相识了。

1907年，仰木先生在小田原市郊外风祭这个地方为石油大亨中野先生建造了宅邸，以此为契机先生作为数寄屋建筑师开始闻名于世。此后，他又受到委托，建造了书院和茶室古钟庵，他的才华开始得到当时的几位有名数寄者的认可，从而确立了他不可动摇的数寄屋建筑师地位。先生深得当时有名的数寄者的信任，无论是建筑设计还是道具的选择，他们都非常尊重仰木先生的意见。这种信任贯彻终生，未曾改变过。

仰木建筑事务所有很多优秀的员工，比如经理人蓑原善次郎先生，工头本间权三先生和木匠坂爪清先生等。除了坂爪清，还有三名木匠，共四名木匠，负责不同的工作。事务所全盛时期，光是木匠就有将近五十人，队伍还包括三组园艺师傅，但主力还是上文提到的蓑原善次郎、本间权三和坂爪清。

仰木先生的工作方式是先画总体的设计图，把总体图交给经理人蓑原先生和工头本间先生。之后再完成各个房间内部结构设计，最后是细节加工。石组是庭院的重要组成部分，先生会亲自指挥石组的排布，就算之后不再进行更详细的说明，工匠们也能凭借自己的手艺，建造出仰木先生偏好的庭院。

1921年，我父亲去世了，年仅54岁。那时我才16岁，虽然很多记忆已经模糊了，但是清楚地记得父亲没留下什么资料。不可思议的是，在1980年的时候，我接受坂仓久仁枝先生的委托，帮他建造两叠台目板座席时，在坂仓先生的茶具中，发现了一件仰木老师曾收藏过的藏品，藏品包装纸中有一张账单，是我父亲的。

账单上记录的日期是1921年，那一时期父亲应该是正在帮忙建造桦山爱辅先生的宅邸。字迹是我姐姐的，她现在已83岁高龄了，身体还很硬朗。账单上写着450日元。在当时这可以说是一笔巨款了，我感到震惊的同时也感慨当时的仰木建筑事务所该有多昌盛。

仰木先生和高桥帚庵先生是彼此终生的挚友、茶友。高桥先生提出护国寺茶室和伽蓝整修倡议时，仰木老师始终站在高桥先生的立场上为其提供协助。在仰木先生的指导下，工头本间权三先生完成了护国寺茶室、多宝塔和月光殿的移建工作。本间先生在第二次世界大战中不幸去世。当时跟随仰木先生的工匠们也四散奔逃，先生晚年时跟随他的瓦匠山本先生是唯一的幸存者。

我生于1906年9月14日，在家排行老三，出生地是现在的八重洲口。从1924年开始在仰木先生门下进修，那时我18岁。经理人阿部先生辞职后，职位由年轻的蓑原先生继承，再之后的经理人换成了川面万吉先生。1932年，老师的儿子茂先生从德国完成建筑学业后回国，进入了老师的事务所工作。之后，川面先生因个人原因辞职了，茂先生推荐还是研修生的我做经理人。虽然当时有很多反对意见，但由于仰木老师的力荐，我最终得到了大家的认可，于1937年成为仰木建筑事务所的经理人。

仰木先生在事业顶峰时，除了在原宿的本邸，在叶山和奥多摩分别有两座别邸。1937年，老师将一部分别邸出售。之

箱根 松之茶室

后又出售了原宿的本家宅邸，搬到了叶山的别邸。先生晚年过得并不安稳，非常操劳，辛苦得很。这个时候先生的口头禅是"忍耐、忍耐"，被拜托题字也总是写"忍耐"这两个字。

仰木鲁堂先生于1941年9月20日，在叶山市森户的别邸里结束了他78年华丽的人生。

仰木鲁堂先生建筑风格的传承

我是在仰木先生50多岁时开始跟随他学习的，直到他去世。26年左右的时间，我一直在接受先生的熏陶和教诲。特别是被举荐成为经理人之后，我得到了先生耐心且严格的指导。

仰木先生在我的就职典礼上致辞时，引用了井伊直弼的《茶道一会集》中的话，热心细致地讲解了茶道的心得。他叮嘱我在建造茶室、茶庭时始终要秉承"一期一会，独坐观念，余情残心"的理念。在之后40余年的工作生涯中，我始终铭记先生的谆谆教导。

无论是建筑物还是庭院都要有留白，有限制的美才有灵魂。所以我工作时会格外注意平衡建筑物和庭院本身所具备的锋芒。

与正文文本和封面的关系有些相似，装裱是为了增加文本的吸引力。一味地追求封面而忽略了文本本身，会导致书的魅力下降。封面设计不能只强调封面本身，而是要与文本气质相符合、相统一，这样才能做出优秀的作品。

高桥帚庵先生在1934年4月出版的《十二个月的茶道》这

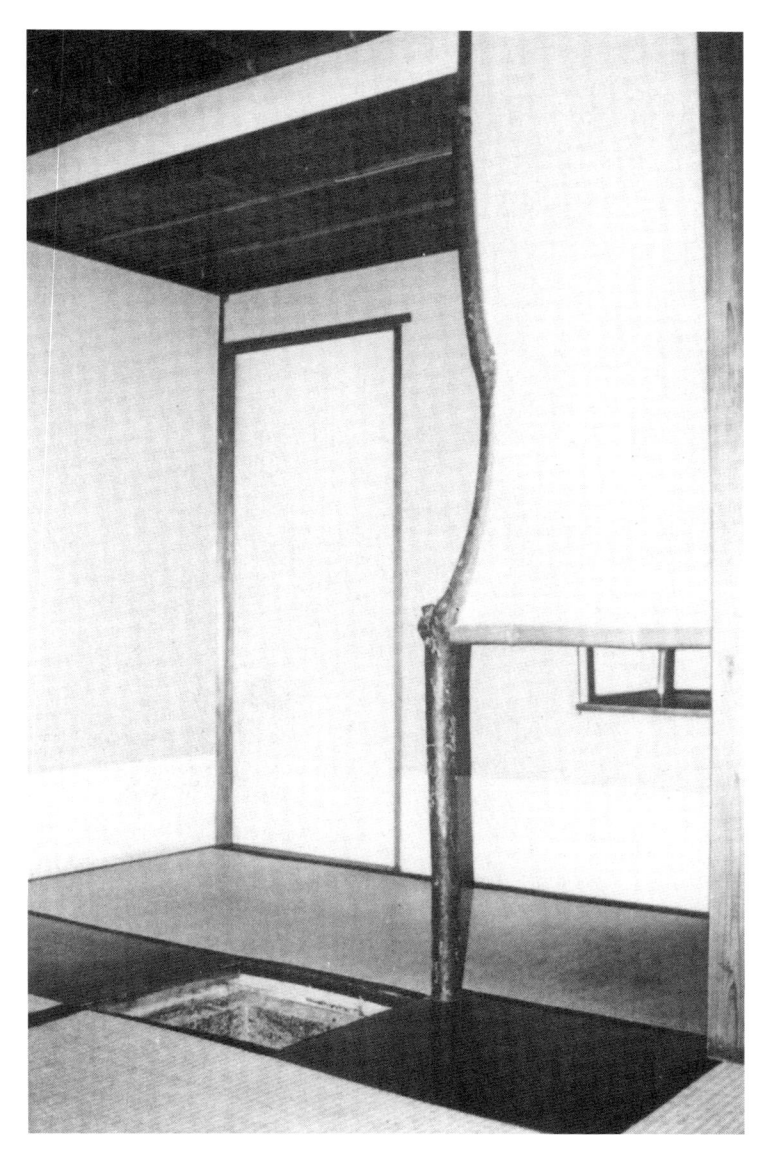

护国寺 圆成庵

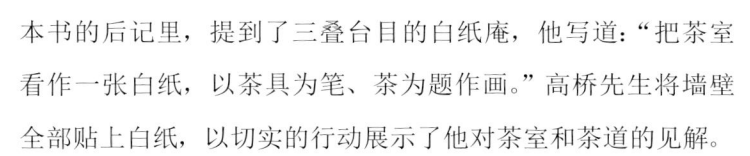

护国寺 草雷庵

本书的后记里，提到了三叠台目的白纸庵，他写道："把茶室看作一张白纸，以茶具为笔、茶为题作画。"高桥先生将墙壁全部贴上白纸，以切实的行动展示了他对茶室和茶道的见解。

乍一看，仰木先生建造的数寄屋建筑和茶室，对于精通建筑学的人士而言并不惊艳，看似没有个性。从表面看似乎缺乏实质内容。然而，一旦配上茶具，座席间立刻充满了庄重的仪式感，让入座的客人感受到美的流动，真可谓是一个个的奇迹。

仰木先生对尺寸的要求十分严格，必须亲自进行指挥。他说："只靠口传和图示是不能展现出加工细节的。"每到进入收尾阶段，他都亲自确认细节尺寸。检查数寄屋建筑和茶室时，他参照正座姿势时的视线，检查乡间茶室时则参照盘坐姿势时的视线。由于检测方法没有固定的规则和理论要求，所以测量结果会有细微偏差。

仰木先生也从来不推崇必须使用长押。吉田五十八先生在某次访谈中说道："数寄屋的精髓在于简化，榻榻米房间里最好不要使用长押。"仰木先生从明治时代末期就已经开始运用这种做法了。

我继承了仰木先生的建造方法，先画大致的展开图，落挂等的高度是要根据榻榻米尺寸、坐在榻榻米上的视线等现场情况决定的。木匠们知道我的工作方式，所以不会出现提前对柱子进行加工的情况。在实际操作中，这样的方法耗时又耗力，但却是最好用的方法。

尺寸偏差定3厘（1厘≈0.0333厘米）还是5厘必须经过一番争论才能决定。障子门的选择上要注意不能阻碍视线，一般

筑地 大和

我会选用竖三横九的横组障子门。床框的厚度一般控制在下栈1寸4分,中栈7分,上栈适当打薄处理。

仰木先生在细微之处下功夫,对细节一丝不苟的态度,形成了独特的建筑风格。正因为人们喜欢先生的建筑风格,才有很多人委托我建造数寄屋建筑。有幸继承先生衣钵,我在感谢恩师的同时也下定决心精进自己的技术。

我设计的宅邸有饭岛春敬氏宅邸、山田山庵氏宅邸、吉田清氏宅邸、中村花氏宅邸、樱井宗芳氏茶室等。受平木证三先生的委托,我还建造了位于横滨站前的酒店的茶室。除了浦和市伊势丹的茶席,我有幸获得山田三郎先生的举荐,从1981年4月开始修缮名建筑独乐庵,这座建筑的主人是樫崎延子,她是八王子市一家名为三朝织的纺织厂的主人。除了修缮工作,她还委托我为其建造茶庭,我现在正拼着老命完成这项工作。

独乐庵修缮工作

众所周知,独乐庵是千利休偏好的二叠壁床式茶室,一室一厅尽显极致侘寂的茶道氛围。后世松平不昧将其移建至大崎名园,并一直很珍视。据说在发生火灾的时候,人们用滑皮袋对建筑进行了保护才得以保存。幕末时期为了防备外敌,人们在御殿山一带设置了炮台,由于大崎名园被拆除了,无奈只能将独乐庵转移到深川砂村的下屋敷,后来由于发生海啸,很多室内摆放的东西便失去了踪迹。

但很幸运的是,一部分物品得以保留,比如:

利休之炉

庵号铸铁壶

枣漆器茶具

谷文晁笔,《画卷大崎名园一卷》等。

钟纺创始人武藤山治先生看到深受利休喜爱的独乐庵的遗迹感到很惋惜，于是在1921年恳求松平家转让独乐庵有关的物品。武藤先生根据保留下来的旧图纸，想用法隆寺和高福寺的旧材料重建独乐庵。

1959年，黑川喜一从武藤氏那里继承了独乐庵，1970年时转让给了樫崎延子。樫崎女士回忆过去时激动地说："感觉就像是命运的安排，没有任何犹豫。"樫崎女士的胆量和远见都是无与伦比的。

同茶具流转一样，正因为是名茶室，才会有这般颠沛流离的命运吧。因为缘分，独乐庵最终改建到了八王子市。

独乐庵的修缮工作主要是忠实地还原原貌，但是参考谷文晁的画卷和大崎名园的设计后，我想建造出符合独乐庵气质的露地。仰木老师也亲自设计建造了很多茶庭，并获得了很高的评价。设计、建造时先生始终把庭院和建筑物作为一个整体来看待。

不管设计、建造了多少庭院，每一次建造庭院时我的心情总是带有一丝不安，但当作品完成时，我又充满了难以言喻的喜悦。只有曲径通幽、豁然开朗、扣人心弦的庭院才能说是成功的庭院。

仰木先生对画作、陶艺、书法、和歌等方面都有很深的兴趣，他与原三溪先生、松永安左卫门先生等数位数寄者进行了广泛的交流，并且培养了许多优秀的人才，完成了很多独具个人特色的作品。

在很多方面我还不及仰木先生的百分之一、千分之一。这是格局的差距，实在难以弥补。虽然能力不足，但我要勇敢面对。

无论是庭院里的小草还是一块小到容易被忽略的石头，我都要亲自在现场确认，再交代给相关工作人员。我虽继承了先生的建筑风格，但唯独在这一点上我们还是有区别的。

先生说过很多至理名言，其中有一句是这样说的："藤井啊，只有能独当一面的建筑师才能被委以建造坟墓和佛间的重任。"如果没有足够的信赖，是不会接到委托人建造坟墓的委托的。

仰木老师就曾受到对其充满信任的委托人的要求为家族建造坟墓。可见先生与委托人之间的信赖关系是多么深厚。由先生设计的墓碑也具有他一贯的风格和坚持。如果老师能稍微长寿一点的话，便能亲眼见证很多效仿先生手法建造的石造墓碑之美。

在我快70岁的时候，为五岛庆太的夫人上野五月建造了坟墓，又受以远洋渔业闻名的清水市的山下清助先生的委托，为其建造了墓碑。而今我又接到委托，建造了祭祀用的佛间。得到家属的同意，我将佛间设计成宽敞的火灯形佛间。同一时期，我还接到医学博士细部一先生的请求，为细部家族建造了佛间。佛间仿照茶室模样，设置了切炉，可以完成供茶、自服等茶道仪式。

如今我已74岁，仍时常为继承了仰木先生的建筑风格而感到荣幸。

藤井喜三郎（本文中的时间以作者写下文章的时间为准）

图书在版编目(CIP)数据

日本建筑集成：全九卷 / 林理蕙光编著. —— 武汉：华中科技大学出版社, 2022.12
ISBN 978-7-5680-8575-5

Ⅰ.①日… Ⅱ.①林… Ⅲ.①建筑史–日本–图集 Ⅳ.①TU–093.13

中国版本图书馆CIP数据核字(2022)第126369号

日本建筑集成（全九卷）

Riben Jianzhu Jicheng

林理蕙光 编著

出版发行：华中科技大学出版社（中国·武汉）	电话：(027) 81321913
华中科技大学出版社有限责任公司艺术分公司	(010) 67326910-6023
出 版 人：阮海洪	

责任编辑：莽昱　康晨　刘韬　　　　书籍设计：唐棣
责任监印：赵月　郑红红

制　　作：北京博逸文化传播有限公司
印　　刷：广东省博罗县园洲勤达印务有限公司
开　　本：787mm×1092mm　1/8
印　　张：268.25
字　　数：650千字
版　　次：2022年12月第1版第1次印刷
定　　价：4680.00元 (全九卷)

本书若有印装质量问题，请向出版社营销中心调换
全国免费服务热线：400-6679-118 竭诚为您服务
版权所有　侵权必究